DROGEN, KRÄUTER UND KULTUREN

DROGEN, KRÄUTER UND KULTUREN

Pflanzen und die Geschichte des Menschen

Michael J. Balick und Paul Alan Cox

Aus dem Englischen übersetzt von Sebastian Vogel

Spektrum Akademischer Verlag Heidelberg · Berlin · Oxford

Inhalt

Vorwort

Die Kernaussage dieses Buches lautet: Die menschliche Kultur wurde zutiefst von Pflanzen geprägt, insbesondere solchen, die von den indigenen Völkern rund um den Erdball verwendet werden. Zwar lernt schon fast jedes Schulkind, daß Kolumbus in See stach, weil er eine neue Route zu den Gewürzmärkten Indiens finden wollte, aber kaum jemand macht sich klar, welch gewaltigen geopolitischen Einfluß die Nachfrage nach Gewürzen auf Aufstieg und Fall europäischer Metropolen ausübte. Viele Apotheker wissen, daß Pflanzen früher für die Heilkunst von großer Bedeutung waren, aber den wenigsten ist bekannt, daß hochwirksame Narkosemittel und Medikamente gegen das Glaukom auf die Untersuchung von Pfeilgiften beziehungsweise das Studium von Hexenprozessen zurückgehen. Sei es nun die Konstruktion riesiger Segelschiffe, mit denen die Polynesier neue Inseln besiedelten, die Bedeutung landwirtschaftlicher Überschüsse und Engpässe für die Arbeitsteilung in der Gesellschaft oder die Zubereitung wirksamer halluzinogener Schnupfmittel, mit denen Schamanen am Amazonas in eine andere Welt eintreten – Pflanzen haben überall den Weg der menschlichen Zivilisation mitbestimmt.

Die Wechselbeziehungen zwischen Pflanzen und Menschen und der Einfluß der Pflanzen auf die Kultur sind die Themen des fachübergreifenden Wissenschaftsgebietes der Ethnobotanik. Die Interessen der Ethnobotaniker reichen von den medizinischen Systemen indigener Völker bis zum rituellen Verzehr von Pflanzen, von den kulturellen Folgen nach dem Aussterben einer Kletterpflanze, die als Material für Fischreusen diente, bis zu den gesundheitlichen Auswirkungen einer sich wandelnden Ernährung und von der gesellschaftlichen Bedeutung der Kleidung bis zum kulturellen Stellenwert des Körperschmucks. Als die Wissenschaftler erkannten, mit welch vielfältigen Themen sich die Ethnobotanik befaßt, erlebte das Gebiet einen enormen Aufschwung. Ausgestattet mit den neuen wissenschaftlichen Hilfsmitteln aus Molekularbiologie, Ingenieurwissenschaft und medizinischer Anthropologie, stellen die Ethnobotaniker heute eine schwindelerregende Fülle neuer Fragen, und gleichzeitig bringen sie neues Licht in alte Rätsel.

So überprüfen zum Beispiel manche Ethnobotaniker mit den neuesten molekularbiologischen Verfahren verschiedene Theorien über die Herkunft der Pflanzen, und andere suchen bei Arten, die den Einheimischen als Arznei dienen, nach Hinweisen auf biochemische Wirkungen, um auf diese Weise bessere Medikamente zu entwickeln.

Wir beschreiben das Thema aus der Sicht von Wissenschaftlern, die einen großen Teil ihres Berufslebens in abgelegenen Dörfern verbracht haben; wir haben Heiler, Weber, Bootsbauer und andere einheimische Pflanzenexperten befragt. In den letzten 20 Jahren haben wir beide in den Tropen umfangreiche Feldforschung betrieben: Michael Balick vorwiegend in Mittel- und Südamerika sowie in der Karibik, Paul Cox mit dem Schwerpunkt auf Ozeanien und Südostasien. Zwar gibt es auch über Wüsten, Wälder der gemäßigten Breiten und arktische Gebiete gute ethnobotanische Forschungsarbeiten, aber wegen unserer eigenen Erfahrungen haben wir uns im wesentlichen auf Regionen konzentriert, die wir selbst kennen; dies wird besonders im letzten Kapitel deutlich werden, wenn wir die Strategien der Einheimischen zum Schutz der tropischen Regenwälder erörtern.

Als die *Scientific American Library* uns die Gelegenheit bot, ein Buch zu verfassen, sahen wir darin eine Chance, einem Laienpublikum tiefgreifende Einsichten der Ethnobotaniker über das Wesen des Menschen näherzubringen und einige neuere Fortschritte des Fachgebietes zu erörtern. Außerdem möchten wir deutlich machen, welche Freude – und manchmal auch Abenteuer – das Leben bei indigenen Völkern und die Beschäftigung mit ihnen mit sich bringen. Wie bei den Büchern dieser Serie üblich, tauchen im Text weder Fußnoten noch Literaturangaben auf, damit er leichter lesbar ist. Dennoch möchten wir darauf hinweisen, wieviel geistige Anregung wir unseren Lehrern und Kollegen verdanken, obwohl wir die meisten von ihnen auf den folgenden Seiten nicht namentlich nennen können. Interessierte Leser können diese größere Gemeinschaft der Ethnobotaniker kennenlernen, indem sie einige der am Ende des Buches aufgeführten Veröffentlichungen lesen oder *Economic Botany*, das *Journal of Ethnopharmacology*, das *Journal of Ethnobiology* sowie eine Reihe weiterer anthropologischer, botanischer und chemischer Fachzeitschriften durchblättern. Danken möchten wir jedoch insbesondere Anthony Anderson, Rosita Arvigo, Herbert Baker, Shayne Baker, William Balée, Sandra Banack, Bradley Bennett, Mark Blumenthal, Silviano Camberos S., Tom Carlson, Wade Davis, Elaine Elisabetsky, Thomas Elmqvist, Memory Elvin-Lewis, Nina Etkin, Richard Feinberg, Jay Feldstein, David Harris, Maurice Iwu, Joel Janetski, Timothy Johns, Stephen King, Walter Lewis, Will McClatchey, Dennis McKenna, Robert Mendelsohn, Gary Nabhan, Francoise Pierrot, Sir Ghillean Prance, Beate Reuter, Gerald Reaven, Laurent Rivier, Gunnar Samuelsson, Gregory Shropshire, Richard

Evans Schultes, Bruce Smith, Susan Wilcox, Sheryl Wilson und David Wright für ihre konstruktive Kritik, Unterstützung und Ermutigung. Unsere Forschungsarbeiten wurden an der Brigham Young University unterstützt von Marilyn Asay, Rebecah Davis, Andrea Dewey, Kim Hart, Amy Hettinger, Richard Jensen, Alexandra Paul und Mark Philbrick; am New York Botanical Garden half uns das wissenschaftliche Personal, insbesondere Daniel Atha, Brian Boom, Hans Beck, Willa Capraro, Mee Young Choi, Douglas Daly, Sandi Frank, Roy Halling, Patricia Holmgren, John Mickel, Cori Morenberg, Scott Mori, Christine Padoch, Elizabeth Pecchia, Chuck Peters, John Reed, Jan Wassmer Stevenson, Susan Fraser und Muriel Weinerman. Besonders dankbar sind wir auch dem Lektorat und der Herstellungsabteilung von W. H. Freeman mit Travis Amos, Robert Biewen, Jonathan Cobb, Julia DeRosa, Christine Hastings, Judy Levin, Susan Moran, Bill Page, Mary Shuford, Allyson Siegel und Vicki Tomaselli, die uns erlaubten, ihre Büros in der Madison Avenue vorübergehend in ein *hui* zu verwandeln, das traditionelle Treffen, bei dem Geschichten und Legenden über Pflanzen und Menschen erzählt werden. Unseren Angehörigen danken wir, daß sie uns ermutigten und uns die zeitliche Freiheit ließen, an diesem Buch zu arbeiten. Besonders danken wir der Montgomery Foundation für das ruhige Umfeld, in dem wir das Buch anfangen konnten, sowie Francesca und Bradley Anderson, die Michael Balick während der Arbeit an dem Manuskript ihre Wohnung zur Verfügung stellten.

Weiterhin danken wir den Institutionen, die unsere Arbeit so viele Jahre lang unterstützt haben. Paul Cox möchte insbesondere folgende Personen und Einrichtungen erwähnen, die die ethnobotanische Forschung großzügig gefördert haben: Daniel und Kathy Betham, die Brigham Young University, die Danforth Foundation, das Institute for Polynesian Studies, das Miller Institute for Basic Research in Science, das National Cancer Institute, die National Science Foundation, das Schering Research Institute, die Universitäten von Melbourne, Verne und Marion Read sowie die Universität Umeå und die Universität Uppsala. Michael Balick dankt dem National Cancer Institute, der U.S. Agency for International Development, der Metropolitan Life Insurance Foundation, der Overbrook Foundation, der Edward John Noble Foundation, der Rex Foundation, der Rockefeller Foundation, Susannah Schroll, der John D. and Catherine T. MacArthur Foundation, der Gildea Foundation, der Nathan Cummings Foundation, der Charles A. and Anne Morrow Lindbergh Foundation, und dem Philecology Trust, der am New York Botanical Garden die Philecology Curatorship einrichtete.

Zur taxonomischen Einordnung der in diesem Buch genannten Pflanzen haben wir für die Artnamen den *Index Kewensis*, für die Gattungs-

namen *The Plant Book* von D. J. Mabberley und für die Familien-
namen das System des verstorbenen Arthur Cronquist herangezogen.
Alle Namen wurden anhand des Grey Herbarium Card Index und des
Index Nominum Genericorum überprüft. Zur Prüfung der Namen und
Rechtschreibung bei Werken vor Linné diente der *Catalogue of the
Library of the British Museum of Natural History.* Wenn ein Artname
im Text zum ersten Mal erwähnt wird, haben wir den Familiennamen
in Klammern hinzugesetzt.

Und schließlich möchten wir den Einheimischen danken, die uns
jahrelang so selbstlos vieles über Pflanzen und Menschen beigebracht
haben und uns lehrten, in einer komplexen Welt menschlich und men-
schenfreundlich zu bleiben. Wir widmen dieses Buch unserem Freund
und früheren Studienkollegen, dem verstorbenen Calvin R. Sperling,
einem außergewöhnlichen Pflanzenforscher.

Michael J. Balick
Paul Alan Cox
März 1996

Menschen und Pflanzen 1

1.1 Detail aus dem Wandgemälde *Geschichte der Medizin* im Hospital de la Raza in Mexico City; es zeigt Heiler der alten Azteken und einige der von ihnen verwendeten Arzneipflanzen.

Am Fuße des Mount Everest, zwischen dem Ganges und den Ausläufern des Himalaya, wächst ein kleiner Kletterstrauch mit rosa-weiß gefärbten Blüten, glatten Blättern und einem milchigen Saft. Das Gewächs, das auf Hindi *chotachand* heißt, wird von der einheimischen Bevölkerung kaum behelligt, es sei denn, jemand wird von einer Schlange gebissen. Dann gräbt man den Strauch aus und verabreicht dem Opfer seine Wurzeln. Nach einer Legende aus der gleichen Gegend beobachtete man in alter Zeit, wie Mungos die Pflanze fraßen, bevor sie den Kampf mit einer Kobra aufnahmen. Als die Menschen es den Mungos nachmachten, stellten sie fest, daß der Strauch ein sehr wirksames Gegengift gegen Schlangenbisse war.

Die Botaniker des 18. Jahrhunderts tauften den Strauch auf den Namen *Rauvolfia serpentina* (Apocyanaceae). Der Gattungsname *Rauvolfia* erinnert an den Arzt und Botaniker Leonhard Rauwolf, der im 16. Jahrhundert lebte; *serpentina*, die Artbezeichnung, beschreibt das schlangenähnliche Aussehen der Wurzel. Und Apocyanaceae oder Hundsgiftgewächse ist der Name der Pflanzenfamilie, zu der *Rauvolfia serpentina* gehört.

Im 18. Jahrhundert schickte man ein Exemplar an das Herbarium im holländischen Leiden; ein Herbar ist eine geordnete Sammlung getrockneter Pflanzen. Aber die Wissenschaftler beachteten *R. serpentina* – wie auch die meisten anderen Heilpflanzen – nicht: Noch nicht einmal ein halbes Prozent aller Blütenpflanzenarten auf der Erde wurde jemals umfassend auf mögliche pharmakologische Wirkungen hin untersucht.

Die Bevölkerung vor Ort hatte den Strauch jedoch nicht vergessen, und das Wissen um seine Anwendung breitete sich in der ganzen Region aus. In der Provinz Bihar ging das Gerücht um, ein geistesgestörter Mann habe Scheiben der Wurzel gegessen, und das habe ihn von seinem Wahnsinn geheilt. Nun verwendete man die Pflanze in Bihar zur Behandlung von Geisteskrankheiten, Epilepsie und Schlaflosigkeit, und sie erhielt den Namen *pagal-ka-dawa* („Heilmittel gegen Schwachsinn"). Wie man außerdem feststellte, konnte eine einzige Dosis der pulverisierten Wurzeln ein Kind eine ganze Nacht lang in tiefen Schlaf versetzen. Langsam verbreitete sich *R. serpentina* als Mittel gegen Angst, Schlaflosigkeit und Geistesstörungen über ganz Indien.

Im Jahr 1931 isolierten indische Chemiker aus der Pflanze eine Reihe von Verbindungen, die aber, wie sich herausstellte, alle relativ wenig wirksam waren. Neues Interesse erweckte jedoch ein Bericht des *Indian Medical Report*, wonach *Rauvolfia*-Pulver nicht nur einschläfernd wirkte, sondern auch den Blutdruck stark sinken ließ. Wie viele

1.2 Die Schlangenwurzel *Rauvolfia serpentina*, die in der indischen Ayurveda-Medizin seit alters als Beruhigungsmittel dient.

wissenschaftliche Befunde aus der Dritten Welt, so wurde auch diese Entdeckung in den Industrieländern nicht zur Kenntnis genommen. Erst 1949 las Emil Schlittler, ein Chemiker der Pharmafirma Ciba im schweizerischen Basel, im *British Heart Journal* den Bericht über eine klinische Studie mit *Rauvolfia*. Zusammen mit seinem Kollegen Hans Schwarz isolierte Schlittler aus *Rauvolfia*-Wurzeln ein Alkaloid – das ist eine stickstoffhaltige, physiologisch aktive organische Verbindung –, das sie auf den Namen Reserpin tauften. Wie sie nachweisen konnten, senkt Reserpin bei oraler Einnahme schon in der bemerkenswert niedrigen Dosierung von 0,1 Milligramm je Kilogramm Körpergewicht den Blutdruck. Er ging in der klinischen Prüfung bei einem Patienten von 300/150 auf 160/100 zurück. Amerikanische Wissenschaftler bestätigten den aufsehenerregenden Befund. »Es hat eine beruhigende Wirkung, wie sie nie zuvor beobachtet wurde«, schrieb eine Wissenschaftlergruppe aus Boston an die New England Cardiovascular Society. »Im Gegensatz zu Barbituraten und anderen herkömmlichen Beruhigungsmitteln erzeugt es weder Benommenheit noch Teilnahmslosigkeit oder Koordinationsstörungen.«

Bald darauf brachte Ciba das erste reserpinhaltige Medikament auf den Markt. Alle damals bekannten blutdrucksenkenden Verbindungen entfalteten ihre Wirkung, indem sie die Blutgefäße erweiterten. Reserpin dagegen beeinflußt unmittelbar den Hypothalamus im Gehirn und eröffnete damit einen ganz neuen Weg der pharmakologischen Wirkung. Die New York Academy of Sciences finanzierte 1954 eine Tagung, die ganz der pharmazeutischen Bedeutung von *Rauvolfia* gewidmet war. Reserpin wurde zum ersten wichtigen Wirkstoff, mit dem man eine der schlimmsten Erkrankungen in den Industrieländern behandeln konnte: den Bluthochdruck. In jüngerer Zeit wird es vorwiegend in Kombination mit anderen blutdrucksenkenden Wirkstoffen wie Hydrazalinhydrochlorid verschrieben.

Was war das Charakteristische an der Entwicklung des Reserpins? Beruhte die Entdeckung dieses wichtigen Wirkstoffs auf „solider" Wissenschaft wie Strukturchemie und Pharmakologie, oder war sie eher

Reserpin

1.3 Das Alkaloid Reserpin aus *Rauvolfia serpentina* wurde zu einem wichtigen Medikament gegen Bluthochdruck.

der Folklore und den Legenden zu verdanken? Wissenschaftler im Labor mögen die Entdeckung des Reserpins als glücklichen Zufall bezeichnen, aber eine Tatsache läßt sich nicht leugnen: Eine Pflanze, die zunächst nur den Einheimischen bekannt war, wurde zum Lieferanten für eines der weltweit wichtigsten Medikamente.

Zwischen dem volkstümlichen Wissen und der modernen Wissenschaft liegt offenbar eine große Kluft, und die Ursache dieser Kluft ist die empirische Bestätigung. Wissenschaft bedeutet: Man gewinnt Wissen durch genaues Beobachten und durch die experimentelle Überprüfung von Theorien. Die Traditionen der Einheimischen dagegen werden manchmal als Aberglaube abgetan. Aber auch jedesmal wenn ein Jäger der Shipibo einen Giftpfeil auf ein Tier abschießt oder wenn eine Heilerin auf Tahiti einem kranken Kind eine Heilpflanze auflegt, wird die Wirksamkeit der jeweiligen Tradition empirisch überprüft. Offenbar sind solche Traditionen der Naturwissenschaft erkenntnistheoretisch näher, als die Bewohner der Industrieländer oft annehmen. Die Versuche der westlichen Wissenschaftler, der Shipibo-Indianer und der tahitianischen Heiler finden natürlich in sehr unterschiedlichem Zusammenhang statt, aber entscheidend ist, daß es sich immer um empirische Tests handelt. Das Wissenschaftsgebiet, das sich mit der Verarbeitung von Pflanzenmaterial durch Eingeborene und dem kulturellen Zusammenhang seiner Verwendung beschäftigt, nennt man Ethnobotanik.

Gegenstand der Ethnobotanik sind ganz allgemein die Beziehungen zwischen Pflanzen und Menschen. Die beiden wichtigen Bestandteile der Disziplin erkennt man schon an ihrem Namen: „Ethno-" für das Studium von Völkern und „-botanik" für die Wissenschaft von den Pflanzen. Zwischen diesen beiden Polen liegt ein Spektrum von Interessengebieten, das von der archäologischen Erforschung alter Kulturen bis zur biotechnologischen Herstellung neuer Nutzpflanzen reicht. Das Gebiet ist aber auf beiden Seiten begrenzt. Am botanischen Ende des Spektrums gibt es kaum ethnobotanische Untersuchungen von Pflanzen, die nichts mit Menschen zu tun haben, und am „Ethno-Ende" befassen sich die meisten Studien mit der Verwendung von Pflanzen durch die einheimische Bevölkerung und ihre Ansichten darüber. Erkenntnisse über diese Verwendungsgebiete und Ansichten können tiefgreifende neue Einsichten in das Wesen des Menschen liefern.

In weiten Bereichen hat die Ethnobotanik ähnliche Ziele wie die Kulturanthropologie: Man will verstehen, wie andere Völker die Welt und ihre Beziehung zu ihr betrachten. Und die Art, wie Menschen die Pflanzen in ihre kulturellen Traditionen und Religionen, ja sogar in ihr Bild vom Kosmos einbeziehen, sagt viel über die Menschen selbst aus. Manche Produkte der ethnobotanischen Forschung, zum Beispiel das

1.4 Der amerikanische Botaniker John W. Harshberger prägte 1895 den Begriff „Ethnobotanik" für die wissenschaftliche Untersuchung von „Pflanzen, die von primitiven und eingeborenen Völkern verwendet werden". Seine 1896 erschienene Veröffentlichung *The Purposes of Ethnobotany* („Die Ziele der Ethnobotanik") kennzeichnet nach allgemeiner Ansicht den Beginn dieses Forschungsgebietes als wissenschaftliche Disziplin.

1.5 Die samoanische Heilerin Fa'ifili Fagomano aus dem Dorf Tafua zeigt, wie man Fieber bei einem Kind mit *Cordyline terminalis* (Agavaceae) behandelt.

Reserpin, gehen über das rein anthropologische Interesse hinaus und gewinnen in den Industrieländern große Bedeutung. Die Menschen verwenden Pflanzen auf so viele verschiedene Arten, daß es nur wenige Tätigkeitsbereiche gibt, in denen sie keine Rolle spielen. Pflanzen haben sogar den Weg der Zivilisation als ganzes bestimmt. Im 13. Jahrhundert beschrieb Marco Polo eine Insel, »auf der Pfeffer, Muskatnüsse, Lavendel, Galgant, Kubeben und alle kostbaren Gewürze wachsen, die es auf der Welt gibt«. Der Bericht war der Anlaß für die Suche nach den Gewürzinseln, was unvorhergesehenerweise zur Entdeckung Amerikas durch die Europäer führte und in Magellans Weltumsegelung gipfelte. Seit der Renaissance veränderte der internationale Handel mit Gummi, Opium und Chinin das Schicksal ganzer Nationen.

Sogar die Pest des Drogenmißbrauchs, die heute in den Industrieländern grassiert, kann man als ethnobotanisches Problem ansehen, denn sie umfaßt den illegalen Handel mit Heroin, Kokain, Haschisch und anderen pflanzlichen Wirkstoffen, deren sich indigene Kulturen schon seit Jahrhunderten bedienen. Im wirtschaftlichen Bereich kann kaum eine Industriegesellschaft die zentrale Bedeutung von Land- und Forstwirtschaft ignorieren; die neuen Vorschriftensysteme der Europäischen Union betreffen sogar vorwiegend den Handel mit Getreide und anderen Pflanzen. Bei einer Fülle von Umweltproblemen – globale Erwärmung, Verlust der biologischen Vielfalt, Vernichtung der Regenwälder – geht es letztlich um Pflanzen. Die ethnobotanische Forschung kann zur Klärung mancher dieser Fragen beitragen und sogar Lösungsansätze aufzeigen. Auch wenn wir mit Nachdruck darauf hinweisen wollen, wie wichtig Pflanzen für die Entwicklung der Zivilisation waren, richtet sich unser Hauptaugenmerk doch auf ethnobotanische Studien an indigenen Kulturen.

„Indigene Kulturen" sind Gruppen, die seit vielen Generationen in derselben Gegend leben und eine traditionelle, nicht industrialisierte Lebensweise beibehalten haben. Die europäischen Siedler in Australien oder Nordamerika sind in diesem Sinn nicht „indigen", wohl aber die australischen Aborigines und die amerikanischen Indianer. Warum konzentrieren sich die Ethnobotaniker so stark auf indigene Volksgruppen, wo doch Pflanzen für die Entwicklung der Industriegesellschaft eine so wichtige Rolle spielen und die abendländische Kultur allgegenwärtig ist?

Für dieses Interesse gibt es mehrere Gründe. Erstens sind die Zusammenhänge zwischen Pflanzen und Menschen bei indigenen Kulturen oft einfacher zu erkennen als in unserer eigenen Gesellschaft, weil zwischen Produktion und Verbrauch eine direktere Verbindung besteht. In einem einzigen Dorf kann der Ethnobotaniker beobachten, wie die Menschen Wildpflanzen suchen oder Getreide aussäen, wie sie mit Hilfe der Pflanzen Häuser, Körbe, Boote oder Kleidung herstellen, und welche Bedeutung man den Pflanzen in Mythen und Märchen beimißt. In diesen Kulturen sind solche Informationen bei Einzelpersonen, in Familien oder in Dörfern angesiedelt. In der Industriegesellschaft dagegen sind die wirtschaftlichen Gesetzmäßigkeiten von Produktion und Verbrauch so kompliziert, daß die meisten Menschen wenig über die botanischen Ursprünge oder die Weiterverarbeitung der pflanzlichen Rohstoffe wissen, die sie jeden Tag benutzen. Solche Informationen sind hier auch in großen Familien, ja selbst in ganzen Städten nicht vorhanden.

Nehmen wir beispielsweise einen so einfachen, allgegenwärtigen Gegenstand wie den Bleistift. Der Philosoph Leonard Read fand in ganz Amerika keine Einzelperson, die genau beschreiben konnte, wie man einen Bleistift herstellt, und er entdeckte sogar, daß selbst Firmen, die Einzelteile für Bleistifte erzeugen, nicht wissen, wie andere Einzelteile aussehen und wie sie zu einem ganzen Bleistift zusammengesetzt werden. In indigenen Kulturen findet man eine solche Teilung des Wissens nur selten: Die einzelnen Dorfbewohner haben zwar vielleicht keine umfassenden Kenntnisse über eine Pflanze, aber sie können den Forscher zu einem örtlichen Experten führen, einem Schamanen, Zimmermann oder Weber, der über das erforderliche Wissen verfügt.

Zweitens sind manche indigenen Kulturen eine lebendige Parallele zu den prähistorischen Stadien der abendländischen Zivilisation. Deshalb können die Archäologen Hypothesen über die Jäger und Sammler im Europa der Vorzeit untersuchen, indem sie sich mit der Lebensweise heutiger Jäger und Sammler beschäftigen. Um die Vorläufer der modernen Landwirtschaft zu studieren, beobachten sie zum Beispiel die Lebensweise der einheimischen Bevölkerung auf den Inseln in der Torresstraße südlich von Neuguinea. Dabei stellt sich natürlich das Problem, daß man nie genau weiß, wie eng (oder wie entfernt) solche

1.6 Die Ethnobotanikerin Julie Chinnock, die in der Region Punta Gorda in Belize mit einem Schamanen der Kekchi Maya zusammenarbeitet, bereitet Pflanzen zur Behandlung von Diabetes zu. Der Schamane hatte die Zubereitung und Anwendung der Pflanzen einem Arzt erklärt, der zu demselben Team wie Chinnock gehört.

Parallelen sind. Sie bieten aber zumindest eine gute Diskussionsgrundlage und tragen dazu bei, daß man unpraktikable Hypothesen verwerfen kann.

Drittens haben sich in indigenen Kulturen viele Kenntnisse über Pflanzen erhalten, die in den Industrieländern weitgehend verlorengegangen sind. Solche Kulturen waren darauf angewiesen, das Wissen über pflanzliche Heilmittel, Textilien und Anbaumethoden zu bewahren. Manches davon, so die ethnotaxonomischen Systeme (biologische Einteilungsschemata der Einheimischen) oder die Legenden und Mythen über die Herkunft der Pflanzen, sind vor allem deshalb interessant, weil sie Licht auf die Kultur selbst werfen. Andere Kenntnisse sind für die Menschen in den Industrieländern von unmittelbarerem Nutzen: Sie können beispielsweise als Leitfaden für die Entwicklung neuer Nutzpflanzensorten oder Medikamente dienen.

Viertens sind indigene Völker die Verwalter einiger besonders empfindlicher Ökosysteme auf der Erde. Ihr Wissen, das sich in diesem Lebensumfeld im Laufe der Jahrhunderte entwickelt hat, kann ein wichtiger Beitrag zu der derzeitigen Diskussion über die Bewahrung natürlicher Ressourcen sein.

Und schließlich sind indigene Völker in der heutigen Weltwirtschaft anfällig für rasche wirtschaftliche und kulturelle Veränderungen. Das Wissen um die traditionelle Lebensweise, zu der auch die Verwendung von Pflanzen gehört, kann Hinweise auf Methoden geben, mit denen sich die negativen Folgen solcher Veränderungen abmildern lassen.

Angesichts dieses Doppelinteresses für Pflanzen und indigene Kulturen ist der Ethnobotaniker im Idealfall Anthropologe, Archäologe, Botaniker, Chemiker, Psychologe, Ökologe, Entdecker, Volkskundler, Pharmakologe und Diplomat zugleich. Nur mit einem fachübergreifenden Ansatz können wir darauf hoffen, die enge Beziehung zwischen Pflanzen und menschlichen Kulturen zu verstehen.

Pflanzen als materielle Grundlage der menschlichen Kultur

Man kann sich fragen, warum Pflanzen und nicht Tiere seit alters im Mittelpunkt solcher Untersuchungen stehen. Warum hat die Ethnobotanik weitaus mehr wissenschaftliches Interesse geweckt als ihre Schwesterdisziplin, die Ethnozoologie?

Für fast alle Menschen auf der Erde bilden Pflanzen stärker als Tiere die materielle Grundlage der Kultur. Von den Wikingern Skandinaviens mit ihren großen hölzernen Segelschiffen bis zu den neuseeländischen Maoris mit ihren raffinierten Schnitzereien an den Versammlungshäusern, von den Shipibo-Indianern im Amazonas-Regenwald mit ihren drei Meter langen Blasrohren bis zu den Navajos der nordamerikanischen Wüste, die ihre Teppiche mit farbigen Mustern versahen, waren die Menschen lange Zeit auf Pflanzen angewiesen: Sie dienten ihnen als Nahrung, Kleidung, Baumaterial, Transportmittel, Arznei und Zubehör für Rituale. Aber weshalb spielen gerade Pflanzen und nicht Tiere eine so entscheidende Rolle für die Entwicklung der menschlichen Kulturen?

Die Ursache liegt zum Teil in den tiefgreifenden ökologischen Unterschieden zwischen Pflanzen und Tieren: Pflanzen können Gase aus der Atmosphäre und winzige Mengen anorganischer Nährstoffe in Leben

1.7 Matten, die aus Pflanzen wie *Pandanus tectorius* (Pandanaceae) gewoben werden, dienen nicht nur als Fußbodenbelag, sondern auch als Unterlage beim Schlafen und Sitzen, zur Abhaltung von Zeremonien und sogar als Bootssegel.

9

verwandeln. Deshalb ist ihre Masse mindestens zehnmal so groß wie die aller Elefanten, Löwen, Eichhörnchen und sämtlicher anderer tierischer Lebensformen zusammen. Außerdem produzieren Pflanzen eine riesige Vielfalt chemischer Substanzen. Aber der entscheidende Unterschied besteht darin, daß Pflanzen produzieren, während Tiere verbrauchen.

Alle Tiere einschließlich des Menschen sind nicht nur mit ihrem Lebensunterhalt, sondern auch mit ihrer Lebensweise auf Pflanzen angewiesen. Die Nahrung, die ein Tier zu sich nimmt, seien es Pflanzen, Hühner, Fische oder andere Fleischsorten, bestimmt über seine Stellung in der ökologischen Lebensgemeinschaft. In diesem ökologischen Sinn ist ein Tier tatsächlich, was es ißt, und im Gesamtzusammenhang des Lebendigen sind sie durch das definiert, was sie verzehren. Mit Ausnahme weniger chlorophyllhaltiger Mikroorganismen und einiger Lebewesen aus Korallenriffen, die symbiontische Algen enthalten, kann kein Tier leben und wachsen, ohne etwas anderes zu verbrauchen. Pflanzen dagegen unterscheiden sich in der Regel nicht durch das, was sie verbrauchen, sondern durch ihre Produkte, also das, was sie hervorbringen.

Aber wie steht es mit dem Boden und den Nährstoffen? Ist die Erde als solche die Nahrung der Pflanzen? Diese Vermutung prüfte der flämische Pflanzenphysiologe Johannes Baptista van Helmont 1648 auf elegante Weise. Er pflanzte eine Weide, die zweieinhalb Kilo wog, in 100 Kilogramm Erde. Nach fünf Jahren grub er den Baum aus und stellte fest, daß er 80 Kilo wog. Als er aber die Erde trocknete und wog, bemerkte er, daß ihr Gewicht immer noch 99 Kilo und 940 Gramm betrug. Mit anderen Worten: 60 Gramm Boden hatten 77,5 Kilo Weide hervorgebracht. Wie war das möglich? Stellte der Baum seine Masse aus der dünnen Luft her?

Die Antwort lautet natürlich ja. Durch die Photosynthese können Pflanzen die Kohlenstoffatome aus dem Kohlendioxid zu den Sechserringen zusammensetzen, die wir als Hexosezucker kennen. In den Licht- und Dunkelreaktionen der Photosynthese sind auch andere Elemente wichtig, aber sie werden nur in winzigen Mengen gebraucht. Die in der Photosynthese erzeugten Hexosezucker werden zu langkettigen Polymeren wie Stärke und Cellulose verknüpft. Und Cellulose bildet den Hauptbestandteil eines der wichtigsten jemals entdeckten Baumaterialien: Holz. Der chemische Reaktionsweg der Photosynthese führt also vom Kohlendioxid zum Holz, und das bedeutet, daß sogar die gewaltigen Regenwälder am Amazonas letztlich aus dünner Luft entstanden sind.

Die Kohlendioxidvorräte in der Atmosphäre sind so gut wie unerschöpflich. Deshalb konkurrieren die Pflanzen untereinander nicht um dieses Gas, sondern um eine Stellung im Pflanzendickicht, durch die sie das Sonnenlicht einfangen können, das die Photosynthese antreibt. Da sie sowohl den Platz an der Sonne behalten als auch die Wurzeln im Boden lassen müssen, sind alle landlebenden Pflanzen unbeweglich. Diese Ortsfestigkeit in Verbindung mit der gewaltigen Celluloseproduktion macht Pflanzen zu weitaus effizienteren und verläßlicheren Lieferanten für Baumaterial und Nahrung als Tiere. Die Zimmerleute brauchen ihre Balken nicht im Urwald zu jagen, und eine Kultur, in der man Häuser und Kleidung aus Antilopenknochen oder Tigerfellen herstellen müßte, wäre wirklich zu bedauern. In Zeiten des Überflusses findet man solche Materialien vielleicht, aber wenn Mangel herrscht, sind Pflanzen wesentlich leichter zu beschaffen. Als Allesesser können wir auch Fleisch verzehren, und tatsächlich haben fast alle Kulturen Freude an der Beute des Jägers oder den Erfolgen der Fischer. Aber fast alle – eine Ausnahme machen nur einige Gruppen in den Tundragebieten der Arktis und Hirtenvölker wie die Massai in Kenia – sind mit ihrer Ernährung überwiegend auf Pflanzen angewiesen. Und selbst Völker, die mit ihren Herden durch die Lande ziehen, brauchen die Pflanzen als Futter für die Tiere.

Aber Pflanzen dienen den Menschen nicht nur zur Ernährung und zum Bauen. Die 250 000 Blütenpflanzenarten unterscheiden sich nicht nur durch ihre Form, sondern auch durch die in ihnen verborgene Biochemie. Kein Tier und nicht einmal die Menschen in ihren weißen Laborkitteln haben jemals auch nur einen Bruchteil der atemberaubenden Vielfalt verschiedener Moleküle hergestellt, die Pflanzen tagtäglich aufbauen. Auch heute können wir viele dieser natürlichen Pflanzenstoffe nicht synthetisch herstellen. Da alle Pflanzen das gleiche Ausgangsmaterial brauchen – nämlich Kohlendioxid und Sonnenlicht –, hat ihre biochemische Vielfalt vermutlich nur wenig mit der Photosynthese zu tun. Man hat bei allen Pflanzenarten nur eine Handvoll Photosynthesefarbstoffe entdeckt. Warum also produzieren Pflanzen so viele exotische Substanzen – von den Opiaten, die unser Nervensystem betäuben, bis zu den Süßstoffen, die unsere Nahrung schmackhafter machen?

Die Antwort liegt vielleicht in der Unbeweglichkeit der Pflanzen. Sie können sich im Gegensatz zu den Tieren nicht fortbewegen, um sich fortzupflanzen oder vor Feinden zu fliehen. Pflanzen müssen sich entweder auf das unzuverlässige Spiel von Wind und Wasser verlassen, die Pollen und Samen mitnehmen, oder sie müssen Tiere dazu bringen, ihnen diesen Dienst zu erweisen. So gesehen, sind die Blüten der Orchideen oder die Früchte des Mangobaumes Beispiele für einen Vertrag zwischen Tieren und Pflanzen: Die Orchidee bietet den Insekten, die ihren Pollen transportieren, süßen Nektar und manchmal auch Sexualpheromone oder einen Treffpunkt. Und der Mangobaum liefert

1.8 Antonio Cuc, ein *yerbatero* (Kräutersammler) aus dem Dorf San Antonio in Belize, hackt Wurzeln von *Chiococca alba*, die ein traditioneller Heiler an demselben Tag verwenden will. *Chiococca alba* (Rubiaceae), von den Dorfbewohnern „Stinkwurzel" genannt, ist eine wirksame Arzneipflanze, die in dieser Gegend zu vielen Zwecken verwendet wird.

dem Flughund, der seine schweren Samen mitnimmt, die notwendige Nahrung.

Aber nicht alle Kontakte zwischen Tier und Pflanze sind so gutartig. Ein Tiermaul – sei es nun mit den Mandibeln der Insekten oder den Zähnen der Säugetiere bewehrt– ist eine große Bedrohung für ein kohlenhydratreiches, wasserhaltiges Lebewesen, das vor Räubern und Parasiten nicht fliehen kann. Deshalb mußten die Pflanzen notgedrungen zu Spezialisten für die Biochemie der Tiere werden. Ihre chemischen Produkte dienen nicht nur dazu, Tiere für die Bestäubung oder den Samentransport zu belohnen, sondern sie vertreiben, lähmen oder vergiften auch die Tiere, die die Pflanzen zerstören wollen. Solche

Wirkstoffe, die Pflanzen gegen die Tiere einsetzen, sind von großer Bedeutung für die Medizin: 25 Prozent unserer verschreibungspflichtigen Medikamente beruhen auf derartigen Verbindungen, und außerdem bilden sie fast alle Genußmittel: das Coffein im Kaffee, das Nikotin im Tabak, das Theophyllin im Tee, das Theobromin in der Schokolade und eine fast unübersehbare Vielfalt psychisch wirksamer Substanzen auf der ganzen Welt.

Diese Dreiheit – Ortsfestigkeit, Kohlenhydratproduktion und biochemische Vielseitigkeit – ist der Grund, daß Pflanzen für den Menschen viel nützlicher sind, als Tiere es jemals sein könnten. Die indigenen Kulturen auf der ganzen Welt sind zu Experten für die Nutzung der sie umgebenden pflanzlichen Ressourcen geworden.

Pflanzen und Menschen in der Antike

Stroh für Hütten, Holz für Boote, Fasern für Seile oder Kleidung sowie Farbstoffe, um sie zu verschönern, und dazu eine Fülle von Heilpflanzen – all das taucht bereits in einem frühen Stadium der menschlichen Vorgeschichte auf. Aber diese Zwecke verblassen im Vergleich zur Nutzung der Pflanzen als Nahrung. Die Landwirtschaft ist in der Menschheitsgeschichte eine relativ junge Erscheinung: Sie entwickelte sich während der letzten 10 000 Jahre unabhängig in mehreren Weltregionen. In den engen Tälern der Schweizer Alpen lebten Gemeinschaften von Fischern an den Ufern großer Seen. Vielleicht fielen Samen von Pflanzen, die man zum Hüttenbau oder als Nahrung benutzte, auf nährstoffreiche Abfallhaufen und gediehen dort. Als die Menschen merkten, wie leicht man diese Pflanzen einsammeln konnte, wiederholten sie den anfangs zufälligen Vorgang absichtlich. Eine andere Form der Landwirtschaft entwickelten die Vorfahren der Polynesier in Südostasien: Sie hegten Bäume und knollenbildende Pflanzen, die eßbare Nüsse und Wurzeln lieferten. Schon bald entdeckten sie, wie man solche Pflanzen aus abgeschnittenen Teilen heranziehen kann – vermutlich weil sie beobachtet hatten, wie die weggeworfenen, beblätterten Oberteile der Knollen wieder anwuchsen.

Auch der Anbau von Getreide, das zur Grundlage der abendländischen Zivilisation wurde, entwickelte sich in den letzten 10 000 Jahren. Im heutigen Irak fand man Mahlsteine aus der Zeit um 8 000 v. Chr. sowie Weizen- und Gerstenkörner von 6 700 v. Chr. In Mittelamerika entstand die Landwirtschaft ebenfalls während der vergangenen 10 000 Jahre: In Mexiko entdeckte man Kürbisse, die um 6 000 v. Chr. gewachsen sein müssen; noch später setzte sich der Mais durch, eine

1.9 Traditionelle pflanzliche und tierische Arzneien auf einem Markt im peruanischen Cuzco. Märkte sind hochinteressante Orte für ethnobotanische Studien, und die Kräuterhändler wissen oft recht genau über die Herkunft ihrer Waren und ihre Anwendungsgebiete Bescheid.

der ertragreichsten Pflanzen der Welt. In der Frage, wie die Pflanzen genutzt wurden, ist man nicht nur auf die Vermutungen der Archäologen angewiesen: Viele Kulturen haben bildliche oder schriftliche Darstellungen von ihrem Umgang mit den Gewächsen hinterlassen.

Jahrhundertelang schufen die Menschen dauerhafte Darstellungen von Pflanzen: Man schlug sie in Stein oder brannte sie aus Ton. Solche Abbildungen geben den heutigen Ethnobotanikern nicht nur Hinweise auf die Herkunft der Pflanzen, sondern sie sind auch ein greifbares Anzeichen dafür, wie wichtig sie den damaligen Menschen waren. Religiöse Vorstellungen im Zusammenhang mit Pflanzen, beispielsweise die Verbindung zwischen der Schöpfung des ersten Menschenpaares und einem Garten, wurden nicht nur mündlich, sondern auch in schriftlicher Form überliefert. In solchen Berichten steht Religiöses oft neben Pragmatischem. So erkennt man zum Beispiel in einem assyrischen Flachrelief aus dem Palast des Assurnasirpal in Nimrud, wie geflügelte Götter die Dattelpalmen bestäuben – ein Hinweis, daß man damals bereits über die Fortpflanzung der Pflanzen Bescheid wußte. Die Darstellung weist aber auch darauf hin, daß die Bestäubung für die Assyrer in den

1.10 Ein geflügelter Gott bestäubt Dattelpalmen; Flachrelief aus dem antiken Palast von Nimrud, das am Ostufer des Tigris liegt.

religiösen Bereich gehörte. Im fünften Jahrhundert v. Chr. berichtete Herodot ohne religiöse Untertöne, daß die Babylonier wußten, wie man Getreide vermehrt. Später stellte Aristoteles (384–322 v. Chr.) philosophische Betrachtungen über Pflanzen an. Sein Schüler Theophrastos, der Aristoteles' Bibliothek geerbt hatte, schrieb in großem Umfang über Pflanzen und zeichnete viele Beobachtungen seines Studienkollegen Alexanders des Großen auf. Der neunte Teil seiner *Historia plantarum* (Pflanzenkunde) enthält eine Menge Informationen über Heilpflanzen, aber gleichzeitig machte sich Theophrastos über den Aberglauben im Zusammenhang mit dem Sammeln der Pflanzen lustig. Im Verlauf weiterer Bemühungen, die mythische und volkstümliche Medizin in schriftliche Form zu bringen, verfaßte der griechische Arzt Pedanios Dioskurides im ersten Jahrhundert ein Sammelwerk mit dem Titel *De Materia medica ("Über Arzneipflanzen")*. Darin sind nicht nur 500 Heilpflanzen beschrieben, sondern viele davon sind auch abgebildet. *De Materia medica* galt bis in die Frührenaissance als maßgeblich. Solche frühen Zusammenstellungen der volkstümlichen Kenntnisse über Heilpflanzen gab es aber nicht nur im Westen: Der chinesische Kaiser Shen Nung soll der Überlieferung zufolge um 2 000 v. Chr. gelebt haben; auf ihn geht das *Pen Tsao* zurück, das vielleicht erste Kräuterbuch überhaupt.

Kräuterbücher und Heilpflanzen

In der Frührenaissance nahm das Interesse an Kräuterbüchern explosionsartig zu. Die meisten dieser Werke gründeten sich auf die Arbeiten von Dioskurides, die durch das eigene Wissen der Autoren nach und nach verbessert wurden. Im angelsächsischen Raum entstand im elften Jahrhundert das erste Pflanzenbuch, ein Codex, der heute als *Herbarium des Apuleius Platonicus* bekannt ist. Das erste gedruckte englische Kräuterbuch, von einem anonymen Autor verfaßt, brachte Richard Blanckes 1525 heraus: »Dies ist ein Werk ganz neuer Art, in welchem die Tugenden und Eigenheiten der Kräutlein behandelt sind, weshalb man es auch ein Kräuterbuch nennt.«

Ein Jahr später erschien bei Peter Treversi eine Übersetzung eines französischen Pflanzenbuches, und 1539 veröffentlichte William Turner sein *Libellus de re herbaria novus*. Henry F. Lyte brachte 1551 eine Übersetzung des Kräuterbuches *Stirpium Historiae Pemptades Sex* von Rembert Dodoen heraus, das auf dem europäischen Festland wegen seines enzyklopädischen Umfanges und der hervorragenden Abbildungen von Blumen berühmt geworden war. Das weitaus beliebteste Kräuterbuch des 16. Jahrhunderts war aber das von John Gerard, das 1597 erschien. Es gehört zu den wenigen Büchern, die seit 400 Jahren immer wieder nachgedruckt werden, und stellt eines der wichtigsten Werke über Pflanzen in englischer Sprache dar.

Gerard wurde 1545 in Nantwich in Cheshire geboren. Mit 16 Jahren trat er eine siebenjährige Lehrzeit bei dem Londoner Baderchirurgen Alexander Mason an. Später segelte er kurze Zeit als Schiffsarzt durch die Ostsee, aber Pflanzen interessierten ihn viel mehr als die Seefahrerei. Im Jahr 1577 ernannte man ihn zum Verantwortlichen für die Gärten des Lord Burleigh in London, und später wurde er Kurator des medizinischen Gartens am Londoner College of Physicians. Wie George Baker berichtet, der Leibarzt der Königin Elisabeth I., war Gerards eigener Garten

»so angefüllt mit allen Arten fremder Bäume, Kräuter, Pflanzen, Blumen und anderen seltenen Dingen, daß man sich fragen muß, wie ein Mann seines Standes, der über keinen großen Geldbeutel verfügt, dergleichen zuwege bringen kann. Ich beteuere bei meinem Gewissen, ich glaube nicht, daß er in seiner Kenntnis der Pflanzen hinter irgend jemandem zurücksteht.«

Im Jahr 1596 veröffentlichte Gerard einen Katalog der Pflanzen in seinem Garten. Im folgenden Jahr erschien sein Werk *The Herball, or Generall Historie of Plantes*, das schnell zu einem der meistzitierten botanischen Bücher aller Zeiten wurde. Das *Herball* mit seinen 1392 Seiten und 2200 Holzschnitten von Heilpflanzen wurde von den Ärzten mit großer Begeisterung aufgenommen, und sie zogen es bei ihren Verschreibungen zu Rate.

Im 20. Jahrhundert wurde Gerard des Plagiats beschuldigt, weil große Teile seines Werkes offenbar den früheren Veröffentlichungen von Dodoens entnommen sind. Das ist aber ein hinterhältiger Vorwurf, denn Kräuterbücher fassen definitionsgemäß das Wissen vieler Generationen zusammen. Dodoens hatte seinerseits große Anleihen bei Plinius und Dioskurides gemacht, und diese bezogen ihre Kenntnisse von den *rhizotomi*, griechischen Wurzelsammlern, deren Geschäft es war, »Wurzeln und Kräuter, die in der Medizin einen guten Ruf hatten, zuzubereiten und zu verkaufen«.

Genau diese Zusammenstellung der gesammelten volkstümlichen Kenntnisse machte Gerards *Herball* so wertvoll. Die Renaissanceärzte suchten darin sehr gründlich nach Beschreibungen pflanzlicher Heilmittel. Betrachten wir zum Beispiel einmal den Eintrag auf Seite 646 über den Roten Fingerhut *Digitalis purpurea* (Scrophulariaceae):

»Fingerhut, gesiedet im Wasser oder Weine und dann getrunken, löset und verzehret die dicke Zähigkeit von grossem Schleime und bösen Säften; auch öffnet er die Verstopfung von Leber, Niere, Milz und anderen Innereien.«

1.11 Das Titelblatt des *Herball* von Gerard. Dieses Sammelwerk über Arzneipflanzen, das 1597 erstmals erschien, wurde von Ärzten, die nach pflanzlichen Arzneien suchten, sehr häufig zu Rate gezogen.

William Withering und die Ethnobotanik in England

Gerards Behauptungen über die Wirkungen des Fingerhuts auf innere Organe wurden erst 1775, also fast 200 Jahre später, einer genaueren Prüfung unterzogen. Nach zehnjähriger Forschungsarbeit veröffentlichte William Withering 1785 das Werk *An Account of the Foxglove and Some of Its Medical Uses* („Ein Bericht über den Fingerhut und einige seiner medizinischen Anwendungen"). Darin zitierte er Gerards Bericht über die „Tugenden" der Pflanze, und dann empfiehlt er sie als Mittel gegen die „Wassersucht", eine Krankheit, die durch Schwellungen von Gliedmaßen und Rumpf gekennzeichnet ist (Ödem); heute wissen wir, daß sie durch unzureichende Pumpleistung des Herzens entsteht.

In Witherings Werdegang läßt kaum etwas darauf schließen, daß er eines Tages eine der ersten modernen ethnobotanischen Untersuchungen vornehmen würde, indem er eine Heilkundige aus dem Volk befragte und die pharmakologische Wirkung der von ihr benutzten Pflanzen eingehend studierte. Wie viele heutige Studienanfänger in der Medizin war Withering von der Notwendigkeit, Botanik zu lernen, durchaus nicht überzeugt. In einem Brief an seine Eltern bezeichnet er John Hope, seinen Botanikprofessor in Edinburgh, als ziemlich langweilig:

»Der Botanikprofessor gibt denjenigen Schülern, die in diesem Wissenschaftszweig am fleißigsten sind, jedes Jahr eine Goldmedaille. Ein solcher Ansporn erzeugt in jungen Gemütern oft den größten Eifer, aber wie ich gestehen muß, wird er kaum soviel Reiz haben, daß er die unangenehmen Ansichten vertreibt, die ich mir über das Studium der Botanik gebildet habe.«

Witherings botanisches Interesse erwachte erst 1775, als er sich in Helen Cookes verliebte, eine aufstrebende Künstlerin, die gern Blumen malte. Eifrig bemüht, ihr zu gefallen, sammelte der junge William Blumen, die sie skizzieren konnte. Während dieser romantischen Episode fesselten die Pflanzen seine Phantasie. Er betrieb zwar seine Arztpraxis weiter, veröffentlichte später aber mehrere Werke über Botanik und wurde zum Mitglied der Londoner Linnean Society gewählt. Mit seiner Doppelausbildung in Medizin und Botanik brachte Withering die idealen Voraussetzungen mit, um die wichtigste ethnobotanische Entdeckung seiner Zeit zu machen:

»Im Jahr 1775 fragte man mich nach meiner Meinung über ein Hausmittel gegen Wassersucht. Man sagte mir, es sei lange das Geheimnis einer alten Frau in Shropshire gewesen, und sie habe damit manchmal geheilt, wenn die normalen Ärzte versagt hatten… Diese Arznei bestand aus zwanzig oder mehr verschiedenen Kräutern, aber wer in diesen Dingen bewandert ist, konnte ohne weiteres erkennen, daß keine andere Pflanze als der Fingerhut der wirksame Bestandteil sein mußte.«

1.12 In England verschrieben Heilkundige aus dem Volk den Fingerhut (*Digitalis purpurea*) gegen Wassersucht, eine Krankheit, die durch ungenügende Pumpleistung des Herzens entsteht.

1.13 William Withering, der englische Arzt und Botaniker, der sich mit der volkstümlichen Anwendung von Kräutermischungen gegen Wassersucht beschäftigte und dabei entdeckte, daß alle derartigen Mischungen Fingerhut enthielten; die Pflanze hält er übrigens auf diesem Gemälde in der Hand.

Die Flüssigkeitsansammlungen, die den Körper der Patienten anschwellen ließen, wurden durch das Verabreichen von Fingerhut mit Sicherheit vermindert, aber den Zusammenhang zwischen Wassersucht und ungenügender Pumpleistung des Herzens erkannte man zu Witherings Zeit nicht ganz. Wie der scharfsinnige Withering aber beobachtete, »hat der Fingerhut einen Einfluß auf die Bewegungen des Herzens, wie man ihn bei keiner anderen Arznei kennt«. Er sagte voraus, man könne, »diese Wirkung zu heilsamen Zwecken nutzen«, und verschrieb Fingerhut gegen Wassersucht, aber: »Ich gab ihn in Dosen, die viel zu hoch waren.«

Unter anderem bestand die Schwierigkeit darin, die Dosierung der gemahlenen Blätter zu standardisieren:

»Wie ich feststellte, schwankten diese in ihrem Gehalt zu verschiedenen Jahreszeiten; ich rechnete aber damit, daß die Dosis genauso sichergestellt sein würde wie bei jeder anderen Arznei, wenn ich sie immer im gleichen Zustand, nämlich spät in der Blütezeit, sammelte und sorgfältig trocknete; und ich bin in dieser Erwartung auch nicht enttäuscht worden.«

Schon bald verschrieb Withering einen Extrakt, den er durch Einweichen der Blätter in Wasser herstellte, und später benutzte er das Pulver aus den gemahlenen Blättern. In der Art, wie Withering ihn verabreichte, war der Fingerhut nach allen Maßstäben eine erstaunlich erfolgreiche Arznei gegen Wassersucht. J. K. Aaronson, der in jüngster Zeit die von Withering sorgfältig beschriebenen Fälle nochmals analysierte, fand Erfolgsquoten von 65 bis 80 Prozent.

Pulverisierte Fingerhutblätter in Tabletten- oder Kapselform werden noch heute bei stauungsbedingtem Herzversagen verschrieben. *Digitalis*, der lateinische Name der Pflanze, bezeichnet mittlerweile nicht nur diese Roharznei, sondern auch die Herzglykoside, die man im 20. Jahrhundert aus dem Fingerhut isolierte. Herzglykoside sind Steroidverbindungen (natürlich vorkommende Substanzen mit einem charakteristischen Molekülgerüst aus 17 Kohlenstoffatomen), an die Zuckermoleküle angeheftet sind. Ihren Namen tragen sie, weil sie stark auf das Herz wirken. Nützlich sind diese Wirkstoffe, weil sie die Kraft der Herzkontraktion verstärken und dem Herz zwischen den Kontraktionen mehr Zeit zum Ausruhen verschaffen. Man hat aus getrockneten Fingerhutblättern über 30 Herzglykoside isoliert, darunter

1.14 Digoxin und Digitoxin, zwei wichtige Herzmedikamente, die man auch heute noch aus Fingerhutpflanzen gewinnt. Sie gehören zur Gruppe der Herzglykoside. Der Begriff „Glykosid" bezeichnet das angekoppelte Zuckermolekül links unten in der Strukturformel.

Digitoxin und Digoxin. Beide Wirkstoffe wurden nie in größerem Umfang synthetisch hergestellt; man gewinnt sie vielmehr noch heute aus Fingerhutblättern. Jedes Jahr verschreiben die Ärzte Hunderttausenden von Herzpatienten auf der ganzen Welt insgesamt über 1 500 Kilogramm reines Digoxin und 200 Kilogramm Digitoxin.

Zwar hat sich das Arsenal der Herzmedikamente durch die Entwicklung neuer Wirkstoffe erweitert, aber Digitalis rettet nach wie vor jedes Jahr vielen Menschen das Leben. Es ist immer noch das Mittel der Wahl beim Vorhofflimmern, einem lebensbedrohlichen Zustand, bei dem die Pumpleistung des Herzens durch ungleichmäßige Kontraktionen stark vermindert ist. William Withering machte mit seiner Bereitschaft, »eine alte Frau in Shropshire« zu befragen, vielleicht zum ersten Mal deutlich, wie nützlich der ethnobotanische Ansatz für die Entdeckung von Wirkstoffen ist, und das führte letztlich zu einem äußerst wichtigen Medikament.

Witherings Studien an *Digitalis*, einer einzigen Pflanzenart, führte zu einem bedeutsamen Fortschritt der Medizin, weil er das Wissen der Heilkundigen aus dem Volk in seinem eigenen Umfeld verbreitete. Sein Zeitgenosse, der schwedische Naturforscher Carl von Linné, entdeckte keine Medikamente, brachte aber die Ethnobotanik ebenfalls ein großes Stück voran, weil er die Pflanzen in fremden Kulturkreisen studierte. Außerdem legte er den Grundstein für die botanische Systematik. Bis zu Linnés Zeit gab es für die Nomenklatur der Pflanzen kein einheitliches Schema. Linné legte fest, daß für Pflanzen zweiteilige lateinische Namen benutzt werden sollten, und formulierte Regeln für die Entscheidung zwischen konkurrierenden Namen, die von verschiedenen Botanikern formuliert wurden.

Carl von Linné und die Ethnobotanik in Lappland

»Am Freitag, dem 22. Mai 1732, um 11 Uhr morgens brach ich allein aus Uppsala auf, einen halben Tag bevor ich fünfundzwanzig Jahre alt war«, schrieb Linné am Anfang seines Tagebuches für das Jahr 1733. Sein Ziel war Lappland, ein Gebiet nördlich des Polarkreises, in dem das Volk der Samen oder Lappen lebt. Fleisch und Felle liefern den Samen ihre halbzahmen Rentierherden. Linné hielt sorgfältig fest, welche Pflanzen dieses Volk in seinem Kampf mit der harten arktischen Umwelt benutzte. Sein Tagebuch enthält eine Fülle von Skizzen der Samen und Aufzeichnungen darüber, wie sie sich der Pflanzen bedienten; es ist ein Musterbeispiel für die eingehenden Beobachtungen, die auch heute das charakteristische Kennzeichen der ethnobotanischen Forschung sind.

»5. Juni. Die reiche Fülle der Natur zeigt sich daran, wie sie die Menschen selbst in dieser rauhen Wildnis mit Ober- und Unterbett versorgt. Das *Polytrichum* prolif. *maximum* [ein Moos] wächst in den feuchten Wäldern reichlich und dient zu diesem Zweck. Sie suchen die Pflanzen mit ihren sternförmigen Köpfchen und schneiden sich daraus Flächen in jeder gewünschten Größe als Bett oder Polster heraus.

13. Juni. In der Nähe wächst *Pinguicula* [Fettkraut]. Wenn die Einwohner der Gegend sich diese Pflanze einmal beschafft haben, bedienen sie sich ihrer das ganze Jahr über und verwenden sie bis zum Frühling als eine Art Lab.«

Im September, nachdem er nach Uppsala zurückgekehrt war, wurde Linné stadtbekannt, weil er demonstrativ Lappenkleidung trug und begeistert über dieses Volk berichtete, das seinen Landsleuten weitgehend unbekannt war. Seine Reisetagebücher, in denen er beschrieb, wie die Lappen Pflanzen zu verschiedensten Zwecken nutzten, wurden gedruckt und erreichten hohe Auflagen. Unter anderem hatte er beobachtet, daß man mit den Blättern der insektenfressenden Pflanze *Pinguicula* (Lentibulariaceaea) Milch gerinnen lassen kann, und das machte deutlich, wie Menschen ein Enzym, mit dem die Pflanze Insekten verdaut, für einen neuen Zweck einsetzen können. Seine Arbeiten sind von einer derart hervorragenden Genauigkeit, daß man sie an der Universität Uppsala, wo Wissenschaftler seine ethnobotanische Erforschung der Samen fortsetzen, auch heute immer wieder zu Rate zieht.

1.15 Carl von Linné, einer der ersten Ethnobotaniker, trug nach seiner Lapplandreise manchmal Lappenkleidung, um seinen Studenten in Uppsala die Lebensweise der Samen nahezubringen.

Richard Evans Schultes und die Ethnobotanik am Amazonas

Linné entwickelte mehrere Methoden, die weit über die von William Withering hinausgingen. Auf seinen Reisen zum Erwerb ethnobotanischer Kenntnisse lernte Linné exotische Sprachen. Er war allein oder mit wenigen Begleitern unterwegs und nahm nur wenig Ausrüstung mit. Vor Ort aß Linné das gleiche wie die Einheimischen und lernte, Pflanzen so zu benutzen wie sie. Und was am wichtigsten war: Er stellte eine tiefe Beziehung zu den von ihm untersuchten Menschen her. Alle diese Kennzeichen ethnobotanischer Forschung finden sich zwei Jahrhunderte später in den Arbeiten des Wissenschaftlers Richard Evans Schultes von der Harvard University wieder.

Schon in den ersten Studienjahren entschloß sich Schultes, seine Examensarbeit über den Peyote-Kaktus (*Lophophora williamsii*,

Cactaceae) zu schreiben. Oakes Ames, sein Lehrer, bestand darauf, er müsse die Pflanze aus erster Hand im Freiland kennenlernen, und so reiste Schultes 1937 nach Oklahoma zu den Kiowa-Indianern, um zu erfahren, wie sie diesen winzigen Kaktus in ihren Zeremonien verwendeten. Trotz seiner Jugend kehrte er mit einer der genauesten Analysen über den volkstümlichen Gebrauch halluzinogener Pflanzen zurück, die jemals geschrieben wurden. Ames schlug ihm vor, seine ethnobotanischen Interessen weiterzuverfolgen und zu einer Doktorarbeit auszubauen.

Nun reiste Schultes nach Mexiko, um *Teonanacatl* (*Panaeolus campanulatus* und verwandte Arten) zu erforschen, den heiligen Pilz der Azteken. Daß es den Pilz gab, hatte man gerüchteweise schon gehört, aber Schultes hielt als erster Botaniker fest, welche Rituale und Glaubensüberzeugungen ihn umgaben. Nachdem er 1941 seinen Doktor gemacht hatte, erforschte er auf weiteren Reisen die ethnobotanischen Kenntnisse der Eingeborenenstämme im Nordwesten des Amazonasbeckens. Als er aus dem kolumbianischen Regenwald nach Bogotá zurückkehrte, hörte er eine beunruhigende Nachricht: Die Vereinigten Staaten waren in den Zweiten Weltkrieg eingetreten. Schultes, der sofort nach Hause fahren wollte, wandte sich an die US-Botschaft, aber dort erklärte man ihm, die Regierung habe andere Pläne: Er solle in den Regenwald zurückkehren.

Nur wenige nordamerikanische Botaniker hatten umfangreiche Erfahrungen mit dem Amazonasgebiet, und als die USA zur Kriegspartei geworden waren, wurden seine Kenntnisse für die Alliierten wichtig. Nachdem Burma, Malaysia und Indonesien an Japan gefallen waren, hatten die Alliierten keinen Zugang mehr zu dem Gummi aus den dortigen Plantagen. Für ein aufwendiges Anpflanzungsprogramm blieb keine Zeit, und deshalb mußte man unbedingt feststellen, ob die wilden Bäume im Amazonas-Regenwald den notwendigen Gummi für die Alliierten liefern konnten.

Schultes sollte herausfinden, wie dicht die Gummibäume (*Hevea brasiliensis,* Euphorbiaceae) im Regenwald standen und ob die Indianer der Gegend den Latex ernten konnten. Aber obwohl er sich in wichtiger militärischer Mission in einem wenig bekannten Teil der Welt befand, entschloß sich Schultes, bei der Untersuchung wie bei allen früheren Forschungsarbeiten vorzugehen: Er reiste allein, ohne Waffen und nur mit der allernötigsten Ausrüstung in einem Kanu, und was Sicherheit, Behausung und Nahrung anging, verließ er sich ausschließlich auf seine Fähigkeit, Kontakte zur einheimischen Bevölkerung zu knüpfen. Während er die Übersichtsuntersuchung durchführte, arbeitete er gleichzeitig an ethnobotanischen Studien, die zur Grundlage seine Buches *The Healing Forest* werden sollten; das Werk mit

1.16 Richard Evans Schultes bei der Feldarbeit im nordwestlichen Amazonasbecken in Kolumbien. Er stellt gerade Herbarexemplare der dort benutzten Pflanzen her.

dem Coautor Robert Raffauf erschien 1991. Pflichtschuldigst berichtete Schultes dem Militär über seine Befunde, und nachdem der Krieg beendet war, arbeitete er weiter im Amazonasgebiet.

Im Laufe von 14 Jahren, die er ständig im Nordwesten des Amazonasbeckens verbrachte, häufte Schultes eine Sammlung von mehr als 25 000 Pflanzen an, und viele davon waren von wirtschaftlichem Wert. Er arbeitete mit vielen Eingeborenenstämmen zusammen und identifizierte Dutzende ihrer Rauschmittel sowie Hunderte ihrer Heil- und Giftpflanzen. Schultes tauchte in das Dorfleben ein, verbrachte stets mehrere Monate ununterbrochen in dem Gebiet, das er gerade erforschte, und kehrte nur in das kolumbianische Flußdorf Mitú zurück, um Post abzuschicken und seine Vorräte zu ergänzen. Als Pionier der Methode des teilnehmenden Beobachters ging er über den ausschließlich zusehenden Standpunkt der meisten Anthropologen seiner Zeit hinaus und nahm an Ritualen teil, bei denen Pflanzen benutzt wurden. Vielleicht lag es an dieser Vorgehensweise, daß Schultes und seine Mitarbeiter den indigenen Völkern sehr nahe kamen. Die Schriften von Richard Evans Schultes sind dafür bekannt, daß sie den Menschen, ihrer Kultur und ihrer Verantwortung für die Umwelt tiefen Respekt entgegenbringen.

1.17 Albert Hofmann, der frühere Forschungsdirektor der Abteilung für Naturstoffchemie bei der Pharmafirma Sandoz in Basel. Im April 1953 entdeckte Hofmann die starken Wirkungen von LSD; später arbeitete er zusammen mit Richard Evans Schultes an einer fachübergreifenden Studie über die mexikanische Samtblume *Tagetes lucida*.

Schultes war einer der ersten Vertreter eines fachübergreifenden Ansatzes in der Ethnobotanik. Gefesselt von den psychisch wirksamen Bestandteilen der bei den Indianern gebräuchlichen Rauschmittel, arbeitete er eng mit Chemikern zusammen, so auch mit Albert Hofmann, dem Entdecker des LSD. Gemeinsam begannen die beiden, die psychisch aktiven Wirkstoffe der mexikanischen Samtblume *Tagetes lucida* (Asteraceae) zu erforschen. Gerüchte über eine halluzinogene Samtblume gab es in der Pharmakologengemeinde schon lange, aber erst Schultes sorgfältige ethnobotanische Arbeiten in Verbindung mit Hofmanns peinlich genauer chemischer Analyse der Pflanzenteile zeigte, daß der wirksame Inhaltsstoff in seiner Struktur erstaunlich stark dem LSD-25 ähnelt.

Mit seiner Sorgfalt und seinem großen Kollegenkreis konnte Schultes die botanischen Sammlungen der Harvard University in ein wichtiges internationales Zentrum der Ethnobotanik verwandeln. Dort wurden auch wir in den siebziger Jahren als Doktoranden zutiefst von seinem Eifer und seiner Menschlichkeit beeinflußt.

Ethnobotanik heute

Nach dem Vorbild von Professor Schultes verbrachten wir längere Zeit in abgelegenen tropischen Dörfern, wo wir erforschten, wie die Einheimischen sich der Pflanzen bedienen. Nach seiner Auffassung sollte man als Ethnobotaniker die Pflanzen, die von den Einheimischen benutzt werden, nach und nach kennen- und sorgfältig unterscheiden lernen, das Wissen über nützliche und giftige Arten aufzeichnen, und Exemplare für weitere Untersuchungen und einen möglichen Anbau sammeln. Man nimmt dabei lange Aufenthalte in Dörfern ebenso in Kauf wie viele hundert Stunden geduldigen Beobachtens und Experimentierens sowie vor allem die immer gleiche, aber entscheidende Tätigkeit des Pressens und Trocknens von Pflanzen, auch bei Monsunregen oder drückender Hitze. Für Kollegen, die mit Reagenzgläsern und Kernresonanzspektroskopie vertrauter sind als mit Notizbuch und Pflanzenpresse, mag diese Methode alles andere als wissenschaftlich wirken. Die Ethnobotanik ist wie Anthropologie, Geologie oder sogar Astronomie im Kern eher eine beobachtende und keine experimentelle Wissenschaft, aber man geht dabei genauso streng vor wie beispielsweise in der Chemie. Die heutigen Ethnobotaniker nehmen sogar komplizierte chemische Analysen vor, um die biologisch aktiven Bestandteile der gesammelten Pflanzen dingfest zu machen; Daten über die Verwendung der Pflanzen werden mit statistischen Umfragemethoden gewonnen und gesammelt; mit Tonbandgeräten dokumentiert man die

Ethnotaxonomie (das heißt die Einteilungssysteme der Einheimischen); man analysiert genetische Schwankungen bei örtlichen Nutzpflanzen; und mit Kohlenstoff-Datierungsmethoden bringt man Licht in die Benutzung der Pflanzen in prähistorischer Zeit. Da man ständig Methoden und Kenntnisse aus anderen Gebieten heranziehen muß, haben nur relativ wenige anerkannte Fachleute für Ethnobotanik ursprünglich eine Ausbildung als Ethnobotaniker. Die meisten sind auf Umwegen zu diesem Fach gekommen, zum Beispiel aus der Anthropologie, Linguistik, Naturstoffchemie, Pharmakognosie (der Wissenschaft von den natürlichen Arzneimitteln und ihren Bestandteilen), systematischen Botanik oder Pflanzenökologie. Diese Mischung aus den verschiedensten Methoden und Disziplinen hat das Gebiet bereichert, aber da es in grundlegenden Fragen – wie etwa den Forschungszielen und der dabei angewandten Methodik – keine einhellige Meinung gibt, ist die Entwicklung einer einheitlichen Vorgehensweise stark gehemmt.

Da also ein einheitlicher Ansatz fehlt, gibt es auch kaum vergleichende ethnobotanische Studien, in denen nicht nur die Verwendung der gleichen Pflanzen in verschiedenen Kulturen untersucht wird, sondern auch die Stellung, die Pflanzen in verschiedenen Weltanschauungen einnehmen. Nur wenige Artikel in den führenden ethnobotanischen Fachzeitschriften *Economic Botany*, *Journal of Ethnopharmacology* und *Journal of Ethnobiology* beschäftigen sich umfassend mit Litera-

1.18 Dieses Plakat auf einer Straße im peruanischen Cuzco macht deutlich, wie die einheimischen Bauern unter Druck stehen, sich auf moderne Nutzpflanzensorten umzustellen. Die Verdrängung der traditionellen Sorten führt zum Verlust genetischer Vielfalt. Außerdem sind nun riesige Gebiete durch Hungersnöte gefährdet, denn die traditionellen Sorten sind an die örtlichen Umweltbedingungen besser angepaßt. Die Ethnobotaniker helfen der einheimischen Bevölkerung bei der Entwicklung von Strategien, mit denen sich dieses wertvolle Material bewahren läßt.

tur, die über das unmittelbar bearbeitete Thema hinausgeht. Auch andere Faktoren tragen zu diesen Schwierigkeiten bei. Erstens geht das Wissen der indigenen Kulturen überall auf der Welt mit wachsender Geschwindigkeit verloren. Die meisten Ethnobotaniker sind beunruhigt, weil volkstümliches Wissen über Pflanzen so schnell verschwindet. Je mehr traditionelle Völker die westliche Lebensweise übernehmen, desto mehr geht vom Reichtum ihrer Traditionen verloren, und für diesen kulturellen Verfall ist das Wissen über Pflanzen, das nur an ausgewählte Mitglieder der Gemeinschaft weitergegeben wird, offenbar besonders anfällig. Und zweitens beschleunigt sich weltweit der Verlust der Artenvielfalt bei Pflanzen. Auch von diesem Verlust scheint das Wissen um die Verwendung der Pflanzen aus bedrohten Lebensräumen besonders stark betroffen zu sein.

In diesem Buch wollen wir an ausgewählten Beispielen aufzeigen, daß 1) Pflanzen für die Entwicklung der heutigen Kulturen eine wichtige Rolle gespielt haben, 2) die Weisheit der indigenen Kulturen nicht nur Erkenntnisse über das Wesen des Menschen liefert, sondern auch die abendländische Kultur bereichert, und 3) die Erhaltung der Artenvielfalt bei Pflanzen und die Bewahrung des volkstümlichen Wissens über Pflanzen im Interesse der Weltgemeinschaft ist. In diesen zentralen Fragen sind sich nach unserer Einschätzung die meisten Ethnobotaniker einig.

Die Geschichte der Ethnobotanik war nie aufregender als heute. Durch die jüngsten Fortschritte in Molekularbiologie und analytischer Chemie stehen dem Fachgebiet heute Methoden und Hilfsmittel zur Verfügung, von denen unsere Vorgänger kaum zu träumen wagten. Neu sind auch die weiter gefaßten Fragestellungen: Wie wählten die Menschen die Pflanzen zum Bau von Schiffen aus, mit denen sie Tausende von Kilometern weit über das Meer fahren konnten? Warum verließen die Ureinwohner des Colorado-Hochlandes ihre Heimat? Wie stießen verschiedene Kulturkreise auf Pflanzen, die fast die gleichen psychoaktiven Wirkstoffe produzieren? Die Beantwortung solcher Fragen mit Labor- und Freilandarbeit wurde durch Flugreiseverkehr, internationale Zusammenarbeit und fachübergreifende Ansätze vereinfacht. Die meisten Früchte trugen die methodischen und theoretischen Fortschritte der jüngsten Zeit bei der Suche nach neuen Medikamentenwirkstoffen. Verständlicherweise richtete sich die Aufmerksamkeit der Öffentlichkeit dabei vor allem auf die Suche nach neuen Medikamenten bei Pflanzen, die traditionell als Arzneien dienen. Die wenigsten wissen aber, daß es sich dabei um eine der ältesten Arten ethnobotanischer Forschung überhaupt handelt.

Heilende Pflanzen 2

2.1 Das Innere eines Ayurveda-Arzneiladens in der Kleinstadt Kottakkal im südindischen Bundesstaat Kerala; man erkennt, welch reiche Auswahl an Produkten zu diesem traditionellen Medizinsystem gehört.

Man braucht nur einmal in den Vereinigten Staaten, Kanada oder Westeuropa in eine Apotheke zu gehen und sich eine beliebige Packung eines verschreibungspflichtigen Medikaments anzusehen. Mit einer Wahrscheinlichkeit von eins zu vier enthält die Arznei, die man in der Hand hat, einen aus Pflanzen gewonnenen Wirkstoff. Die meisten dieser pflanzlichen Medikamente wurden genau genommen durch die Erforschung von traditionellen Heilmethoden und dem Volkswissen der Einheimischen entdeckt – also mit ethnobotanischen Methoden.

Erinnern wir uns noch einmal daran, wie William Withering im 18. Jahrhundert auf das Digitalis stieß. Er vollzog dabei die gleichen Schritte, mit denen man auch heute bei den ethnobotanischen Projekten der Medikamentenentwicklung Erfolg hat: 1) In der Bevölkerung sammelt sich Wissen über mögliche Heilwirkungen einer Pflanze; 2) Heiler benutzen die Pflanze bei ihren Patienten; 3) eine Heilerin teilt ihr Wissen einem Wissenschaftler mit; 4) der Wissenschaftler sammelt und identifiziert die Pflanze; 5) der Wissenschaftler untersucht Extrakte der Pflanze mit einem biologischen Testverfahren, das ihm einen vorläufigen Überblick über die pharmakologische Wirkung verschafft; 6) der Wissenschaftler verfolgt mit Hilfe des biologischen Tests den aktiven Bestandteil des Pflanzenextrakts und isoliert so eine reine Verbindung; und 7) der Wissenschaftler ermittelt die Molekülstruktur der reinen Verbindung.

Im Fall des Digitalis hatte sich das Wissen um den Nutzen des Fingerhuts in den traditionellen medizinischen Systemen der britischen Bevölkerung angesammelt, so daß Gerard es 1597 in seinem Kräuterbuch aufzeichnete. Im 18. Jahrhundert benutzte eine Heilerin (die „alte Frau" in Shropshire) die Pflanze zur Behandlung der Wassersucht, einer Krankheit, die durch ungenügende Pumpleistung des Herzens entsteht. Withering hörte von dem Heilerfolg und befragte die Heilerin, die ihn mit der Arznei bekannt machte. Withering identifizierte und sammelte den Fingerhut, und dann untersuchte er Extrakte der Blätter mit dem einzigen biologischen Test, den es zu seiner Zeit gab: Er verabreichte ihn seinen Patienten. Heute würde es der medizinischen Ethik widersprechen, einen unerprobten Wirkstoff an Menschen zu testen, aber Versuchstiere mit Wassersucht standen Withering im 18. Jahrhundert nicht zur Verfügung. Ende des 19. Jahrhunderts konnten Chemiker die Inhaltsstoffe der Fingerhutblätter durch Extraktion mit Lösungsmitteln trennen (ein Vorgang, den man als Fraktionierung bezeichnet) und zeigen, daß die beobachtete Anregung des Herzens im wesentlichen auf die Herzglykoside zurückzuführen war. Sie ermittelten die Struktur dieser Verbindungen und tauften die beiden wirksamsten auf die Namen Digoxin und Digitoxin.

Die Entdeckung des Digitalis schreibt man zwar im allgemeinen William Withering zu, aber zwischen seinem Bericht über die Verwendung der Fingerhutblätter in der Volksmedizin und der Herstellung des reinen Digoxins und Digitoxins im industriellen Maßstab liegt ein langer Zeitraum. Diese Lücke, die fast eineinhalb Jahrhunderte lang ist, wurde durch die Arbeiten vieler anderer Chemiker, Pharmakologen und Mediziner überbrückt. Die moderne ethnobotanische Forschung ist darauf angelegt, diesen Prozeß, der früher Jahrhunderte dauerte, stark abzukürzen. Aber wie schnell Wirkstoffe entdeckt und hergestellt werden, hängt auch von vielen Faktoren ab, die von wissenschaftlichen Überlegungen weit entfernt sind. Medikamente werden kaum einmal nur als Kuriositäten der Forschung produziert. Notwendig sind vielmehr starke wirtschaftliche, gesellschaftliche und sogar politische Anreize, die den langwierigen Prozeß der Medikamentenentdeckung und -entwicklung vorantreiben. Die Ausbreitung neuer Krankheiten, häufig eine Folge der Besiedelung neuer Lebensräume durch den Menschen, und der eingeschränkte Zugang zu Medikamenten in Kriegszeiten waren oft wichtige Anlässe für Neuentwicklungen und ausreichende Finanzierung. Daß soziale, politische und wirtschaftliche Umstände ein starkes Motiv für die Medikamentenherstellung sein können, zeigt sich sehr deutlich an der Geschichte eines Wirkstoffs, der ganz anders ist als Digitalis: am Chinin.

„Chinarinde" und die Entdeckung des Chinins

Chinin ist ein geruchloses weißes Pulver, das außerordentlich bitter schmeckt. Es hilft gegen Malaria, die Krankheit, die von dem durch Stechmücken übertragenen Einzeller *Plasmodium* verursacht wird. Oft dient es auch zur Behandlung von Herzrhythmusstörungen. Malaria gilt heute meist als Tropenkrankheit, aber früher war sie auch in gemäßigten Klimazonen eine große Gesundheitsgefahr, beispielsweise in Städten wie Washington, St. Louis, London und Rom. (Bevor sich herausstellte, daß Stechmücken die Überträger sind, hielt man das Miasma für die Ursache der Malaria, einen Dampf, der nachts aus Sümpfen und anderen Feuchtgebieten aufsteigt.)

Chinin wird aber nicht nur in der Medizin verwendet, sondern auch als Geschmacksstoff. In den USA dient der größte Teil des importierten Chinins zur Aromatisierung von Tonicwater. Die Vorliebe für den bitteren Geschmack dieser Limonade läßt sich aber zu den britischen Kolonialtruppen in Indien zurückverfolgen, die Chinin zur Bekämpfung der Malaria verwendeten. Da der Wirkstoff zum Schutz gegen Malaria im Blut nur in recht geringer Konzentration vorliegen muß,

2.2 Ein blühender Zweig der *Cinchona*-Art, die der kommerziellen Chininproduktion dient. Oben links erkennt man einen Rindenstreifen, der vom Baumstamm abgeschält wurde. Aus dieser Rinde wird das pharmazeutisch genutzte Chinin gewonnen.

31

dürfte ein Gin Tonic täglich in gefährdeten Gebieten tatsächlich einen geringfügigen medizinischen Nutzen haben.

Die Geschichte der Entdeckung des Chinins für die alte Welt beginnt Ende des 16. und Anfang des 17. Jahrhunderts während der Eroberung des Inkareiches in Peru. Die spanischen Invasoren bemerkten, daß die Indianer einen Baum im Regenwald zur Behandlung von Fieber verwendeten. Nach einer spanischen Legende trank ein Soldat, der in der Wildnis einen Malariaanfall bekam, von dem dunkelbraunen Wasser eines Tümpels, in den Chininrindenbäume gestürzt waren. Daraufhin schlief er ein, und als er erwachte, war das Fieber verschwunden. Er schloß daraus, das braune Wasser müsse ein „Tee" aus den umgestürzten Stämmen und der Rinde der Bäume sein, und erzählte überall von dieser fiebersenkenden Wirkung. Eine andere spanische Legende berichtet von Indianern, die beobachteten, wie kranke Tiere zum Trinken an die lauwarmen Teiche kamen, in deren Umgebung Gruppen von Chinarindenbäumen wuchsen.

Im Jahr 1633 beschrieb ein Jesuit namens Pater Calancha die Heilwirkung des Baumes im *Chronicle of St Augustine*:

»Im Lande Loxa wächst ein Baum, den sie Fieberbaum nennen und dessen Rinde die Farbe von Zimt hat. Macht man daraus ein Pulver vom Gewicht zweier Silbermünzen und gibt es als Arzneitrunk, heilt es das Fieber, und… es hat in Lima schon viele wundersame Heilungen vollbracht.«

Nun benutzten die Jesuiten die Rinde überall in Peru zur Vorbeugung und Behandlung der Malaria, was der Arznei den Namen „Jesuitenpulver" einbrachte. Pater Bartolomé Tafur brachte 1645 ein wenig von der Rinde mit nach Rom, wo sie bald darauf unter Geistlichen vielfach eingesetzt wurde. Der Kardinal John de Lugo schrieb eine Broschüre, die mit der Rinde verbreitet wurde. Da das wundersame „Jesuitenpulver" so häufig angewandt wurde, starb während des Konklave zur Papstwahl im Jahr 1655 kein einziger Teilnehmer an Malaria – es war seit Beginn der historischen Aufzeichnungen das erste Mal, daß die Versammlung davon verschont blieb. Schon 1654 gelangte das „Jesuitenpulver" auch nach England, aber die dortigen Protestanten mochten den katholischen Arzneitrank nicht ausprobieren. Oliver Cromwell, der sich weigerte, mit der Rinde „jesuitiert" zu werden, starb 1658 an Malaria.

Im Jahr 1670 wurde in London ein junger Apotheker namens Robert Talbor berühmt, weil er die Malaria mit einem geheimen Wirkstoff heilte. Talbor machte die Chinarinde schlecht und warnte öffentlich vor »allen lindernden Arzneien und insbesondere vor der, die als „Jesuitenpulver" bekannt ist«. Nachdem Talbot mit seinem Geheimrezept König Charles II. von Malaria geheilt hatte, schickte der Herrscher ihn an den französischen Hof, wo er auch den erkrankten Sohn Ludwigs XIV. wieder gesund machte. Der französische König zahlte 3000 Goldkronen für Talbors Geheimnis, aber dieser machte zur Bedingung, daß es erst nach seinem Tod gelüftet werden durfte. Wie sich dann herausstellte, hieß das „Geheimnis": Chinarinde.

Obwohl die Chinarinde so berühmt wurde, blieben die botanischen Grundlagen unbekannt: Kein Pflanzenforscher veröffentlichte jemals eine Beschreibung oder eine Zeichnung des Baumes, von dem sie stammte, denn die Spezies war in den Regenwäldern hoch oben in den Anden zu Hause. Ein französischer Botaniker namens Joseph de Jussieu bereiste 1735 Südamerika; nach vielen Mühen fand und beschrieb er den Baum, eine kleine, im Unterholz heimische Art der Familie Rubiaceae (Rötegewächse), zu der auch der Kaffee gehört. Der schwedische Systematiker Carl von Linné gab der Gattung 1739 den Namen *Cinchona*, eine falsche Schreibung des Namens einer spanischen Gräfin, die der Legende zufolge von der Rinde geheilt worden sein soll.

Im Jahr 1820 isolierten die französischen Chemiker Joseph Pelletier und Joseph Caventou aus der Rinde das Alkaloid Chinin und erhielten dafür vom Pariser Institut der Wissenschaften einen Preis von 10000 Francs. Aber obwohl man nun das reine Chinin kannte, konnte man es nicht synthetisch herstellen. Deshalb waren die Produzenten weiterhin auf umfangreiche Lieferungen der Rinde angewiesen, die bei wild wachsenden *Cinchona*-Bäumen gesammelt wurde. Im Jahr 1880 exportierte Kolumbien allein sechs Millionen Pfund davon nach Europa, geerntet ausschließlich von wild wachsenden Bäumen in den Wäldern. Die *Cinchona*-Rinde hatte einen so hohen Exportwert, daß Bolivien, Kolumbien, Ecuador und Peru versuchten, ein strenges Monopol aufzubauen, indem sie den Export der lebenden Pflanzen und ihrer Samen verboten. Aber die Versuchung, das südamerikanische Monopol zu brechen, erwies sich als unwiderstehlich, und 1852 ging Justus Hasskarl, der Direktor eines holländischen botanischen Gartens in Java, auf eine geheime Mission; sein Ziel: die *Cinchona*-Samen aus Südamerika herauszuschmuggeln.

Eine deutsche Zeitung enthüllte Hasskarls Plan, aber im folgenden Jahr fuhr er unter falschem Namen nach Südamerika, wo er bei einem Beamten einen Beutel voll Gold gegen die Samen eintauschte. Als er mit seinem botanischen Schatz in Java eintraf, wurde er von der niederländischen Regierung sofort geadelt. Aber als die Bäume heranreiften, verkehrte sich der Jubel in Entsetzen, denn der Chiningehalt ihrer Rinde erwies sich als enttäuschend niedrig. Offenbar produziert jede Unterart der Chininrindenbäume die Alkaloide in anderer Menge. Um in Java eine eigenständige Industrie aufzubauen, mußte man noch einmal eine Mission zum Sammeln der Samen unternehmen.

Chinin

Ganz unerwartete Schützenhilfe beim Aufbau der Chininproduktion erhielten die Holländer 1861 durch den Australier Charles Ledger. Er hatte mehrfach versucht, sich *Cinchona*-Samen zu verschaffen, war aber wegen der Formenvielfalt dieser Gattung verwirrt – sie umfaßt 40 Arten, und jede davon hat zahllose Unterarten. Zufällig gingen aus Samen, die Ledger der britischen Regierung verkauft hatte, Bäume mit sehr niedrigem Chiningehalt hervor. Aber schließlich konnte der Australier einen Indianer vom Stamm der Aymará namens Manuel Incra dazu bewegen, aus Bolivien die Samen eines Chinarindenbaumes herauszuschmuggeln, der für seinen hohen Chiningehalt bekannt war. Als die bolivianischen Behörden dieses Vergehen aufdeckten, folterten sie Incra zu Tode. Ledger reiste nach Europa und bot die Samen der britischen Regierung zum Kauf an, aber da er zuvor nur Pflanzen mit niedrigem Alkaloidgehalt geliefert hatte, lehnten die Behörden ab, und schließlich gelangte ein Pfund der Samen in die Hände der niederländischen Regierung. Sie zahlte den Gegenwert von etwa 35 DM und schickte sie zum Aussäen nach Java. Es waren nachweislich die bestangelegten 35 DM aller Zeiten.

Als die Bäume heranwuchsen, erlebten die Holländer eine Überraschung: Die Rinde hatte eine Rekord-Alkaloidgehalt von 13 Prozent. Als man in Java mit der neuen, alkaloidreichen Variante die Produktion aufnahm, ging das Abernten der Wildpflanzen, die in der Regel weniger Alkaloid enthielten, in Südamerika zurück. Im Jahr 1930 produzierten die niederländischen Plantagen in Java etwa zehn Millionen Kilo Rinde, aus denen weltweit 97 Prozent des gesamten Chinins hergestellt wurden.

Aber schließlich gefährdete dieses niederländische Beinahe-Monopol ungewollt die Stabilität der westlichen Demokratien. Als die deutsche Wehrmacht 1940 Amsterdam besetzte, fielen ihr sämtliche Chininvorräte Europas in die Hände. Und nachdem Japan 1942 Indonesien erobert hatte, waren die Vereinigten Staaten und ihre Alliierten praktisch von der Chininversorgung abgeschnitten. Eine kleine Plantage mit Chinarindenbäumen gab es auf den Philippinen, aber auch sie fiel wenige Wochen nach der Besetzung Javas an die Japaner. Das letzte Flugzeug der Alliierten, das die Philippinen verließ, bevor der Inselstaat vor Japan kapitulierte, beförderte eine Fracht von einzigartigem Wert: Es hatte neben den wichtigsten philippinischen Fachkräften vier Millionen winzige *Cinchona*-Samen an Bord. Die Maschine flog direkt nach Maryland, und nachdem die Samen gekeimt hatten, schickte man sie nach Costa Rica, wo man sie anpflanzen wollte. Die Evakuierung des genetischen Materials von den Philippinen zeugt zwar von Weitsicht und Heldenmut, aber es bestanden kaum Aussichten, daß die daraus entstehenden Bäume schnell genug heranwachsen und den kriegswichtigen Bedarf an Chinin decken konnten. In Afrika und im Südpazifik hatten sich über 600 000 US-Soldaten Malaria zugezogen, und die Sterblichkeit lag durchschnittlich bei zehn Prozent. An Malaria starben mehr amerikanische Soldaten als durch japanische Kugeln, und damit wurde der Mangel an Chinarinde zu einer Frage von nationalem Interesse.

Wenige Wochen nach der Kapitulation der Philippinen empfing der Botaniker Raymond Fosberg in seinem Büro bei der Smithsonian Institution eine ungewöhnliche Delegation. Er war einer der wenigen amerikanischen Tropenbiologen, und deshalb beauftragte ihn die US-Behörde für Wirtschaftskriegführung mit einer Mission von größter Wichtigkeit. Zusammen mit mehreren anderen Botanikern aus den USA sollte er sofort nach Südamerika reisen, noch einmal alle bekannten *Cinchona*-Arten einsammeln, eine große Ladung der Rinde zur Verschiffung in die Vereinigten Staaten sichern und an Ort und Stelle eine Plantage einrichten. Wenn möglich, sollte Fosberg mehrere tausend Tonnen Rinde sofort zu der Pharmafirma Merck in New Jersey auf den Weg bringen.

Fosberg leitete das Unternehmen von Kolumbien aus. Um die eingesammelte Rinde schnell chemisch beurteilen zu können, richtete die US-Regierung Labors in Bogotá (Kolumbien), Quito (Ecuador), Lima (Peru) und La Paz (Bolivien) ein. Da man nicht genau wußte, wo die Rinde im 16. Jahrhundert im einzelnen gesammelt worden war, reiste Fosberg monatelang mit einheimischen Helfern durch abgelegene Waldgebiete, befragte Indianer und suchte nach verschiedenen Arten von *Cinchona*. Wenn er einen großen Standort der Bäume gefunden hatte, mußte er dafür sorgen, daß die örtliche Bevölkerung die Rinde erntete, unter den schwierigen tropischen Verhältnissen trocknete und dann über einen Fuß- oder Maultierpfad bis zur nächsten Straße oder zu einem Fluß transportierte. Gab es keine solchen Wege, legte Fosberg mit den Indianern im Dschungel eine Landepiste an, so daß man die Rinde per Flugzeug abholen konnte.

Auf diesen Expeditionen lernten Fosberg und seine Kollegen eine Menge über die biologischen Eigenschaften von *Cinchona*. Nach einiger Zeit konnten sie vorhersagen, wieviel getrocknete Rinde ein Baum einer bestimmten Größe liefern würde. Betrug der Stammdurchmesser fünf Zentimeter, konnte man etwa ein halbes Kilo Rinde ernten. Ein Baum mit einem Stammdurchmesser von 65 Zentimetern lieferte 115 Kilo Rinde.

Die Noterkundung hatte wechselnde Erfolge. In den Jahren 1943 und 1944 sicherten Fosberg und seine Kollegen fast 6000 Tonnen Chinarinde für die Kriegsanstrengungen der Alliierten. Aber sie fanden nie den Standort der chininproduzierenden Art *Cinchona ledgeri-*

2.3 Raymond Fosberg, ein Botaniker der Smithsonian Institution, bei der Feldarbeit im Jahr 1948; er wurde von der US-Regierung verpflichtet, die Versorgung mit der Chinarinde neu aufzubauen, nachdem Japan mit Beginn des Zweiten Weltkrieges alle bekannten Anbaugebiete unter seine Kontrolle gebracht hatte.

2.4 Als man während des Zweiten Weltkrieges verstärkt die Rinde wilder *Cinchona*-Bestände sammelte, trocknete man die Ernte schnell in der Sonne, um das darin enthaltene Chinin zu konservieren. Das Foto zeigt trocknende Chinarinde, die im Sommer 1944 in den Wäldern Ecuadors gesammelt wurde.

ana, die den Plantagen in Java zu ihrer hohen Produktivität verholfen hatte. Gleichzeitig suchten Chemiker der Alliierten nach Ersatzstoffen für Chinin, aber synthetische Malariamedikamente waren nicht so wirksam wie die echte Substanz und erzeugten außerdem unangenehme Nebenwirkungen wie Übelkeit, Durchfall und eine Gelbfärbung der Haut, so daß sie bei den amerikanischen Soldaten sehr unbeliebt waren.

Solange der Krieg andauerte, setzte Fosberg seine Suche nach *Cinchona*-Arten fort, aber schon bald stand er vor einem Problem, das viel schwerwiegender war als die Unauffindbarkeit eines Baumes: Er bemerkte, daß er selbst gejagt wurde. Nach Fosbergs eigener Version der Geschichte hatte er sich gerade in einem baufälligen Hotel weit draußen in der kolumbianischen Wildnis einquartiert, als er aus dem Zimmer eine Etage tiefer deutsche Stimmen hörte. Am späten Abend wurde an seine Tür geklopft. Als Fosberg öffnete, standen ihm zwei Nazi-Agenten gegenüber; sie erklärten, sie hätten sich schon seit mehreren Wochen an seine Fersen geheftet und wüßten, wer er sei und was er hier tue. Ob die US-Regierung wohl eine große Menge reinen Chinins kaufen wolle, das man aus Deutschland herausgeschmuggelt hatte? Erleichtert schloß Fosberg das Geschäft ab; so kehrte er mit deutschem Chinin in die USA zurück, das dann schnell und in aller Stille seinen Weg auf den pazifischen Kriegsschauplatz fand.

Nach dem Krieg ging der Bedarf an Chinin durch synthetische Malariamedikamente zurück. Da aber Chinin auch zur Behandlung bestimmter Herzrhythmusstörungen dient und als bitterer Geschmacksstoff von großem wirtschaftlichem Wert ist, kann man annehmen, daß diese Rinde, deren Weg ursprünglich aus Peru an die europäischen Königshöfe geführt hatte, auch in den kommenden Jahren ein wichtiger pflanzlicher Rohstoff bleiben wird.

Ein erfolgversprechender Weg zum Entdecken von Medikamenten

Wie die Beispiele von Digitalis und Chinin zeigen, kann die ethnobotanische Methode der Medikamentensuche spektakuläre Erfolge haben. In Tabelle 2.1 sind 50 Wirkstoffe aufgeführt, die in Europa und Nordamerika verschrieben werden und sich aus der Volksmedizin herleiten. Die meisten von ihnen wurden aufgrund von Hinweisen entdeckt, die in der abendländischen Wissenschaft schon seit Jahrzehnten existierten. So gilt beispielsweise William Withering mit seiner Entdeckung von Digitalis als Pionier der Herzmedikamente, aber Gerard berichtete bereits 1597, die Meerzwiebel (*Drimia maritima*, Liliaceae) werde »denen mit Wassersucht« gegeben. Später gewann man aus *D. maritima* den herzwirksamen Inhaltsstoff Proscillaridin.

Ein weiteres aus Pflanzen gewonnenes Medikament ist das Aspirin. Das in Europa heimische Mädesüß, *Filipendula ulmaria* (Rosaceaea), in der älteren Literatur manchmal auch als *Spiraea ulmaria* bezeichnet, diente in der Volksmedizin schon seit langem zur Behandlung von Schmerzen und Fieber sowie als keimtötendes Mittel. Gerard schrieb 1597, die Wurzeln dieser Pflanzen seien, »im Weine gesotten und dann getrunken, hülfreich bei allen Schmerzen der Blase«. Im Jahr 1839 isolierte man aus den Blütenknospen von *F. ulmaria* die Salicylsäure. Der reine Wirkstoff wurde schon bald weithin als Schmerzmittel verwendet, rief aber häufig Magenbeschwerden hervor. Seit 1899 brachte die Chemiefirma Bayer dann ein synthetisches Derivat auf den Markt, die Acetylsalicylsäure, die pharmakologisch noch wirksamer ist und weniger Nebenwirkungen hat. Das neue Medikament taufte man auf den Namen Aspirin – „A-" für „Acetyl" und „-spirin" für *Spiraea*, die Pflanze, aus der man die Salicylsäure ursprünglich gewonnen hatte. Salicylsäure kommt auch bei den Bäumen aus der Familie der Weiden (Salicaceae) vor. Die alten Griechen und die nordamerikanischen Indianer benutzten die Rinde der Gattung *Salix* zur Schmerzlinderung.

Tabelle 2.1: 50 Medikamente, die auf Anwendung in der Volksmedizin zurückgehen

Wirkstoff	medizinische Verwendung	Pflanzenart	Familie
Ajmalin	Herzrhythmusstörungen	*Rauvolfia* spp.	Apocynaceae
Aspirin	Schmerzen, Entzündungen	*Filipendula ulmaria*	Rosaceae
Atropin	Augenheilkunde	*Atropa belladonna*	Solanaceae
Benzoeharz	Munddesinfektion	*Styrax tonkinensis*	Styracaceae
Campher	rheumatische Schmerzen	*Cinnamomum camphora*	Lauraceae
Cascara	Abführmittel	*Rhamnus purshiana*	Rhamnaceae
Chinidin	Herzrhythmusstörungen	*Cinchona pubescens*	Rubiaceae
Chinin	Malariaprophylaxe	*Cinchona pubescens*	Rubiaceae
Codein	Schmerzmittel, Hustenstiller	*Papaver somniferum*	Papaveraceae
Coffein	Stimulans	*Camellia sinensis*	Theaceae
Colchicin	Gicht	*Colchicum autumnale*	Liliaceae
Demecolcin	Leukämie, Lymphome	*Colchicum autumnale*	Liliaceae
Deserpidin	Bluthochdruck	*Rauvolfia canescens*	Apocynaceae
Dicumarol	Thrombosen	*Melilotus officinalis*	Fabaceae
Digitoxin	Vorhofflimmern	*Digitalis purpurea*	Scrophulariaceae
Digoxin	Vorhofflimmern	*Digitalis purpurea*	Scrophulariaceae
Emetin	Amöbenruhr	*Cephaëlis ipecacuanha*	Rubiaceae
Ephedrin	Bronchienerweiterung	*Ephedra sinica*	Ephedraceae
Eugenol	Zahnschmerzen	*Syzygium aromaticum*	Myrtaceae
Gallotannine	Hämorrhoiden	*Hamamelis virginiana*	Hamamelidaceae
Hyoscyamin	Anticholinergikum	*Hyoscyamus niger*	Solanaceae
Ipecac	Brechmittel	*Cephaëlis ipecacuanha*	Rubiaceae
Ipratropium	Bronchienerweiterung	*Hyoscyamus niger*	Solanaceae
Kokain	ophthalmolog. Anästhetikum	*Erythroxylum coca*	Erythroxylaceae
Morphin	Schmerzmittel	*Papaver somniferum*	Papaveraceae
Noscapin	Hustenstiller	*Papaver somniferum*	Papaveraceae
Papain	Schleimlöser	*Carica papaya*	Caricaceae
Papaverin	Krampflöser	*Papaver somniferum*	Papaveraceae
Physostigmin	Glaukom	*Physostigma venenosum*	Fabaceae
Picrotoxin	Barbiturat-Gegenmittel	*Anamirta cocculus*	Menispermaceae
Pilocarpin	Glaukom	*Pilocarpus jaborandi*	Rutaceae
Podophyllotoxin	Feigwarzen	*Podophyllum peltatum*	Berberidaceae
Proscillaridin	Herzbeschwerden	*Drimia maritima*	Liliaceae
Protoveratrin	Bluthochdruck	*Veratrum album*	Liliaceae
Pseudoephedrin	Schnupfen	*Ephedra sinica*	Ephedraceae
Psoralen	Weißfleckenkrankheit	*Psoralea corylifolia*	Fabaceae
Rescinnamin	Bluthochdruck	*Rauvolfia serpentina*	Apocynaceae
Reserpin	Bluthochdruck	*Rauvolfia serpentina*	Apocynaceae
Scopolamin	Reisekrankheit	*Datura stramonium*	Solanaceae
Sennosid A, B	Abführmittel	*Cassia angustifolia*	Caesalpiniaceae
Stigmasterin	Steroidvorläufer	*Physostigma venenosum*	Fabaceae
Strophanthin	Herzinsuffizienz	*Strophantus gratus*	Apocynaceae
Teniposid	Blasenkrebs	*Podophyllum peltatum*	Berberidaceae
Tetrahydrocannabinol	Brechreiz	*Cannabis sativa*	Cannabaceae
Theophyllin	Diuretikum, Asthma	*Camellia sinensis*	Theaceae
Toxiferin	Chirurgie, Muskelrelaxans	*Strychnos guianensis*	Loganiaceae
Tubocurarin	Muskelrelaxans	*Chondrodendron tomentosum*	Menispermaceae
Vinblastin	Hodgkin-Lymphom	*Catharanthus roseus*	Apocynaceae
Vincristin	kindliche Leukämie	*Catharanthus roseus*	Apocynaceae
Xanthotoxin	Weißfleckenkrankheit	*Ammi majus*	Apiaceae

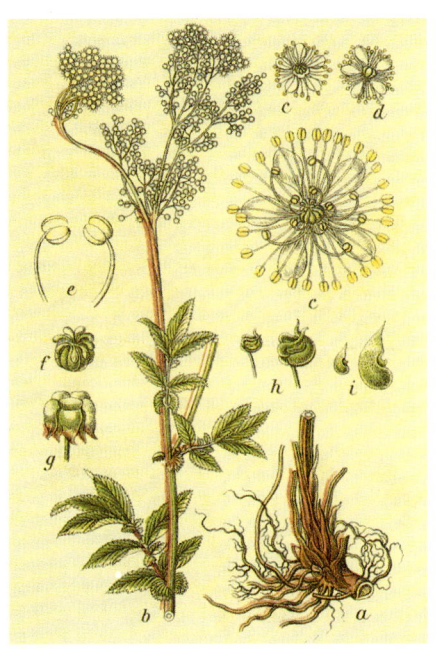

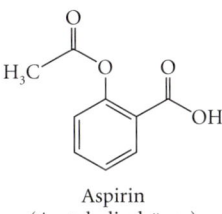

Aspirin
(Acetylsalicylsäure)

2.5 Das Mädesüß (*Filipendula ulmaria*) diente in der volkstümlichen Medizin seit alters zur Behandlung von Fieber und Schmerzen sowie als Antiseptikum. Es ist die ursprüngliche Quelle der Salicylsäure, des Vorläufers unseres heutigen Medikaments Aspirin.

Die 50 aus der Ethnobotanik hergeleiteten Medikamente, die in Tabelle 2.1 aufgeführt sind, werfen eine interessante Frage auf: Kann das Volkswissen auch heute den Weg zu neuen Arzneistoffen weisen? Noch vor etwa zehn Jahren hätte man die Geschichte über die Entdeckung von Digitalis durch Withering als historische Anekdote angesehen, die für die heutige Medikamentenentwicklung ohne große Bedeutung ist, und das, obwohl es solche Funde bis ins 20. Jahrhundert hinein gab. Die vielleicht bedeutendste Entdeckung betraf die Vinca-Alkaloide Vincristin und Vinblastin, Inhaltsstoffe des Madagaskar-Immergrüns *Catharanthus roseus* (Apocynaceae). Diese Alkaloide dienen mittlerweile rund um die Welt zur Behandlung der kindlichen Leukämie und des Hodgkin-Lymphoms. Entdeckt wurde das Madagaskar-Immergrün in einer Sammlung von 400 Arzneipflanzen, die Wissenschaftler des Pharmakonzerns Eli Lilly an Kulturen von P-38-Mausleukämiezellen auf ihre Wirksamkeit untersuchten. Im Labor tötete das Madagaskar-Immergrün die Leukämiezellen ab. Vincristin und Vinblastin, die aktiven Bestandteile, kommen in der Pflanze in so geringer Konzentration vor, daß man 250 Kilogramm Blätter braucht, um daraus eine einzige Dosis von 500 Milligramm zu gewinnen. In der Volksmedizin ist die Pflanze deshalb wahrscheinlich gegen Leukämie unwirksam, aber tatsächlich veranlaßte ein Heiler, nach dessen Behauptungen sie gegen Diabetes hilft, die Wissenschaftler zu genaueren Untersuchungen.

2.6 Bertha Waight, die Schülerin einer Heilerin in Belize, untersucht im Rahmen ihrer Ausbildung das Madagaskar-Immergrün (*Catharanthus roseus*). Die Pflanze stammt ursprünglich aus den Wäldern Madagaskars, kommt aber heute in vielen tropischen Regionen wild vor. Aus ihren Blättern kann man Vincristin und Vinblastin gewinnen, zwei wirksame Verbindungen, die bei bestimmten Krebserkrankungen das Mittel der Wahl sind.

R = CH₃ Vinblastin
R = CHO Vincristin

In jüngerer Zeit versucht man verstärkt, sich bei der Suche nach neuen Arzneistoffen das Volkswissen nutzbar zu machen. Es ist eine gewaltige Aufgabe. Bei der Suche nach biologisch aktiven Molekülen bedient man sich heute in der Regel aufwendiger molekularbiologischer Testverfahren, mit deren Hilfe man aufzuklären versucht, durch welche spezifischen Reaktionen Stoffwechselwege bei bestimmten Erkrankungen verändert werden. Oft hängt ein ganzer derartiger Reaktionsweg von einem einzigen Schlüsselenzym ab; läßt sich dieses Enzym mit einem Medikament inaktivieren, ist der Reaktionsweg lahmgelegt, und die Krankheit wird abgewendet. Kennt man erst einmal die zugrundeliegenden biochemischen Abläufe, kann man schnell und automatisiert Tausende von Wirkstoffen durchmustern, darunter auch Pflanzenextrakte. Findet man dabei eine Aktivität, wird die biologisch wirksame Verbindung isoliert und gereinigt, und man ermittelt ihre Molekülstruktur. Aber da für solche Suchaktionen nur begrenzte Mittel zur Verfügung stehen, kann man nicht alle 250 000 Blütenpflanzenarten eingehend untersuchen. Tatsächlich wurde seit Beginn der modernen Pharmakologie nur etwa ein halbes bis ein Prozent dieser Arten umfassend auf chemische Zusammensetzung und medizinische Wirkungen überprüft.

Ein noch größeres Hemmnis als die finanziellen Probleme war ein tief verwurzeltes Vorurteil der Pharmakologengemeinde gegenüber ethnobotanischen Forschungen. Ethnobotanische Methoden zur Entdeckung von Medikamenten waren zwar von historischer Bedeutung, aber in den sechziger und siebziger Jahren war man bei den Pharmafirmen der Ansicht, die neuen molekularbiologischen Methoden und später dann das computergestützte Moleküldesign seien dem volkstümlichen Wissen als Quelle für neue Medikamente überlegen. Ethnobotanische Forschungen wie die von William Withering galten nun im Vergleich zum Computer-Medikamentendesign als veraltet.

Eine tieferliegende Ursache für den Widerwillen gegen die Nutzung volkstümlichen Wissens dürfte in den kulturellen Vorurteilen zu suchen sein, die auf die Zeit der Vorherrschaft westlicher Kolonialmächte zurückgehen. In der Zeit des Kolonialimperialismus galt die abendländische Medizin »als Musterbeispiel für die konstruktive, nutzbringende Wirkung der europäischen Herrschaft«, so David Arnold, ein Wissenschaftshistoriker an der Universität Manchester. Und weiter schreibt er: »Deshalb war die westliche Medizin für den imperialistisch geprägten Geist… eine seiner unumstrittensten Rechtfertigungen.« Da man in der abendländischen Heilkunst von vornherein einen Beleg für die geistige und kulturelle Überlegenheit der Europäer sah, galt die Gestalt des Medizinmannes oder Schamanen vielfach als Hemmnis für kulturellen oder gesellschaftlichen Fortschritt. Das ging sogar so weit, daß der abwertende Begriff „Hexendoktor" verwendet und gleichgesetzt wurde mit Unzivilisiertheit, Aberglauben, Unvernunft und bösen Absichten.

Wie kommt es dann, daß Wissenschaftler heute dennoch mit erheblichem Zeit- und Mittelaufwand gerade von den Heilern zu lernen versuchen, die in der abendländischen Kultur so lange gering geschätzt wurden? Wie so oft in der Wissenschaft schwingt das Pendel jetzt allmählich zurück. Sich mit Arzneimitteln auf pflanzlicher Basis zu beschäftigen gilt wieder als lohnend, und zwar aus mehreren Gründen. Erstens werden wir uns immer stärker bewußt, wie die biologische Vielfalt überall auf der Welt zurückgeht, und das führt unter Umständen dazu, daß man manche pflanzlichen Arzneistoffe in Zukunft nicht mehr entdecken kann. Und zweitens haben neue molekularbiologische Hilfsmittel zum Durchmustern unbekannter Wirkstoffe den Fortschritt der Forschung stark beschleunigt. Noch vor nicht allzu langer Zeit mußte man einzelnen Versuchstieren die Pflanzenextrakte injizieren; heute lassen sich mit einem automatisierten biologischen Test in wenigen Stunden mehrere hundert Extrakte überprüfen. Dadurch braucht man sowohl geringere Mengen an Pflanzenmaterial als auch weniger Zeit, um biologische Aktivitäten festzustellen. Und drittens ist man sich heute stärker bewußt, wie hoch entwickelt die Kenntnisse der Einheimischen sind. Behauptungen, daß eine traditionelle Arznei tatsächlich wirkt, werden nicht mehr kurzerhand abgetan – dazu gab es in der Vergangenheit einfach zu viele Beispiele, die zeigen, daß wichtige Me-

2.7 Der Mediziner Thomas Carlson (links) und der Ethnobotaniker Steven King (rechts) führten im Südosten Nigerias ethno-biomedizinische Feldstudien durch. Hier hören sie gerade Ester Madu zu, einer traditionellen Heilerin aus der Kultur der Igbo; sie erklärt, wie man eine bestimmte Pflanzenart zur Behandlung des nicht insulinabhängigen Diabetes mellitus (Typ-II-Diabetes) verwendet. Solche Teams aus Ärzten und Ethnobotanikern sind notwendig, wenn man die Kenntnisse der Heiler in ihrer ganzen Bandbreite verstehen will, denn diese verfügen über umfangreiches botanisches und medizinisches Wissen.

dikamente in der Volksmedizin ihre Wurzeln haben. Shaman Pharmaceuticals, Inc., eine neue Pharmafirma, wurde 1989 ausdrücklich mit dem Ziel gegründet, Therapieformen ausschließlich auf der Grundlage ethnobotanischer Befunde zu entwickeln.

Aber nicht alle pflanzlichen Arzneimittel sind Produkte der ethnobotanischen Forschung. Für die Auswahl der Pflanzen, die man genauer untersuchen möchte, gibt es seit jeher zwei verschiedene Methoden: die zufällige und die gezielte Suche. Bei Projekten zur zufälligen Suche steckt man ein großes Feld ab; dann sammelt und untersucht man alle Pflanzen, die dort vorkommen, ohne Rücksicht auf taxonomische Zugehörigkeit, ethnobotanische Zusammenhänge oder andere besondere Eigenschaften. Solche Suchaktionen sind nur selten von Erfolg gekrönt – allerdings entdeckte das National Cancer Institute (NCI) der USA auf diese Weise das Taxol, ein wichtiges Medikament für die Behandlung von Brust- und Eierstockkrebs.

Gezielte Suchprogramme können wiederum mehrere Formen haben. In phylogenetischen Übersichtsuntersuchungen sammelt man enge Verwandte von Pflanzen, die bekanntermaßen nützliche Wirkstoffe produzieren. Bei ökologischen Übersichtsuntersuchungen konzentriert man sich dagegen auf Pflanzen, die in bestimmten Lebensräumen zu Hause sind oder bestimmte Eigenschaften gemeinsam haben, beispielsweise eine Resistenz gegen Insekten- oder Schneckenfraß. In ethnobotanischen Untersuchungen schließlich wählt man Pflanzen, die von der

Zufallsstichproben

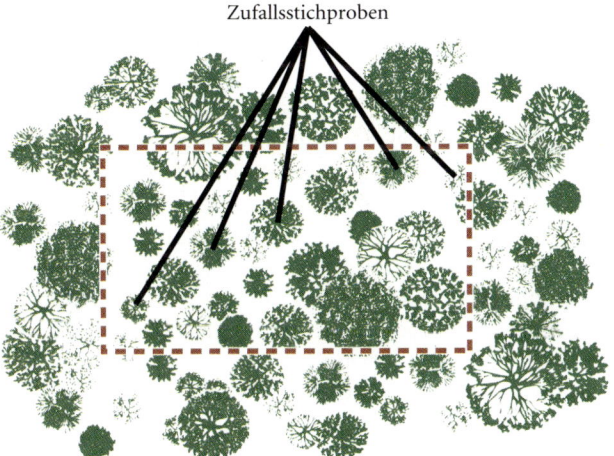

Euphorbiaceae Solanaceae Menispermaceae Apocynaceae

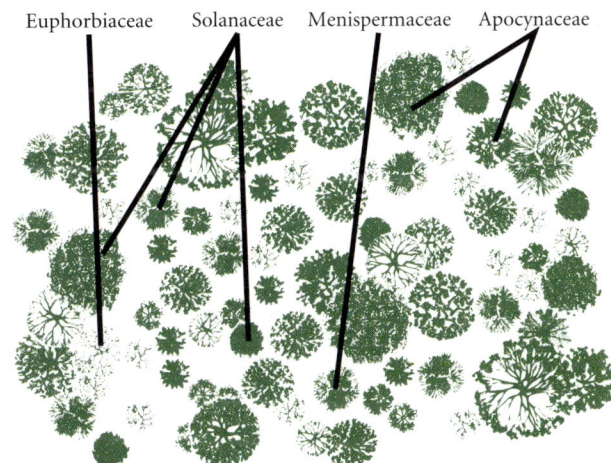

Protium sp.
(Wurmkrank-
heiten)

Strychnos sp.
(Gastritis, Leber- und
Milzerkrankungen)

Simaruba sp.
(Ruhr)

Bursera sp.
(keimtötend)

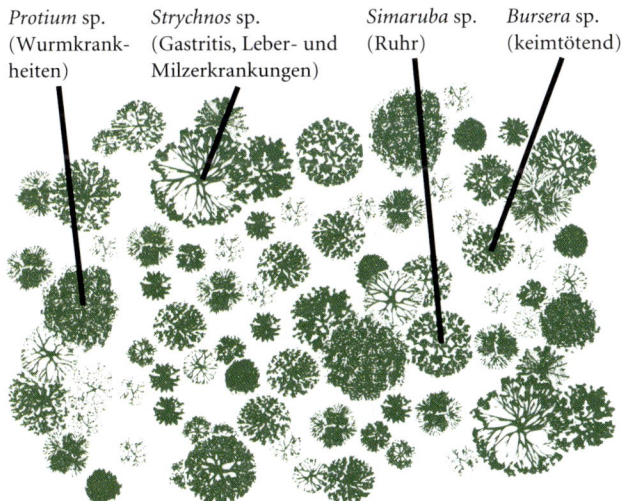

2.8 Strategien zum Sammeln von Pflanzen auf der Suche nach medizinischen Wirkstoffen. Oben links: Entnahme von Pflanzen nach dem Zufallsprinzip; oben rechts: Entnahme von Pflanzen, in deren Familien man bereits andere Arten mit biologisch aktiven Inhaltsstoffen kennt; unten: Entnahme von Pflanzen, die von traditionellen Heilern benutzt werden. Die Pflanzen dieser Darstellung, wurden von einem Maya-Heiler in Belize empfohlen.

einheimischen Bevölkerung in ihrer traditionellen Heilkunde benutzt werden.

Die Geschichte der Medikamentenentdeckung und -entwicklung scheint zu bestätigen, daß die ethnobotanische Suche weit größere Erfolgsaussichten hat als das ungezielte Durchmustern. Die ethnologisch begründete Probennahme, wie man dieses Verfahren nennt, hat zwei Hauptbestandteile. Der erste ist die kulturell bedingte Vorauswahl: Die Einheimischen experimentieren – oft über Hunderte von Generationen hinweg – mit den Pflanzen ihrer Region und stellen fest, welche davon biologisch wirksam sind. An zweiter Stelle steht dann die bewußte oder unbewußte Auswahl durch den Ethnobotaniker, der entscheidet, bei welchen Pflanzen weitere Untersuchungen lohnen. So werden zum Beispiel Behauptungen über Pfeilgifte oder über die stimmungsverändernden Wirkungen der Pflanzen aus der Familie der Hundsgiftgewächse (Apocynaceae) das Interesse jedes Ethnobotanikers wecken, denn viele Pflanzen aus dieser Familie haben bekanntermaßen starke Wirkungen auf Herz oder psychisches Befinden. Auch einzelne Krankheiten können den Wissenschaftler veranlassen, bestimmten Berichten besondere Beachtung zu schenken. Heute, im Zeitalter von AIDS und anderer Viruskrankheiten, wird man jeden Hinweis auf eine mögliche virustatische Wirkung einer in der traditionellen Medizin verwendeten Heilpflanze sehr genau unter die Lupe nehmen.

Wie sich gezeigt hat, ist die Trefferquote in *In vitro*-Studien (das heißt in Reagenzglasversuchen) mit dieser Vorgehensweise höher als bei der reinen Zufallsmethode. So stellten beispielsweise Paul Cox, Rebecca Sperry, Lars Bohlin und ihre Kollegen an der Universität Uppsala in einer breit angelegten *In vitro*-Übersichtsstudie fest, daß 86 Prozent der in Samoa verwendeten Heilpflanzen eine deutliche pharmakologische Wirkung zeigen. Michael Balick vom National Cancer Institute musterte Pflanzen auf eine mögliche Wirkung gegen HIV durch und stieß dabei auf eine kleine Stichprobe »sehr heilkräftiger Pflanzen« von einem einzelnen Heiler aus einem Dorf im mittelamerikanischen Belize, die im Anti-HIV-Test viermal so viele Treffer erbrachten wie eine Zufallsstichprobe. Und Steven King von Shaman Pharmaceuticals stellte fest, daß die in biologischen *In vitro*-Tests nachgewiesenen pharmazeutischen Wirkungen in 74 Prozent der Fälle mit der von den Heilern erkannten Aktivität übereinstimmte. Bei vielen biologischen Effekten, zu denen es in der volkstümlichen Verwendung eine Entsprechung gibt – beispielsweise bei pilzhemmender, bakterizider oder blutzuckersenkender Wirkung – sieht es so aus, als erzielte man in den biologischen Test bessere Ergebnisse, wenn man Pflanzen auswählt, deren sich die eingeborenen Helfer bedienen.

Wichtig ist allerdings die Feststellung, daß nicht alle Hinweise auf eine pharmakologische Aktivität zur Entdeckung neuer Wirkstoffe führen. Vielfach findet man mit dem Verfahren auch Substanzen, die man bereits kennt. Zum Beispiel sind vermutlich mehrere Inhaltsstoffe der Pflanzen, die in Belize Balicks Interesse erregten, bereits bekannte Immunverstärker. Da Projekte zur Medikamentenentwicklung wie das des National Cancer Institute (NCI) auf die Entdeckung neuer Substanzen abzielen, unterzog man diese Pflanzen keiner weiteren Untersuchung, obwohl sie in den Reagenzglasstudien wirksam waren. Allerdings machten die Tests des NCI deutlich, daß Heiler tatsächlich in der Lage sind, Pflanzen mit nützlichen Eigenschaften zu erkennen.

Die Erfolgsaussichten der ethnobotanischen Vorgehensweise dürften in den einzelnen Kulturkreisen unterschiedlich sein. Pflanzen mit pharmakologischer Wirkung werden nicht in allen Kulturen im gleichen Umfang verwendet. Die Ethnobotaniker konzentrieren sich bei ihrer Suche auf Volksgruppen, die dreierlei besitzen: einen kulturellen Mechanismus für die genaue Überlieferung ethnopharmakologischer Kenntnisse von einer Generation zur nächsten, eine vielfältige Pflanzenwelt in der Umgebung und ein Wohngebiet, das über viele Generationen hinweg gleich geblieben ist. Ethnobotanische Befunde aus Kulturen, die diese drei Kennzeichen haben, entsprechen manchmal ungefähr den Befunden bei der Medikamentenerprobung an Menschen, insbesondere wenn die Einheimischen ihre Kranken schon seit vielen Generationen mit den gleichen Pflanzen behandeln. Im Laufe dieser langen Zeit wurden meist alle Probleme – seien es mangelnde oder akute Toxizität – erkannt.

Ethnobotaniker bei der Feldarbeit

Die Entdeckung eines Medikaments beginnt mit einer Pflanze, die ein traditioneller Heiler benutzt, und endet mit einem klinisch anwendbaren Präparat. An diesem Vorgang sind zahlreiche Fachgebiete beteiligt, und er dauert oft viele Jahre. Anders als die Methoden der Pharmakologie oder der Naturstoffchemie lassen sich die Fähigkeiten, die ein Ethnobotaniker braucht, nur schwer in Lehrbüchern oder Hörsälen formulieren; denn während die Person eines Chemikers kaum Auswirkungen auf das Ergebnis seiner Experimente hat, kann das Verhalten des Ethnobotanikers unmittelbar zu Erfolg oder Mißerfolg seiner Studien beitragen.

Bevor die Suche nach einem Wirkstoff beginnen kann, braucht der Ethnobotaniker von den Behörden des jeweiligen Landes eine Genehmigung zur Durchführung seiner Forschungsarbeiten. Sollen die Arbeiten im Ausland stattfinden, sind bestimmte internationale Vorschriften peinlich genau zu beachten. Nach der „Konvention zur Biologischen Vielfalt" von Rio hat jeder Unterzeichnerstaat die volle und alleinige Verfügungsgewalt über die biologische Vielfalt auf seinem Gebiet. Ohne die schriftliche Erlaubnis des Staates darf keine Pflanze ausgeführt werden, die möglicherweise zur Entdeckung eines neuen Wirkstoffes führen könnte. Charles Ledger, der die *Cinchona*-Samen exportierte, würde sich heute im Herkunftsland Bolivien, in seinem Heimatstaat Australien und im Zielland Indonesien strafbar machen.

Ist die staatliche Forschungsgenehmigung erteilt, muß sich der Ethnobotaniker die Erlaubnis des Dorfvorstehers holen. Da es hier um die

2.9 Silviano Camberos S., ein Arzt aus Mexiko läßt sich von dem Kräuterkundigen Jose Tot vom Volk der Kekchi-Maya (links) deren Vorstellungen von Krankheiten und ihre pflanzlichen Heilmittel erklären. Erst nach solchen Gesprächen legt er ethnobotanische Sammlungen zur pharmazeutischen Beurteilung an.

Rechte an geistigem Eigentum geht, sollte der Wissenschaftler im voraus eine gerechte Gegenleistung für den Fall aushandeln, daß eine in der traditionellen Medizin verwendete Pflanze kommerziellen Nutzen bringt. Anschließend muß sich der Ethnobotaniker mit den Heilern des Dorfes treffen und versuchen, eine Beziehung zu ihnen aufzubauen. Die Fähigkeit, das Vertrauen der Heiler zu erwerben und zu erhalten, ist für einen Ethnobotaniker eine der wichtigsten Eigenschaften. Die Beziehung wird auf mehreren Wegen aufgebaut. Erstens muß der Wissenschaftler die Sprache der Menschen lernen, mit denen er sich beschäftigt. Die Arbeit mit einem Dolmetscher ist fast immer unbefriedigend, denn Heiler bedienen sich besonderer Vorstellungen und Begriffe, die auch die meisten Angehörigen ihres eigenen Kulturkreises nicht kennen. »Wenn man die Vorstellungen von Krankheit und Gesundheit verstehen will, die den Praktiken des Heilers zugrunde liegen, seine Einteilung der Krankheiten und den Fachwortschatz seines Berufsstandes, muß man in *seiner* Sprache arbeiten, nicht in der eigenen«, sagt der Anthropologe Bruce Biggs, »denn man selbst kann vielleicht irgendwann begreifen, was er in seiner Sprache sagt, und es in etwas umsetzen, das mit den abendländischen Vorstellungen zu dem gleichen Thema vergleichbar ist, aber der Informant, so perfekt sein Englisch auch sein mag, kann das nie für uns tun. Allein daß er Englisch spricht, verdeckt und verschleiert den Gegenstand der Forschung.« Geregelter Unterricht in einer einheimischen Sprache ist meist nicht zu bekommen, also stellen die Ethnobotaniker Wortlisten zusammen, studieren vorhandene grammatische Werke, Wörterbücher und Übersetzungen abendländischer Texte (häufig der Bibel), und hören den Einheimischen sehr genau zu, um ihre Sprache zu lernen.

Zweitens müssen die Ethnobotaniker ihre eigene Ethnographie aufbauen, Kenntnisse über die Kultur und über die Bevölkerungsgruppe, die sie untersuchen. Der Ethnograph James Spradley definiert kulturelles Wissen als »erworbenes Wissen, mit dessen Hilfe die Menschen Verhalten interpretieren und hervorbringen«. In manchen Fällen, zum Beispiel wenn es um das Binden eines Knotens oder um das Märchenerzählen geht, handelt es sich dabei um offenkundige Kenntnisse, die man leicht und schnell an andere weitergeben kann. Aber häufig findet man auch wichtiges kulturelles Wissen, das den meisten Angehörigen der Gruppe selbst nicht direkt bewußt ist: Welche Abstände sind bei den Interaktionen mit anderen Gruppenmitgliedern einzuhalten? Wie stellt oder setzt man sich im Verhältnis zu anderen? Wann spricht man und wann schweigt man? Wie laut spricht man in Gegenwart der Dorfältesten? Und so weiter. Das ausdrücklich geäußerte kulturelle Wissen, beispielsweise über Kleidung oder Ernährung, kann man sich sehr schnell aus Büchern oder aus den Berichten anderer aneignen. Aber wenn es darum geht, eine Beziehung zu den Heilern aufzubauen, sind die unausgesprochenen Kenntnisse, die man nur durch unmittelbare Erfahrung erwirbt, viel wichtiger. Die besten Ethnobotaniker sind diejenigen, die diese Art kulturellen Wissens schnell aufnehmen und anwenden können.

Die meisten Naturwissenschaftler formulieren Hypothesen, konstruieren Forschungsinstrumente, sammeln Daten und werten sie dann aus, aber diese geradlinige Vorgehensweise eignet sich kaum, wenn ein Ethnobotaniker das unausgesprochene Wissen in Erfahrung bringen will. Er muß „in Kreisen" arbeiten: Er sammelt kulturelle Kenntnisse, setzt sie in seinem eigenen Verhalten um, interpretiert die Reaktionen auf seine Bemühungen und verfeinert daraufhin sein Wissen, um es erneut anzuwenden und zu prüfen. Dazu passen Ethnobotaniker ihre Lebensweise an die Gewohnheiten der Einheimischen an. Oberflächliche Veränderungen von Sprache, Ernährung und Kleidung sind zwar oft hilfreich, aber sie reichen allein meist nicht aus. Die Menschen haben ein außergewöhnlich gutes Gespür für Unaufrichtigkeit. Nach unseren Erfahrungen tragen echtes Interesse und klar ausgedrückte, respektvolle Absichten dazu bei, den Einheimischen die Bescheidenheit, das Vertrauen und den Respekt glaubhaft zu machen, die zum Aufbau eines guten Verhältnisses so unentbehrlich sind. Die meisten erfahrenen Ethnobotaniker können sich eine Zeitlang völlig von ihrer eigenen Kultur lösen und die Weltsicht der Einheimischen als neue Realität übernehmen. Gelingen diese Versuche zum Aufbau eines Vertrauensverhältnisses, kann der Ethnobotaniker ein erstes Verständnis für die Heiltraditionen der jeweiligen Kultur gewinnen.

Viele ältere ethnobotanische Studien, ob über Heilverfahren oder über andere Anwendungsgebiete der Pflanzen, brachten als Ergebnis schlicht Listen von Pflanzen hervor, die bei den Bewohnern eines Gebietes als „nützlich" galten. Oft gaben sich die Ethnobotaniker kaum Mühe zu verstehen, welchen Stellenwert die Pflanzen in der Kultur der Einheimischen hatten. Diese nach alter Art angefertigten Übersichtsuntersuchungen enthalten zwar eine Menge Informationen, insbesondere weil wir über die Vielfalt der Pflanzen auf der Erde so wenig wissen, aber heute müssen sie mit neueren Verfahren wiederholt werden. Der Wert dieser Verfahren hat sich in Studien zu allen Anwendungsgebieten der Pflanzen immer aufs neue erwiesen.

Heute nimmt der Ethnobotaniker meist die Rolle des „teilnehmenden Beobachters" ein: Er wohnt bei den Menschen, mit denen er sich beschäftigt, beobachtet ihr Alltagsleben und ihre Sitten, und lernt ihre Lebensweise, Ernährung, ihre Vorstellung von Krankheit und Krank-

2.10 Die samoanische Heilerin Lemau Seumanutafa und ihre Schülerin zeigen dem Ethnobotaniker Paul Cox und dem Pharmakologen Lars Bohlin verschiedene Arzneipflanzen.

heitsursachen, Mythen und Legenden kennen. In der echten teilnehmenden Ethnobotanik werden die Einheimischen zu Lehrern, Kollegen und respektierten, hoch geschätzten Freunden. Aber eine derart enge Beziehung birgt auch ihre Gefahren. Unter Umständen kann der Ethnobotaniker kaum objektiv bleiben. Auch ernsthafte, formelle Befragungsmethoden, die darauf angelegt sind, daß der Forscher das Gespräch nicht unbewußt in eine bestimmte Richtung lenkt (indem er den Befragten „führt"), lassen sich während des teilnehmenden Beobachtens nur schwer aufrecht erhalten. Da die Ethnobotaniker den formellen Abstand zwischen Beobachter und Beobachtungsgegenstand bewußt verringern, müssen sie sich häufig die Kritik gefallen lassen, daß sie sich zu sehr den Rahmenbedingungen der Einheimischen anpassen. Es ist kein Wunder, daß viele Ethnobotaniker zu leidenschaftlichen Verfechtern der Rechte indigener Bevölkerungsgruppen werden: Sie spielen häufig eine wichtige Rolle bei der Einrichtung selbstverwalteter Reservate und sorgen dafür, daß die Einheimischen an dem Nutzen neuer Entdeckungen – beispielsweise der aus Pflanzen gewonnenen Arzneistoffe – beteiligt werden.

Die Vertreter einer anderen ethnobotanischen Forschungsrichtung bitten ihre einheimischen Kollegen, bestimmte Vorgänge nachzuvollziehen, darunter auch solche, die früher viel gebräuchlicher waren. Solche Ethnobotaniker lassen sich zum Beispiel zeigen, wie gebrochene Gliedmaßen mit Palmblättern geschient werden, oder sie beauftragen einen betagten Schiffszimmermann, unter den aufmerksamen Blicken der Forscher ein Wasserfahrzeug zu bauen. Die so gewonnenen Erkenntnisse sind zwar nützlich, aber die Situation ist naturgemäß künstlich: Der Patient hat in Wirklichkeit keine Schmerzen, und es steht auch keine Ozeanüberquerung bevor. Doch auf diese Weise kann der Forscher sehr detaillierte Aufzeichnungen machen. Nachdem mittlerweile auch bei Völkern, die unter starkem westlichem Einfluß stehen, immer mehr ethnobotanische Forschung betrieben wird, gewinnen solche Rekonstruktionen früherer Vorgänge immer größere Bedeutung.

Bei der „artifact-interview"-Methode (Befragung anhand von Vorlagen), die von Brian Boom vom New York Botanical Garden entwickelt wurde, befragt der Wissenschaftler die Einheimischen über einen aus Pflanzen hergestellten Gegenstand. Er erfährt, woher die verwendeten Pflanzen stammen, und reist dann dorthin, um einige Exemplare der fraglichen Spezies einzusammeln. Oder er erkundigt sich einfach, wie Pflanzen zur Ernährung, als Arznei oder zur Magie verwendet werden, ohne daß es um einen bestimmten Gegenstand geht.

Bei der „immersion ethnobotany" (immersion = Eintauchen), einer weiteren neuen Methode, wird die Distanz zwischen Beobachter und Beobachtungsgegenstand noch geringer: Der Ethnobotaniker unterzieht sich der Behandlung durch einen einheimischen Heilkundigen. Michael Balick zum Beispiel, der in Indien das traditionelle medizinische System des Ayurveda erforschte, ließ sich in einem örtlichen Krankenhaus aufnehmen und von vier Ayurveda-Ärzten behandeln; sie wandten eine Reihe von Kräutermassagen und chiropraktischen Handgriffen an und verschrieben auch Arzneien zum Einnehmen. Indem er sich also in die Rolle des Patienten begab, überließ Balick die Kontrolle über die Studie völlig den traditionellen Heilern; auf diese Weise wollte er die Wirksamkeit des Ayurveda-Systems aus erster Hand miterleben, und zwar so, daß er sie in allen Einzelheiten beschreiben konnte.

Die Heilsysteme der Einheimischen sind oft sehr kompliziert, aber sie haben immer mindestens drei Grundbestandteile: erstens eine umfassende Weltsicht, die hilft, Diagnose und Therapie der Krankheiten zu erklären; zweitens einen kulturellen Zusammenhang, innerhalb dessen die medizinische Versorgung erfolgt; und drittens ein Repertoire von Arzneistoffen. Man kennt keinen Kulturkreis, der keine solche überlieferte Arzneisammlung besäße. Um eine fremdartige und oftmals hochkomplizierte Weltsicht zu verstehen, halten die Ethnobotaniker ihre Befragungen der einheimischen Heiler in umfangreichen Aufzeichnungen sowie mit Tonband-, Video- und Filmaufnahmen fest. Je mehr sie von dem Heiler erfahren, desto mehr sehen sie die Pflanzen mit seinen Augen. Erst danach können sie eine Pflanzensammlung anlegen, die in dem jeweiligen Zusammenhang etwas aussagt.

Heilspezialisten in Belize

Viele traditionelle Heiler in Belize sind Generalisten, aber manche von ihnen haben sich auch spezialisiert. Michael Balick und seine Kollegin Rosita Arvigo beschäftigten sich eingehend mit Hortense Robinson, einer Fachfrau für Geburtshilfe und andere medizinische Fragen bei Frauen und Kindern. Sie verwendet eine bestimmte Auswahl von Pflanzenarten, darunter einige sehr wirksame, die nach ihrer Ansicht so toxisch sind, daß Nichtfachleute sie nicht anwenden sollten. Eine von Hebammen vielfach verwendete Pflanze ist der Strauch der Castorbohne (*Ricinus communis*, Euphorbiaceae). Ein Blatt dieser Pflanze, auf die Brustwarze einer stillenden Mutter gelegt, soll angeblich den Milchfluß zum Stillstand bringen. Andere Pflanzen dienen zur Behandlung unregelmäßiger oder besonders starker Menstruationsblutungen.

Andrew Ramcharan aus Ranchito, einem Dorf im Norden Belizes, ist auf die Behandlung von Schlangenbissen spezialisiert; die Landwirt-

2.11 Links: Hortense Robinson, eine auf Geburtshilfe spezialisierte traditionelle Heilerin aus Belize, bereitet einen Umschlag aus Arten der Gattungen *Bursera* und *Hibiscus*, der gegen Kopfschmerzen verwendet wird. Rechts: Andrew Ramcharan, ein traditioneller Heiler, dessen Spezialität die Behandlung von Schlangenbissen ist, sammelt Pflanzen an einem Straßenrand im Norden Belizes. Eine überraschend große Zahl von Pflanzen an Straßen und in wieder aufgeforsteten Wäldern werden in Mittelamerika und anderen tropischen Gebieten wegen ihrer medizinischen Eigenschaften geschätzt.

schaft des Gebiets besteht vorwiegend aus Zuckerrohranbau, und es gibt dort viele Giftschlangen. Seine Familie kam aus Indien nach Belize. Sein Großvater, ein bekannter Heiler für Schlangenbisse in Kalkutta, hatte vom Vater seine Ausbildung erhalten, die ihm auch in Mittelamerika gute Dienste leistete. Von den Heilpflanzen, die sie bereits kannten, fanden die Ramcharans in Belize nur wenige; also experimentierten sie so lange, bis sie einheimische Arten gefunden hatten, die an die Stelle der in Indien verwendeten Pflanzengruppen treten konnten. Außerdem tauschten sie Kenntnisse über Pflanzen mit den Mayaindianern aus. Auf diese Weise entwickeln sich traditionelle medizinische Systeme weiter und passen sich an die jeweiligen örtlichen Gegebenheiten an.

Sowohl Hortense Robinson als auch Andrew Ramcharan sorgen in ihren Dörfern und der Umgebung für die medizinische Grundversorgung, und wie viele andere traditionelle Heilkundige in Belize sind sie im wesentlichen auf die Arzneipflanzen angewiesen, die in ihren Wäldern wachsen. Wenn diese Wälder zerstört werden, erfordert das Suchen und Sammeln solcher Heilpflanzen immer größeren Aufwand. Hortense Robinson wandert von ihrem Haus aus oft bis zu 15 Kilometer bis zu den Überresten eines früher riesigen Waldes, um ihre am häufigsten benötigten Arzneipflanzen zu sammeln. Dieses Opfer, so sagt sie, stärkt ihren Geist und ihre Fähigkeiten als Heilerin, und es vergrößert das Vertrauen der Patienten in ihre Arbeit.

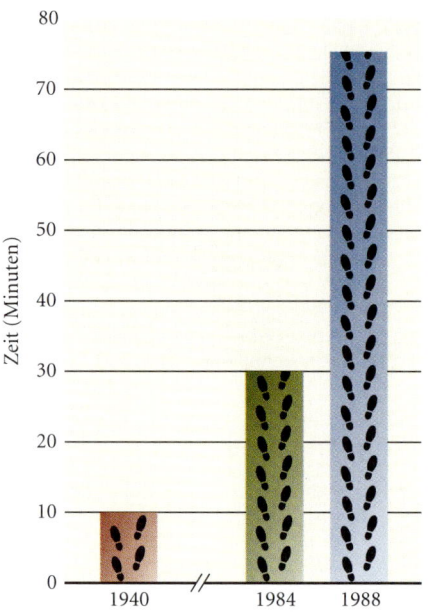

2.12 Mit der Zerstörung der Regenwälder verschwindet auch eine riesige Vielfalt an Pflanzen, die in der traditionellen Medizin verwendet werden. Das Diagramm zeigt, wieviel Zeit der Heiler Don Elijio Panti aus Belize aufwenden muß, um die Stellen im Wald zu erreichen, an denen er Arzneipflanzen sammeln kann. Während solche Stellen 1940 durchschnittlich nur zehn Minuten von seinem Haus entfernt lagen, mußte er 1988 schon 75 Minuten gehen, um an geeignete Standorte zu gelangen.

Die Abholzung der Wälder führt aber nicht nur dazu, daß potentielle Arzneistoffe für alle Zeit verlorengehen – ein Verlust, der die einheimische Bevölkerung und die westliche Medizin gleichermaßen betrifft –, sondern sie hat auch zur Folge, daß das traditionelle System der medizinischen Grundversorgung in diesem Gebiet zerfällt. Bei vielen Krankheiten hilft die traditionelle Heilkunde gut, und außerdem ist sie billiger, leichter erreichbar und kulturell stärker akzeptiert als die westliche Medizin. Darüber hinaus diagnostizieren und behandeln die traditionellen Heiler in Belize auch Krankheiten wie *susto, viento* und *envidio* – Angst, Wind und Neid. Die Versorgung, die diese Heiler bieten, ist durch westliche Medizin nicht zu ersetzen.

Solche örtlichen medizinischen Systeme zu verstehen ist nicht einfach. Michael Balick befragte die Menschen in Belize zum Beispiel nach Pflanzen, die in der Krebsbehandlung nützlich sein könnten. Dann sammelte er einzelne Arten und schickte sie in größeren Mengen an ein pharmakologisches Labor, wo sie getestet werden sollten. Überraschenderweise fand sich aber in diesen Pflanzen nicht mehr biologische Aktivität als in denen einer anderen Gruppe, die man nach dem Zufallsprinzip zusammengetragen hatte. Erst später erfuhr Balick, daß man in Belize nässende offene Wunden, die sich ausbreiten und nur schwer heilen, als „Krebs" bezeichnet – und dies war nicht der Gegenstand seiner Forschung gewesen.

Das Anlegen eines Herbars

Ethnobotaniker dokumentieren sehr sorgfältig, welche Pflanzen sie gesammelt haben. Dazu legen sie Herbarien mit gut präparierten Belegexemplaren an. Die Bedeutung dieser Musterexemplare in den Herbarien kann man gar nicht hoch genug einschätzen: Wenn es Fragen oder Meinungsverschiedenheiten über eine bestimmte Pflanzenart gibt, läßt sich die Angelegenheit anhand eines geeigneten Musterexemplars eindeutig klären. Ein richtig dokumentiertes Muster liefert ethnobotanische Informationen, die Namen der befragten Personen und eine genaue Beschreibung des Fundortes, so daß man die Pflanzenpopulation bei Bedarf wiederfinden kann.

Wegen ihres möglichen wissenschaftlichen Wertes in späteren Jahren (raffinierte biologische Testverfahren der Zukunft kommen vielleicht mit wenigen Mikrogramm Material aus) sollten die Musterexemplare in einem gut gepflegten Herbar gesammelt und erhalten werden; weitere Exemplare sollten geographisch getrennt in weiteren Herbarien aufbewahrt werden, auch in dem Land, wo das Material gefunden

wurde. Dazu gehören ausführliche ethnobotanische Berichte: Welche Krankheiten werden mit der Pflanze behandelt, und wie werden die Arzneistoffe zubereitet und angewandt? Die Inventarnummer des Musterexemplars sollte auch zur Kennzeichnung aller späterer pharmakologischen Bestandteile und Reste dienen, so daß man bei jeder neuen Frage oder Entdeckung sofort auf das ursprüngliche Herbarblatt zurückgreifen kann.

Zu den Aufgaben der Ethnobotaniker gehört nicht nur das Präparieren der Musterexemplare, sondern auch die Aufbereitung des Materials für pharmakologische Tests. Sie müssen sorgfältig festhalten, welche Teile der Pflanze die Heiler verwenden, denn Blüten, Blätter, Schößlinge und Wurzeln unterscheiden sich in ihrer chemischen Zusammensetzung oftmals erheblich. Für die Tests verwendet man in der Regel Trockenmaterial in Mengen von 0,5 bis 2 Kilogramm; das Trocknen ist aber nicht immer die beste Konservierungsmethode, denn manche Substanzen werden durch Wärme zerstört. Ausgezeichnete Methoden zum Konservieren pflanzlichen Materials sind die Aufbewahrung in Alkohol und das Einfrieren, aber beides ist in manchen Gegenden der Erde nicht ohne weiteres praktikabel. In der Regel sammelt und konserviert man die Pflanzen am besten auf die gleiche Weise wie die Heiler.

2.13 Links: Der Botaniker Douglas Daly, ein Spezialist für die Pflanzenwelt des Amazonasbeckens, bei der Bestimmung von Herbarexemplaren aus der Familie des Weihrauchs (Burseraceae). Die Exemplare dienen als Referenz für seine ethnobotanischen Studien in den nutzbaren Schutzgebieten Brasiliens. Rechts: Schränke des Herbariums am New York Botanical Gardens mit konservierten Pflanzenexemplaren. Moderne, klimatisierte Aufbewahrungseinrichtungen sorgen dafür, daß die getrockneten Musterexemplare der Pflanzen unbegrenzt lange erhalten bleiben, so daß sich auch spätere Botanikergenerationen noch mit ihnen beschäftigen können.

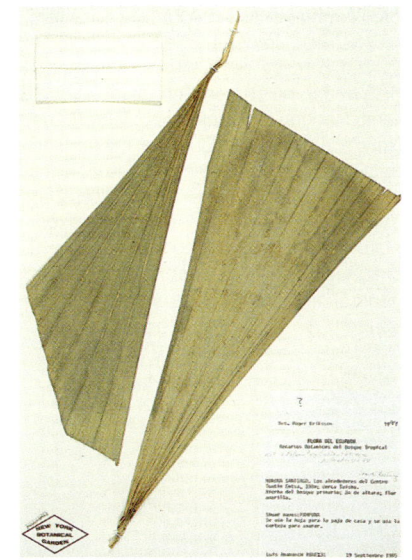

Exkurs 2.1: Die Präparation von Herbarpflanzen

Wenn man eine Pflanze für das Herbar präparieren will, wählt man zunächst ein Exemplar aus, das für die Population repräsentativ ist. Man sammelt alle Teile – Blatt, Frucht, Blüte und so weiter –, die ein Botaniker zum Bestimmen der Spezies braucht. Blühende Pflanzen tragen nicht immer gleichzeitig auch Früchte und umgekehrt; während eines großen Teils des Jahres haben viele Pflanzen weder Blüten noch Früchte, insbesondere wenn sie in tropischen Gebieten wachsen, wo die Vegetationsperiode das ganze Jahr über andauert, oder wenn sie in gemäßigten Klimazonen eine Ruheperiode durchmachen. Ohne Blüten oder Früchte – die Botaniker sprechen von den „generativen" Teilen – ist die biologische Art oft nur schwer zu bestimmen. Bei Kräutern und anderen kleinen Pflanzen kann man das ganze Exemplar pflücken, pressen und aufbewahren.

Abbildung E.2.1.1 zeigt unten ein schlechtes Herbarexemplar. Nach der Beschreibung stammt es von einer zwei Meter hohen Urwaldpflanze mit gelben Blüten. Leider wurde aber keine Blüte gesammelt, und auf dem Herbarblatt befinden sich nur Blattstücke. Ein Spezialist, der es untersuchte, konnte es nicht der richtigen Familie zuordnen, und ein anderer konnte nur sagen, es handele sich eindeutig nicht um eine Palme. Die Spezies dient in Ecuador zum Decken von Dächern und zum Zusammenbinden von Bündeln, aber aus der Sicht des Ethnobotanikers ist die Art nicht zu erkennen.

Im oberen Teil der Abbildung erkennt man ein Herbarblatt mit einer Arzneipflanze, die zur Behandlung von Verbrennungen dient. Sie wird als Rankenpflanze beschrieben, die bis zu zwei Meter hoch wird, violette, röhrenförmige Blüten besitzt und grüne Früchte hervorbringt, die im reifen Zustand rot werden. Man beachte, daß das Exemplar sowohl Früchte als auch Blüten besitzt; außerdem sind ein Abschnitt der Ranke und zahlreiche Blätter vorhanden. Diese Pflanze ist leicht als Angehörige der Familie Solanaceae (Nachtschattengewächse) zu identifizieren, und zwar genauer als *Lycianthes lenta*. Beide Herbarblätter sollten die ethnobotanische Verwendung durch Einheimische dokumentieren, aber nur die obere Pflanze ist eindeutig zu erkennen.

Wichtig ist, daß jedes Exemplar von genauen Aufzeichnungen begleitet wird; aus ihnen soll hervorgehen, wo es gesammelt wurde, unter Angabe von geographischer Länge und Breite, Dorf, Provinz oder Bundesstaat und Land. Außerdem sollte die Dokumentation eine möglichst vollständige botanische Beschreibung enthalten: Größe und Form der Pflanze, Farbe der Blüten und Früchte sowie Duft; dies gilt vor allem, wenn die Spezies so groß ist, daß man kein ganzes Exemplar auf dem Herbarblatt unterbringt. Eine Palme kann beispielsweise 30 Meter hoch werden, und allein ihre Blätter messen bis zu acht Meter. In solchen Fällen nimmt man repräsentative Teile von Blüten, Früchten und Blättern sowie Querschnitte durch den Stamm. Die beigefügten Aufzeichnungen sollten auch beschreiben, wie die Pflanze gesammelt wurde, und häufig wird dieser Vorgang auch auf Fotos festgehalten. Im unteren Teil des Etiketts sollten die Namen aller Mitglieder der Sammelexpedition und das Funddatum angegeben werden. Und schließlich müssen Institutionen und Stiftungen genannt werden, die die Forschungsarbeit finanziert haben.

In der Regel preßt man die Pflanzen zwischen Zeitungspapier; kann man sie vor Ort nicht trocknen, legt man sie eine Zeitlang in Alkohol. Das Alkoholbad (meist mit weniger als 50 Prozent Alkohol) greift zwar in die chemische Unversehrtheit des Fundes ein, aber wenn

E.2.1.1 Oben: Ein gut präpariertes Herbarexemplar mit Früchten und Blüten; man kann erkennen, daß es sich um *Lycianthes lenta* aus der Familie der Tomate handelt. Unten: Dieses Herbarexemplar wurde schlecht präpariert. Es wurden nur einige Blattbruchstücke gesammelt, aber weder Blüten- noch Fruchtmaterial. Da man die Pflanze mit dem vorhandenen Material nicht bestimmen kann, ist dieses Experiment für die ethnobotanische Forschung so gut wie wertlos.

man Heizgerät, Pappe, Wellpappe, Ventilatoren, hölzerne Pressen und Lederriemen nicht mit ins Feld schleppen kann, legt man die Pflanze am besten in ein flüssiges Konservierungsmittel, bis man sie trocknen kann.

An dem Institut, wo die Pflanze genauer untersucht werden soll, wird sie mit Fäden oder Klebstoff auf hochwertigem, säurefreiem Hadernpapier befestigt und in einem Klimaschrank – dem Herbarium – aufbewahrt. Bei richtiger Lagerung bleibt der wissenschaftliche Wert der Herbarpflanzen fast unbegrenzt lange erhalten.

E.2.1.2 Zur Herstellung von Herbarexemplaren werden die im Freiland gesammelten Pflanzen gepreßt und getrocknet. Das übliche Hilfsmittel ist die Pflanzenpresse (links). Man legt ein Stück von der Pflanze – meist Blätter, Blüten und Früchte – flach in ein Stück zusammengefaltetes Stück Zeitungspapier, und dann wird es zwischen mehrere Schichten aus Löschpapier (rot), Pappe und gewelltem Aluminium gelegt. Man bringt viele solche Stapel zwischen Holzplatten, die mit Riemen eng zusammengedrückt werden. Die ganze Presse legt man in einen Trockenapparat (rechts). Er besteht aus einem Kasten mit Gitter als Boden, durch das keine Papier- und Blattstücke in die Flamme fallen können. Der Kasten steht auf einem größeren Holzrahmen mit Schlitzen oder kleinen Beinen, in den von einem Propan- oder Kerosinbrenner oder – falls Strom vorhanden ist – auch von Glühbirnen oder einem kleinen Elektroofen aufgeheizt. Die warme, trockene Luft steigt nach oben und strömt durch die Löcher in den Aluminiumplatten in die Pflanzenpresse, wo sie dem Löschpapier und den Pflanzenteilen die Feuchtigkeit entzieht. Die meisten Pflanzen (außer solchen mit fleischigen Teilen) kann man mit einer derartigen Vorrichtung in sechs bis 24 Stunden trocknen.

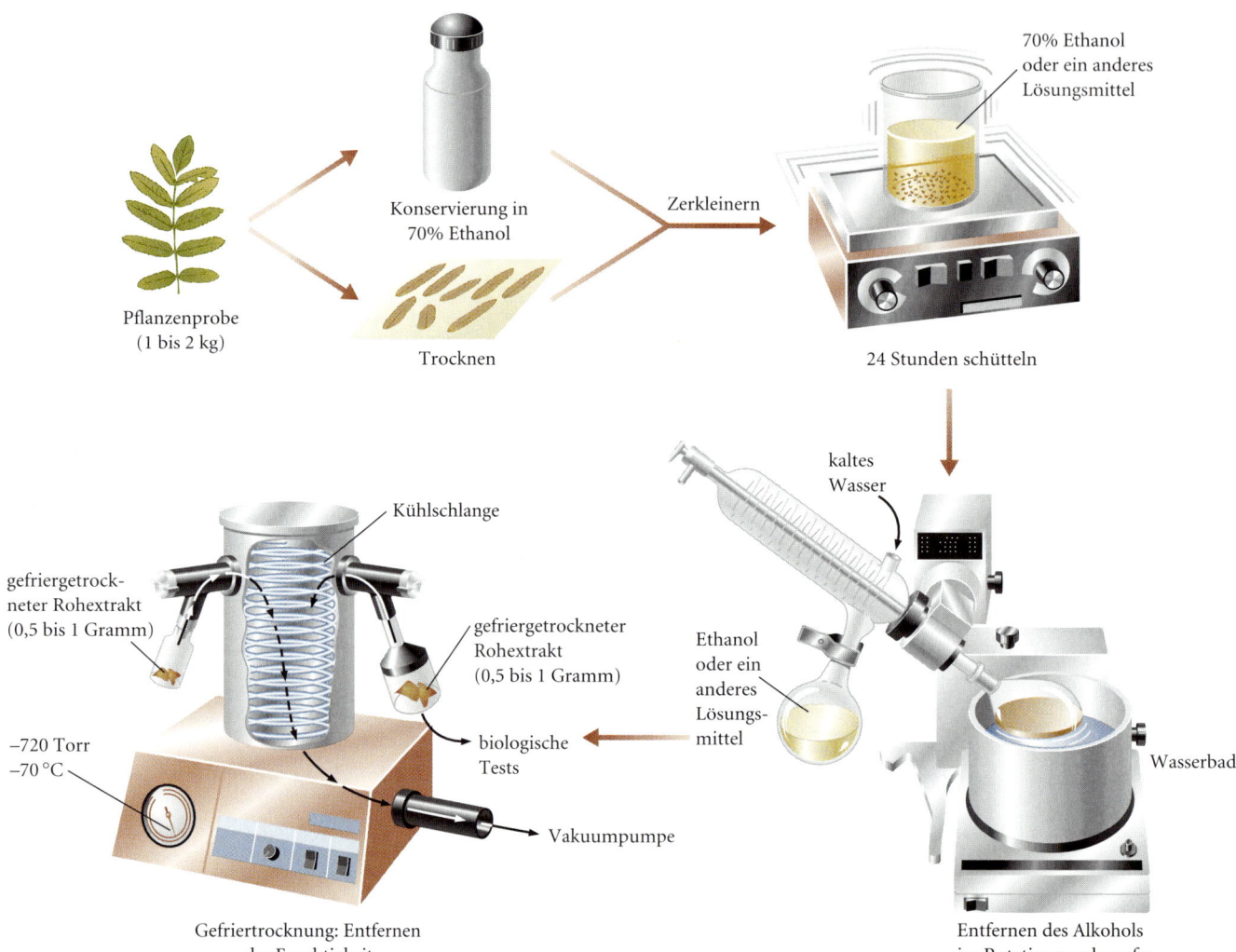

70% Ethanol
oder ein anderes
Lösungsmittel

Pflanzenprobe
(1 bis 2 kg)

Konservierung in
70% Ethanol

Zerkleinern

Trocknen

24 Stunden schütteln

kaltes
Wasser

Kühlschlange

gefriergetrock-
neter Rohextrakt
(0,5 bis 1 Gramm)

gefriergetrockneter
Rohextrakt
(0,5 bis 1 Gramm)

Ethanol
oder ein
anderes
Lösungs-
mittel

biologische
Tests

–720 Torr
–70 °C

Wasserbad

Vakuumpumpe

Gefriertrocknung: Entfernen
der Feuchtigkeit

Entfernen des Alkohols
im Rotationsverdampfer

2.14 Wenn der Botaniker eine Pflanzenprobe für die pharmakologische Untersuchung vorbereiten will, sammelt er im Freiland zunächst ein bis zwei Kilogramm Pflanzenteile, die dann getrocknet oder in ein flüssiges Konservierungsmittel gelegt werden. Im Labor wird das Pflanzenmaterial zerkleinert, in ein Lösungsmittel gebracht und 24 Stunden lang geschüttelt. Anschließend entfernt man das Lösungsmittel in einem Rotationsverdampfer, und der zurückbleibende Pflanzenextrakt wird gefriergetrocknet. Die Ausbeute der ganzen Prozedur besteht in einem halben bis einem Gramm Rohextrakt, den man dann verschiedenen biologischen Tests unterwerfen kann.

Der Ethnobotaniker sammelt neben seinem Herbarexemplar zunächst einmal etwa ein halbes Kilo Pflanzenmaterial und bringt es ins Labor. Dort entzieht man den Pflanzen mit verschiedenen wäßrigen und organischen Lösungsmitteln eine ganze Reihe von Inhaltsstoffen. Mit biologischen Testverfahren sucht man dann in den Extrakten nach vielversprechenden pharmakologischen Spuren und neuen Wirkungen.

Die biologischen Testverfahren haben eine lange Entwicklung hinter sich: Beobachtete man früher lebende Tiere, denen man Pflanzenextrakte verabreicht hatte, so handelt es sich heute um hochempfindliche, raffinierte *In vitro*-Methoden, mit denen man feststellt, ob der Pflanzenextrakt bestimmte Enzyme hemmt, an bestimmte Rezeptormoleküle bindet oder andere hochspezifische biologische Wirkungen zeigt. Findet man in dem Extrakt eine biologische Aktivität, begibt sich das Wissenschaftlerteam wiederum in das Gebiet, wo die Pflanze ursprünglich gefunden wurde, und sammelt jetzt eine größere Probe, oft etwa 50 bis 100 Kilogramm Pflanzenmaterial. Dabei vergleichen die Botaniker die neu gesammelten Pflanzen mit dem ursprünglichen Fund und bestätigen die biologische Einordnung. Man beschafft sich soviel Material, daß man die chemischen Bestandteile, die für die beobachtete biologische Wirkung verantwortlich sind, trennen und ihre Molekülstruktur aufklären kann. Diese Struktur vergleichen die Chemiker mit bekannten Molekülen, weil man wissen will, ob der Wirkstoff bereits entdeckt ist. Wenn man die Wirkstoffe isoliert hat und ihre Molekülstruktur kennt, fällt die Entscheidung, ob eine Synthese der Verbindung versucht werden soll oder nicht. In diese Entscheidung fließen verschiedene Faktoren ein, so die Kosten, die benötigte Menge und die Verfügbarkeit des natürlichen Rohmaterials.

Nun kommt die Substanz in die klinische Prüfung, in der man ihre Wirkungen auf Menschen ermittelt. In der Phase I wird der Wirkstoff Freiwilligen verabreicht, und man achtet auf mögliche Anzeichen von Toxizität. Dann folgt die Phase II: An einer kleinen Patientengruppe beobachtet man, wie die Verbindung gegen die Krankheit wirkt. In der Phase III schließlich wird die Wirksamkeit an einer größeren Personenzahl und unter strengen klinischen Bedingungen überprüft. Sind Wirksamkeit und Ungefährlichkeit der Substanz nachgewiesen, wird der Antrag auf die behördliche Zulassung des neuen Medikaments eingereicht – in den USA bei der Food and Drug Administration, in Deutschland beim Bundesinstitut für Arzneimittel und Medizinprodukte.

Isolierung eines Wirkstoffes gegen HIV aus einem Baum in Samoa

Abgesehen von einigen grundlegenden pflanzlichen Arzneien, die fast jeder Bewohner Samoas kennt, ist die Pflanzenkunde auf dieser pazifischen Inselgruppe das Spezialgebiet der *taulasea* – besonderer Kräuterkundiger, bei denen es sich fast ausschließlich um Frauen handelt. Sie haben die Heilkunst von der Mutter oder anderen weiblichen Verwandten gelernt. Manche *taulasea* nutzen über 100 Blütenpflanzen und Farne. Aber die Zahl der samoanischen Pflanzenheilkundigen ist geschrumpft. Die meisten, die noch praktizieren, sind alt, und nur wenige haben Schülerinnen.

Exkurs 2.2: Einige Beispiele für Krankheitsbezeichnungen in Samoa

Anufe	Darmwürmer
Ate fefete	Leberschwellung
Malaga umete	Geschwüre am Kopf
Failele gau	Komplikationen bei Wöchnerinnen
Fe'efe'e	innere Krankheit, nicht zu übersetzen
Lepela	Lepra
Lafa	Fadenpilzerkrankung (Tinea)

Die samoanischen Krankheitsbezeichnungen werden auf unterschiedliche Arten gebildet. *Anufe* bedeutet zum Beispiel „Würmer"; diese Krankheit heißt nach der Ursache. *Ate* (Leber) und *fefete* (geschwollen) benennen die Krankheit anatomisch, und *malaga umete* (*umete* = Schüssel) weist auf die Form des Geschwürs hin. Junge Mütter sind anfällig für *failele gau*, und *fe'efe'e* (Tintenfisch) erweckt die Vorstellung von Fangarmen, die sich in den Gedärmen winden. *Lepela* ist das Wort „Lepra" so abgewandelt, daß es für eine samoanische Zunge auszusprechen ist. Und *lafa* ist ein nicht weiter erklärbarer Name für eine von Fadenpilzen hervorgerufene Hautkrankheit.

Die Heilkunde in Samoa unterscheidet sich von der westlichen Medizin beträchtlich in der Beschreibung der Krankheiten. Wie in Belize lassen sich viele der in Samoa bekannten Leiden nicht ohne weiteres in westliche Begriffe übertragen.

Die samoanischen Heilerinnen lehnen jede Bezahlung ihrer Dienste ab, denn nach ihrer Ansicht sind die Pflanzen ein Geschenk Gottes. Aber sie verfügen über beachtliche Kenntnisse: Eine Heilerin kennt in der Regel die Namen von mindestens 200 Pflanzenarten, über 180 Krankheitskategorien und die Rezepte für mehr als 100 Arzneien.

Die Heilerinnen in Samoa behandeln Krankheiten unter anderem mit Massage, besonderer Ernährung und Zaubersprüchen. Diagnostiziert die Heilkundige eine Krankheit, die einer pflanzlichen Arznei bedarf, sucht sie sofort das erforderliche Material, denn es werden ausschließlich frische Pflanzen verwendet. Die meisten Arzneien werden aus Blütenpflanzen zubereitet, und die Methode richtet sich dabei nach den jeweils benutzten Pflanzenteilen. Meist handelt es sich um wäßrige, manchmal auch um ölige Auszüge, und gelegentlich werden Pflanzenteile verbrannt, so daß man den Rauch einatmen kann. Viele Arzneien, sogar solche für innere Erkrankungen, werden äußerlich angewandt. Die meisten Arzneien enthalten mehrere in der Wildnis gesammelte Pflanzen, manche bestehen aber auch nur aus einer einzigen Pflanzenart.

2.15 Die mittlerweile verstorbene samoanische Heilerin Mariana Lilo bei der Zubereitung eines Tees gegen Gelbsucht. Sie taucht die zerkleinerte Rinde von *Homalanthus nutans* in kochendes Wasser. Der Patient trinkt nur den Tee, der die wasserlöslichen Bestandteile der Rinde enthält.

Betrachten wir beispielsweise, wie Epenesa Mauigoa das *fiva samasama* behandelt (*fiva* = Fieber, *samasama* = gelb), das Zeichen für eine akute Hepatitis. Nachdem die Diagnose des *fiva samasama* feststeht, schickt Mauigoa eines ihrer Kinder in den Wald, um das Holz des *mamala*-Baumes (*Homalanthus nutans,* Euphorbiaceae) zu holen. Aber nicht jede *mamala*-Sorte ist richtig; die Botaniker kennen nur eine Art von *Homalanthus*, aber für Mauigoa gibt es zwei. »Wir nehmen nur die *mamala* mit langen weißen Blattstielen«, erklärt sie. Die *mamala* mit roten Blattstielen ist den Bauchbeschwerden namens *tulita saua* vorbehalten.

Wenn ihre Tochter mit dem *Homalanthus*-Holz zurückkommt, kratzt Mauigoa die äußere Korkschicht und das Epidermisgewebe ab; dann holt sie mit einem Messer den Bast (sekundäre Rinde) heraus, ein Gewebe, das vom Kambium gebildet wird. Das abgekratzte Material legt sie auf ein Tuch, bindet es wie einen Teebeutel zusammen und hängt es eine halbe Stunde lang in kochendes Wasser. Nachdem sie den Beutel wieder herausgenommen und seinen Inhalt verworfen hat, filtert sie die Flüssigkeit durch ein weiteres Tuch und gibt sie dem Patienten zu trinken.

Im Jahr 1984 machten Epenesa Mauigoa und andere Heilerinnen Paul Cox mit dieser Arznei gegen *fiva samasama* bekannt. Gordon Cragg von der Abteilung für Naturstoffchemie des National Cancer Institute hatte sich bereit erklärt, die pharmakologische Wirksamkeit von Heilpflanzen zu testen, die Cox in Samoa möglicherweise finden würde. Unter dem von ihm gesammelten Material waren auch Stücke des Stammes von *H. nutans*. In dem Versuch, die traditionelle Zubereitungsart nachzuvollziehen, trocknete er die Proben nicht wie sonst üblich an der Luft, bevor er sie analysieren ließ, sondern er konservierte sie einer wäßrig-alkoholischen Lösung und brachte sie in dieser Form in Aluminiumflaschen in sein Labor in den USA. Dort entfernte er den Alkohol im Rotationsverdampfer und brachte die Extrakte dann in einen Gefriertrockner. Die gefriergetrockneten Proben schickte Cox an das NCI in Maryland, und dort testete ein Wissenschaftlerteam mit Michael Boyd, John Cardinella, Kirk Gustaffson, Peter Blumberg, John Beutler und anderen sie auf Wirkung gegen HIV-1, das Virus, das mit der erworbenen Immunschwäche AIDS in Verbindung steht.

Wie das Team am NCI schon bald feststellte, wirkten die Extrakte aus dem Holz der Bäume *in vitro* tatsächlich stark gegen HIV-1: Sie hinderten die Viren daran, gesunde Zellen zu infizieren, und sorgten auch dafür, daß infizierte Zellen nicht abstarben. Die an biologischen Tests orientierte Fraktionierung führte schließlich zur Isolierung von Prostratin (12-Desoxyphorbol-13-acetat).

Nachdem man das Prostatin – es gehört zur Verbindungsklasse der Phorbole – als aktiven Bestandteil von *H. nutans* identifiziert hatte, erhoben sich Bedenken: Phorbole begünstigen bekanntermaßen die Krebsentstehung. Die Forschungsarbeiten einer Wissenschaftlergruppe des NCI unter Leitung von Peter Blumberg zeigten jedoch, daß Prostratin nicht diese Wirkung hat, obwohl es die Proteinkinase C aktiviert, was an sich ein typisches Kennzeichen der Krebsentstehung ist. Das Team am NCI stellte sogar fest, daß Prostratin der Krebsentstehung entgegenwirkt: Es verhindert, daß sich mutierte Zellen zu Tumoren entwickeln. Derzeit holt das NCI Angebote von Pharmaunternehmen für die Lizenz ein, Prostratin zu einem Medikament zu entwickeln. Da Prostratin die Infektion von Zellen mit HIV-1 verhindert und das Leben der infizierten Zellen verlängert, könnte es auch zu einem wichtigen Bestandteil einer Kombinationstherapie werden, bei der es zusammen mit Proteasehemmern und anderen antiviralen Wirkstoffen eingesetzt wird. Ein Problem könnte allerdings die Toxizität darstellen. Es gibt zwar keine Anzeichen, daß Prostratin die Krebsentstehung begünstigt, aber als Phorbol gehört es zu einer sehr giftigen Verbindungsklasse. Nur mit sehr sorgfältigen toxikologischen Untersuchungen wird sich klären lassen, ob man das Prostratin gefahrlos in die klinische Erprobung einschleusen kann.

Prostratin

2.16 Das National Cancer Institute (NCI) der USA erklärte das Prostratin, einen Wirkstoff aus dem samoanischen Baum *Homalanthus nutans*, zu einem vielversprechenden Medikament gegen AIDS. Das NCI nimmt derzeit Angebote von Pharmafirmen entgegen, die eine Lizenz erwerben und das Präparat entwickeln wollen.

Ethnobotanik und die Aussichten für neue Medikamente

Wieviele Medikamente – und was für welche – können mit der ethnobotanischen Methode noch entdeckt werden? Kann man irgendwie abschätzen, welchen Erfolg diese Vorgehensweise in Zukunft haben wird?

Eine gewisse Abschätzung der Zukunftsaussichten läßt sich aus einer Analyse der Krankheiten ableiten, für die die Heiler pflanzliche Arzneimittel verwenden. Aufgrund einer zusammenfassenden Darstellung von Berichten über die Verwendung von Pflanzen in 15 großen geographischen Regionen – Australien, Fidschi, Haiti, Indien, Kenia, Mexiko, Nepal, Nicaragua, Nordamerika, Peru, Rotuma, Saudi-Arabien, Thailand, Tonga und Westafrika – kann man Pflanzen nach den Krankheiten einteilen, zu deren Behandlung sie dienen. Als Kategorien finden sich dabei Nerven- und Herz-Kreislauf-Krankheiten, geburtshilfliche und gynäkologische Probleme, Neoplasmen (Krebs), Magen-Darm-Krankheiten, Hauterkrankungen, Entzündungen (einschließlich Fieber), Infektionen, Nierenleiden, Flüssigkeitsmangel, parasitäre Erkrankungen, immunologische Störungen, Blutkrankheiten und Vergiftungen. Die traditionelle Verwendung der Pflanzen kann man nun mit ihrem Einsatz in der westlichen Medizin vergleichen, der zum Beispiel in der *United States Pharmacopoeia*, dem Arzneibuch der USA, niedergelegt ist.

In einer solchen Analyse zeigt sich ein auffälliger Unterschied in der prozentualen Verteilung der Krankheiten, die mit traditionellen pflanzlichen Arzneien und westlichen Medikamenten behandelt werden, auf die verschiedenen Kategorien (siehe Abbildung 2.17). Die traditionellen Arzneien zielen eher auf Magen-Darm-Beschwerden, Entzündungen, Hauterkrankungen und gynäkologische Störungen ab; westliche Medikamente dagegen werden häufiger zur Behandlung von Herz-Kreislauf- oder Nervenerkrankungen, Krebs und Infektionskrankheiten eingesetzt. Woher kommt dieser Unterschied? Dafür gibt es mehrere mögliche Antworten:

1. *Wahrgenommene Gefährdung.* Herz-Kreislauf-Erkrankungen, Krebs, Infektionen und Nervenleiden sind im abendländischen Kulturkreis die häufigsten Todesursachen. Indigene Völker, die aufgrund ihrer Lebensweise und Lebenserwartung weniger durch Herz-Kreislauf-Krankheiten und Krebs gefährdet sind, sehen in Durchfall, Komplikationen bei der Entbindung und Entzündungen eine größere Gefahr.

Anwendungsgebiete traditioneller Heilmittel

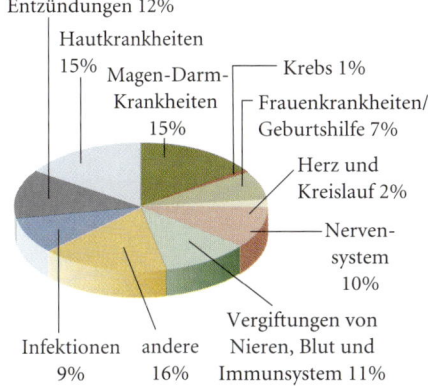

Anwendungsgebiete westlicher Medikamente

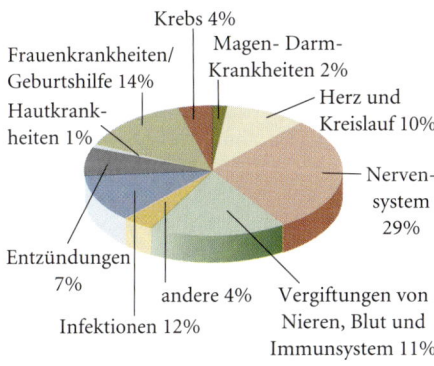

2.17 Prozentuale Verteilung der Arzneipflanzen, die traditionell in 15 Ländern zur Behandlung der verschiedenen Krankheitskategorien verwendet werden, im Vergleich zu den entsprechenden Anteilen in den Industrieländern. Bei den indigenen Kulturen liegt das Schwergewicht auf der Behandlung von Haut-, Entzündungs- und Magen-Darm-Erkrankungen, westliche Medikamente dagegen richten sich in ihrer Mehrzahl auf Krebs, Herz-Kreislauf-Krankheiten und Infektionen mit Mikroorganismen.

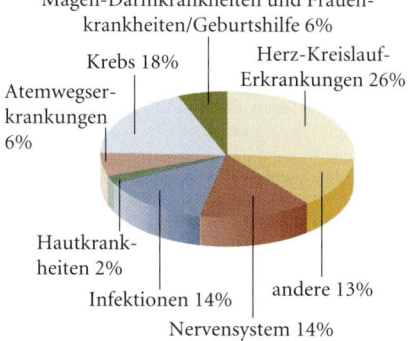

Magen-Darmkrankheiten und Frauen-
krankheiten/Geburtshilfe 6%

Krebs 18%

Herz-Kreislauf-
Erkrankungen 26%

Atemwegser-
krankungen
6%

Hautkrank-
heiten 2%

Infektionen 14%

andere 13%

Nervensystem 14%

2.18 Prozentuale Verteilung der Forschungs-
gelder, die in den USA für die Medikamen-
tentwicklung gegen Krankheiten der verschiedenen Kategorien ausgegeben werden.

2. *Auffälligkeit.* Entzündungen, Hauterkrankungen und Magen-Darm-Krankheiten sind leicht zu erkennen, Krebs und Herz-Kreislauf-Erkrankungen dagegen lassen sich mit traditionellen Methoden nur schwer diagnostizieren. Nur wenige Eingeborenensprachen haben überhaupt Worte für Krebs, Leukämie, Lymphom oder Bluthochdruck.

3. *Toxizität.* Heiler meiden häufig pflanzliche Arzneien, die bereits in geringer Dosis sehr toxisch sind. Die meisten Herz-Kreislauf- und Krebsmedikamente haben eine sehr geringe therapeutische Breite und werden deshalb meist nicht angewandt. (Ein Beispiel für dieses Problem waren Witherings Schwierigkeiten mit der Dosierung von Digitalis.)

4. *Wirtschaftliche Anreize.* In der westlichen Welt wird die Medikamentenentwicklung durch Marktkräfte bestimmt. Wenn man sich ansieht, wieviel Geld beispielsweise in den USA für die Forschung zur Therapie verschiedener Krankheitskategorien ausgegeben wird, so stellt sich heraus, daß von jedem Dollar 72 Cent auf Herz-Kreislauf-Erkrankungen, Krebs, Nervenleiden und Infektionskrankheiten entfallen. Diesem wirtschaftlichen Druck unterliegen nur die westlichen Wissenschaftler; die traditionellen Heiler beeinflußt er nicht. Deshalb spiegelt der Anteil der Medikamente, die durch ethnobotanische Methoden entdeckt werden, eher die Finanzierungsmöglichkeiten wider und nicht die Verwendung in indigenen Kulturen.

Auf der Grundlage solcher Analysen kann man vorhersagen, daß richtig angelegte ethnobotanische Übersichtsuntersuchungen für Magen-Darm-Medikamente, Entzündungshemmer, Mittel gegen gynäkologische Beschwerden und Hautkrankheiten erfolgreich sein werden. Aber bedeutet das auch, daß man mit dieser Methode wahrscheinlich keine neuen Wirkstoffe gegen Herz-Kreislauf-Krankheiten, Krebs oder Infektionskrankheiten finden wird? Harren noch neue Krebsmedikamente wie Vincristin und neue Herzmittel wie Digitalis ihrer Entdeckung?

Wie die Analyse der Tabelle 2.1 (Seite 38) zeigt, dürften tatsächlich auch in diesen Kategorien noch neue Wirkstoffe mit der ethnobotanischen Vorgehensweise entdeckt werden. Von den 50 aufgeführten Wirkstoffen wirken 22 Prozent auf Herz und Kreislauf (im Vergleich zu zwei Prozent bei den traditionellen pflanzlichen Arzneien), 20 Prozent dienen zur Behandlung des Nervensystems (zehn Prozent bei den traditionellen Arzneien) und zehn Prozent richten sich gegen Krebserkrankungen (im Vergleich zu nur einem Prozent bei traditionellen Arzneien). Die Tatsache, daß die Ethnobotaniker neue Medikamente unerwartet schnell entdecken, eröffnet ganz allgemein gute Zukunftsaussichten für diese Vorgehensweise. »Suchet, so werdet ihr finden« ist dabei offenbar das Grundprinzip.

Ethnobotanische Forschung und traditionelle Gesundheitsfürsorge in Entwicklungsländern

Bisher haben wir uns im wesentlichen auf die Frage konzentriert, wie man mit ethnobotanischer Forschung neue Medikamente für die westliche Medizin entdecken kann. Aber nach neueren Schätzungen der Weltgesundheitsorganisation sind mehr als 3,5 Milliarden Menschen in den Entwicklungsländern auf Pflanzen als Bestandteil ihrer medizinischen Grundversorgung angewiesen. So wie viele Europäer den Nutzen von *Aloe vera* (Aloaceae) für die Behandlung von Verbrennungen kennen, wissen auch viele indigene Kulturen um einige verbreitete Pflanzen, die sich medizinisch anwenden lassen. Ethnobotanische Forschung sollte sich nicht darauf beschränken, neue Medikamente für die Industrienationen aufzuspüren; sie kann auch für die Bevölkerung der Entwicklungsländer von Nutzen sein.

Immer mehr Staaten, darunter China, Mexiko, Nigeria und Thailand, beziehen heute die traditionelle Heilkunde in ihr Gesundheitssystem ein. In diesen Systemen ist ethnobotanische Forschung von entscheidender Bedeutung, weil sie die traditionellen Methoden der medizinischen Versorgung in den einzelnen Ländern dokumentiert. Das volkstümliche Wissen über Arzneipflanzen geht vielerorts mit dem schnell wachsenden westlichen Einfluß zurück oder verschwindet sogar völlig.

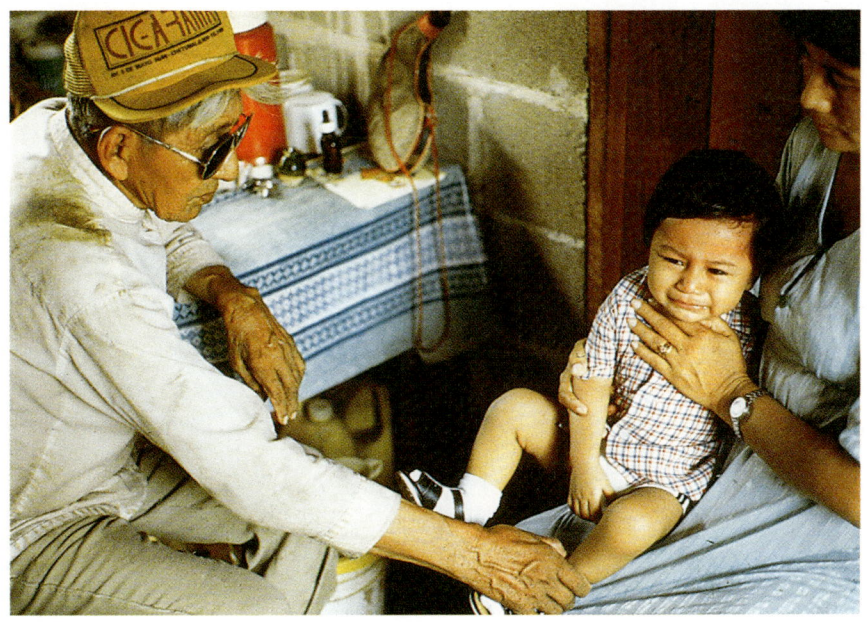

2.19 Don Elijio Panti, ein inzwischen verstorbener traditioneller Maya-Heiler aus Belize, behandelt einen der vielen tausend Patienten, die jedes Jahr zu ihm kamen. Diese Spezialisten für traditionelle Heilkunde, die in ihren Ländern ein wichtiger Teil des Gesundheitssystems sind, versorgen einen großen Prozentsatz der Weltbevölkerung. Leider werden nur wenige Angehörige der jüngeren Generation so ausgebildet, daß sie den Platz von Don Elijio einnehmen können.

In manchen Ländern wurden sorgfältige ethnobotanische Studien zu unschätzbaren Aufzeichnungen über althergebrachte Vorgehensweisen. In Gebieten, wo sich die Menschen von der traditionellen Lebensweise entfernen, und insbesondere in den schnell wachsenden städtischen Ballungsgebieten, können genaue ethnobotanische Aufzeichnungen zur unentbehrlichen Grundlage für Aufklärungsprogramme werden. So entwickelten zum Beispiel Wissenschaftler der Mahidol University in Bangkok eine Reihe von Diaserien und Broschüren, aus denen Schulkinder etwas über die traditionelle Verwendung der Pflanzen erfahren.

Ethnobotanische Forschung kann auch zur Entdeckung nicht genau definierter Arzneimittel beitragen. In der westlichen Medizin sind nur reine chemische Verbindungen mit bekannter Struktur und pharmakologischer Wirkung als Medikamente zulässig, aber in vielen Entwicklungsländern sind solche Präparate wegen ihres hohen Preises den wenigen Wohlhabenden vorbehalten. In sorgfältigen klinischen Studien läßt sich jedoch belegen, daß auch pflanzliche Rohextrakte oder Tinkturen ungefährlich und wirksam sein können, und diese Arzneien können zu wesentlich niedrigeren Preisen abgegeben werden. Solche genau geplanten klinischen Erprobungen pflanzlicher Rohpräparate gab es in Mexiko und Thailand. Die thailändische Studie führte dazu, daß eine Tinktur der Prunkwinde *Ipomoea pes-caprae* (Convolvulaceae) als Mittel gegen Entzündungen zugelassen wurde.

2.20 Ein Extrakt der Prunkwinde *Ipomoea pes-caprae* dient überall im südpazifischen und südostasiatischen Raum zur Behandlung von Hautentzündungen. In Thailand wird eine Tinktur dieser Pflanze mittlerweile auch in Apotheken verkauft, nachdem man ihre Wirksamkeit und Ungefährlichkeit in strengen klinischen Versuchen nachgewiesen hat.

Ein anderer Bereich der ethnobotanischen Medikamentenforschung ist dagegen noch kaum entwickelt: das Gebiet der „grauen Präparate", jener Wirkstoffe, die trotz erwiesener Wirksamkeit und Ungefährlichkeit in den Industrieländern nicht marktfähig sind. Die Entscheidung über die Vermarktung eines Medikaments hängt in der westlichen Pharmaindustrie nicht allein vom Nachweis der Wirksamkeit und Ungefährlichkeit ab. Damit ein potentielles Medikament auf den Markt gelangen kann, darf es nur an einer einzigen Stelle in einen biochemischen Reaktionsweg eingreifen; nur solche „Wunderkugeln" (Wirkstoffe mit einer einzigen Aktivität) sind unter den heutigen gesetzlichen und wirtschaftlichen Rahmenbedingungen in den USA durchsetzbar. Außerdem müssen sich neue Präparate gegenüber den Konkurrenzprodukten als überlegen erweisen. Deshalb sind manche pflanzlichen Präparate auch dann, wenn sie sich im Westen nicht für den Pharmamarkt eignen, in ihrem Herkunftsland unter Umständen durchaus tauglich, insbesondere wenn man sie kostengünstig herstellen kann. Der (manchmal viele Millionen Dollar teure) Informationstransfer über die Wirksamkeit und Ungefährlichkeit solcher grauen Präparate, aber auch die Übertragung von Patentrechten und technischem Know-how zu ihrer Produktion in den Entwicklungsländern sollten stärker vorangetrieben werden.

Der Schutz des geistigen Eigentums der einheimischen Bevölkerung

Ob Withering der alten Frau in Shropshire, die ihm die Entdeckung von Digitalis ermöglichte, einen Ausgleich zahlte, und wenn ja, wieviel, wissen wir nicht. Der Aymará-Indianer Manuel Incra, der in Bolivien für Charles Ledger die Samen des chininreichen *Cinchona-ledgeriana*-Baumes sammelte, bezahlte seine Hilfsbereitschaft mit dem Leben. Daß Einheimische so behandelt wurden, war nichts Ungewöhnliches. Früher gestand man ihnen keinerlei Rechte auf geistiges Eigentum zu. Da aber die Informationen, die man von Einheimischen erhält, heute zur Entdeckung wirtschaftlich erfolgreicher Medikamente beitragen, stellt sich die Frage nach den Urheberrechten dieser Menschen und nach den Besitzansprüchen auf die biologische Vielfalt.

Die Heiler, mit denen wir zusammenarbeiten, leiten uns an und tragen mit ihren Kenntnissen und Informationen eine Menge zu den Forschungsergebnissen bei. Deshalb bezeichnen wir sie lieber als „Kollegen", „Führer" oder „Lehrer" und nicht mit dem von Anthropologen bevorzugten Begriff als „Informanten". Angesichts ihrer unleugbaren intellektuellen Beiträge zu unseren Arbeiten sind wir überzeugt, daß ihnen die gleichen geistigen Eigentumsrechte zustehen wie anderen Wissenschaftlern. Im Falle des Prostratin zum Beispiel haben das National Cancer Institute und die Brigham Young University dafür gesorgt, daß ein beträchtlicher Anteil an den Patenterlösen an die Bevölkerung Samoas fließt.

Ebenso dringlich ist aber in vielen Kulturkreisen die Erhaltung wichtiger Lebensräume. In Samoa wurden mit Spendengeldern vier Reservate mit insgesamt über 200 Quadratkilometer geschaffen, die den Dörfern gehören und von ihnen verwaltet werden; das erste davon war das Falealupo Rain Forest Reserve, wo man den Baum, der das Prostratin herstellt, ursprünglich gefunden hatte. Und in Belize richtete die Regierung in Zusammenarbeit mit örtlichen Heilern und internationaler finanzieller Unterstützung auf 24 Quadratkilometer Regenwald das erste Reservat zur Gewinnung von Arzneipflanzen ein. Solche Bemühungen sollen deutlich machen, daß Naturschutz und die Nutzung der Wälder als Quelle von Arzneimitteln für den Eigenbedarf einander durchaus nicht ausschließen. In anderen Ländern, beispielsweise in Indien, richtet man Reservate für Arzneipflanzen ein, um die Versorgung der traditionellen Heilkundigen und ihrer Patienten sicherzustellen.

Der abendländischen Vorstellung von Gerechtigkeit kommt es am nächsten, wenn die Gewinne als Geld ausgezahlt werden, aber bei Bevölkerungsgruppen, die kein auf Geld gegründetes Wirtschaftssystem besitzen, eignet sich dieser Ansatz nicht. Für viele indigene Kulturen ist das Recht, unbehelligt und ungestört auf ihren angestammten Ländereien leben zu können, der größte Wert. Die Einrichtung von Schutzgebieten, in denen sowohl die biologische Vielfalt als auch die örtliche Kultur bewahrt werden, ist für sie von ungeheurer Bedeutung. Am deutlichsten erkennt man diese Notwendigkeit in Kulturkreisen, die ihren Lebensunterhalt weder durch Handel noch durch Landwirtschaft sichern: bei den Jägern und Sammlern.

Vom Jagen und Sammeln zur Haute Cuisine

3

3.1 Frische Ingwerwurzeln auf einem Gemüsemarkt im indischen Pune. Auf Märkten kann man die Vielfalt der Pflanzen in einer Region und ihre Verwendung gut studieren, insbesondere wenn sie als Lebens- oder Arzneimittel benutzt werden.

Können Sie sich einmal das Leben in der Wüste Kalahari vorstellen, jener riesigen, trockenen Ebene mit ausgedörrten Flußbetten und Salzseen, die im Süden des afrikanischen Kontinents über 250000 Quadratkilometer bedeckt. In manchen Teilen der Kalahari fallen jährlich noch nicht einmal 150 Millimeter Niederschlag, und selbst diese geringe Menge kommt nur unregelmäßig und unvorhersehbar. Die durchschnittliche Tagestemperatur kann 38 °C erreichen. Häufig gibt es schwere, lange Dürreperioden, und der salzige Sandboden ist für Ackerbau völlig ungeeignet. Deshalb ist die Kalahari eines der am dünnsten besiedelten Gebiete der Erde. Mit ihrem Mangel an fruchtbarem Boden, ihrem geringen Niederschlag und ihren extremen Temperaturen ähnelt sie einer anderen unwirtlichen Region: der baumlosen Tundra Alaskas. Und doch sind sowohl die Kalahari als auch die arktische Tundra seit Jahrtausenden bewohnt – aber nicht von Ackerbauern, sondern von Menschen, die sich ihren Lebensunterhalt in der Kalahari durch das Sammeln wilder Pflanzen und in der Arktis durch die Jagd auf Robben, Walrosse und Wale beschaffen. Da sie auf diese natürlichen Nahrungsquellen angewiesen sind, bezeichnet man die 50000 San-Buschleute der Kalahari und die 28000 Inuit in Alaska und auf den Aleuteninseln als Jäger und Sammler.

Unter dem Begriff „Jäger und Sammler" werden Völker zusammengefaßt, die sich durch das Abernten wilder Pflanzen sowie durch Fischen, Jagen und das Sammeln wirbelloser Tiere ernähren. Die wenigen Kulturkreise, die noch heute ausschließlich vom Jagen und Sammeln leben, stellen Extreme in einem kulturellen Spektrum dar, in dem Landwirtschaft und die Versorgung mit Wildtieren und Wildpflanzen in unterschiedlichen Anteilen gemischt sind. In den meisten Kulturen, in denen man sich vorwiegend auf die Jagd konzentriert, wird auch ein wenig Landwirtschaft betrieben, und in den meisten Agrargesellschaften wird gelegentlich gejagt, und man sammelt Wildpflanzen. Manche indigenen Kulturen befinden sich im Übergang zwischen Sammeln und Landwirtschaft. Die Bewohner der Inseln in der Torresstraße südlich von Neuguinea zum Beispiel pflegen nach den Feststellungen des Anthropologen David Harris vom King's College die wilden Cycadeen (Palmfarne), deren Samen sie einsammeln – eine Tätigkeit, die man als Vorläufer echter Landwirtschaft betrachten kann. Und in vielen Agrargesellschaften dienen Wildpflanzen und das Fleisch erlegter Tiere als Ergänzung zu den landwirtschaftlichen Erzeugnissen.

In den Agrargesellschaften galten die Kulturen der Jäger und Sammler in der Regel als primitiv; in Wirklichkeit sind sie aber durch enge Familienbande, reichlich Freizeit und ein bemerkenswert hoch entwickeltes Wissen um die einheimischen Pflanzen gekennzeichnet. Aus diesen Gründen bezeichnet der Anthropologe Marshal Salin von der University of Chicago die San-Buschleute als »ursprüngliche Überflußgesellschaft«. Nach heutigem Kenntnisstand sind die Kulturen der Jäger und Sammler den Agrargesellschaften in mancherlei Hinsicht überlegen, so in ihrer Widerstandsfähigkeit gegen umweltbedingte Störungen, in dem geringen Ausmaß organisierter Kriege und weil sie eine relativ große Zahl von Pflanzenarten nutzen.

Geht man davon aus, daß das Jagen und Sammeln den Zustand vor Einführung der Landwirtschaft darstellt, ging der Aufstieg des Ackerbaues mit einer immer größeren Abhängigkeit von immer weniger Grundnahrungsmitteln einher. In den Kulturen der Jäger und Sammler war man nicht auf angebaute Nutzpflanzen angewiesen, vielmehr war der Anteil der verschiedenen Kalorienlieferanten variabel innerhalb einer breiten Palette wild gesammelter Pflanzenarten. Zwar gab es auch in vielen Agrargesellschaften die Jagd, den Fischfang und das Sammeln wilder Pflanzen, aber diese Tätigkeiten konnten die Landwirtschaft in Zeiten der Hungersnot nicht ersetzen.

So wie das Jagen und Sammeln in den meisten Regionen der Landwirtschaft Platz machten, ändert sich heute die traditionelle Lebensweise der Agrargesellschaften, weil immer mehr von ihnen in immer stärkerem Maße mit der Moderne konfrontiert werden. Und wie die ersten Bauern, die manche Vorteile des Jagens und Sammelns verloren, so verlieren die heutigen indigenen Kulturen den Nutzen, den die traditionelle Ernährungsweise bot, eine Ernährungsweise, die nach den Feststellungen der Ethnobotaniker und anderer Wissenschaftler manchmal bemerkenswert gut an die Bedürfnisse der Menschen angepaßt war.

Diabetes und traditionelle Ernährung

Nehmen wir zum Beispiel den Stamm der Akimel O'odham (auch *River Pima tribe* genannt) in der Sonora-Wüste in Arizona. Manche Anthropologen halten die Akimel O'odham für Nachfahren der prähistorischen Hohokam-Kultur. Sie lebten traditionell vom Sammeln wilder Pflanzen sowie vom Bohnen- und Maisanbau. Diese Lebensweise behielt der Stamm relativ unbehelligt bis zur Mitte des 19. Jahrhunderts bei, aber dann leiteten weiße Siedler das Wasser das Flusses Gila um. Um 1870 zerfiel die Stammeskultur. Heute leben die Akimel O'odham in Reservaten bei Phoenix in Arizona. Ihre Lebensmittel kaufen sie zum größten Teil im Laden, und ihre Ernährung besteht hauptsächlich aus westlichen Grundnahrungsmitteln wie Weißbrot und Reis. Im Gegensatz zu anderen Nordamerikanern bekommen die Akimel O'odham aber besonders häufig Diabetes – der Anteil ist bei

3.2 Der Feigenkaktus (im Vordergrund) und andere einheimische Pflanzen in der Sonora-Wüste waren früher beim Stamm der Akimel O'odham (River Pima) die Hauptbestandteile der Ernährung.

ihnen sogar der höchste weltweit: Über 50 Prozent der Erwachsenen sind von der Krankheit betroffen.

Der Ethnobotaniker Gary Nabhan vom Desert Botanical Garden bei Tucson fragte sich deshalb, ob diese hohe Diabeteshäufigkeit mit dem Wechsel von der traditionellen zur westlichen Ernährung zu tun hatte. Die Akimel O'odham hatten sich jahrhundertelang von wilden und angebauten Hülsenfrüchten ernährt, aber auch von Kakteenblättern und -früchten, Mais, den süßen Hülsen der Mesquite-Bäume (die zu den Leguminosen gehören) und Eicheln. Heute dagegen besteht ihre Ernährung aus Weißmehlprodukten und anderem verarbeiteten Getreide, Zucker und Kaffee, wie sie in Nordamerika allgemein üblich ist. Nabhan wollte nun herausfinden, ob diese Ernährungsumstellung für die Diabeteshäufigkeit bei den Akimel O'odham verantwortlich war; dazu untersuchte er, wie sich die traditionelle Ernährung auf den Blutzuckerspiegel und die Insulinausschüttung auswirkt.

Unter der Aufsicht von Nabhan und seinen Kolleginnen Janette Brand, Janelle Snow und Stewart Truswell aßen Freiwillige Kuchen aus den Mesquitehülsen (*Prosopis velutina*, Mimosaceae), eine Suppe aus Teparybohnen (*Phaseolus acutifolius*, Fabaceae) und Limabohnen (*Phaseolus lunatus*), einen Eintopf aus Wild und Eicheln (*Quercus*

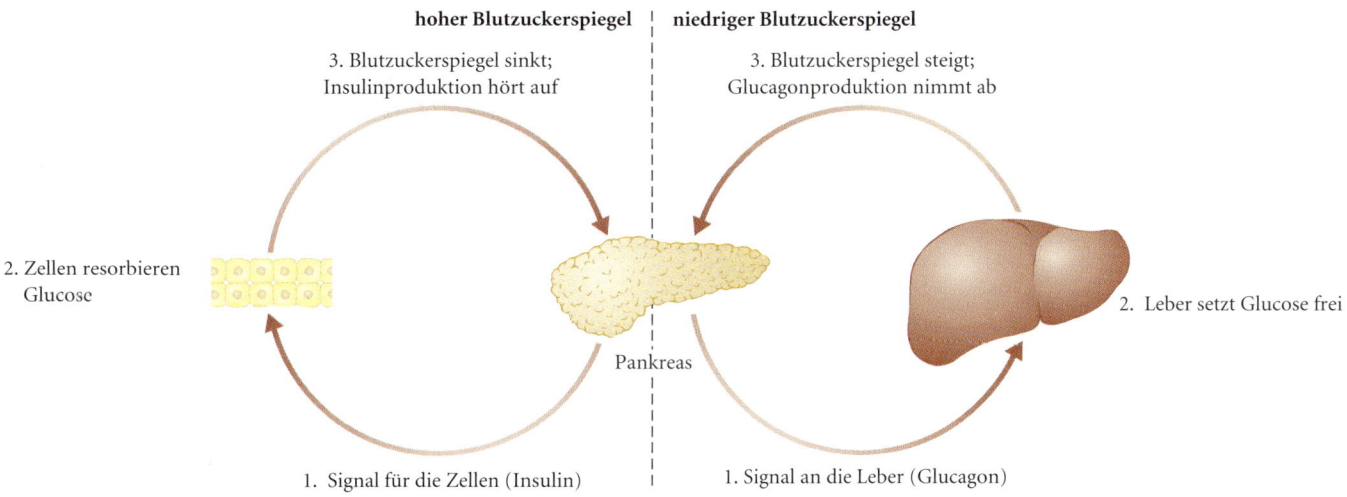

hoher Blutzuckerspiegel | **niedriger Blutzuckerspiegel**

3. Blutzuckerspiegel sinkt; Insulinproduktion hört auf

3. Blutzuckerspiegel steigt; Glucagonproduktion nimmt ab

2. Zellen resorbieren Glucose

Pankreas

2. Leber setzt Glucose frei

1. Signal für die Zellen (Insulin)

1. Signal an die Leber (Glucagon)

emoryi, Fagaceae) sowie einen Brei aus dem traditionellen Pima-Mais (*Zea mays*, Poaceae) Anschließend maßen sie den Blutzuckerspiegel und die Glucosetoleranz, die angibt, wie schnell der Organismus das für den Zuckerstoffwechsel erforderliche Insulin ausschüttet. Der Blutzuckerspiegel steigt nach einer Mahlzeit immer an, weil die bei der Verdauung freigesetzten Zuckermoleküle ins Blut übergehen. Daraufhin schüttet das Pankreas (Bauchspeicheldrüse) Insulin aus, ein Hormon, das die Fett- und Muskelzellen veranlaßt, den Zucker aufzunehmen und aus dem Blut zu entfernen. Ein hoher Blutzuckerspiegel, der über längere Zeit bestehen bleibt, führt zu den schädlichen Wirkungen der Zuckerkrankheit (Diabetes). Wie sich in den Untersuchungen herausstellte, lassen die schwer verdaulichen Kohlenhydrate, die für die traditionelle Ernährung der Akimel O'odham typisch sind, den Blutzuckerspiegel und die anschließende Insulinausschüttung nur langsam ansteigen. Selbst mit der traditionellen Maissorte, die von allen untersuchten traditionellen Lebensmitteln den höchsten Blutzuckerspiegel hervorruft, lag dieser niedriger als mit modernem Süßmais. Und alle traditionellen Lebensmittel riefen eine geringere Insulinausschüttung hervor als modernes Weißbrot. Die Schlußfolgerung lautet fast zwangsläufig: Die hohe Diabeteshäufigkeit bei den Akimel O'odham ist wahrscheinlich eine Folge der neu angenommenen westlichen Ernährung, der höheren Gesamtkalorienaufnahme und der gesundheitlichen Risiken einer vorwiegend sitzenden Lebensweise.

Aber warum rufen die traditionellen Lebensmittel der Akimel O'odham eine geringere Insulinausschüttung hervor? Die Antwort: unter anderem weil die Stärke in Mesquitehülsen, Eicheln und Bohnen in der Verdauung langsamer abgebaut wird als die Stärke der westlichen

3.3 Für die Aufrechterhaltung eines gleichbleibenden Blutzuckerspiegels ist die Bauchspeicheldrüse (Pankreas) von entscheidender Bedeutung. Sie scheidet bei niedrigem Blutzucker (rechts) das Glucagon aus, das die Leber veranlaßt, Glucose in das Blut abzugeben. Bei hohem Blutzuckerspiegel dagegen (links) schüttet die Bauchspeicheldrüse Insulin aus; dieses Hormon sorgt dafür, daß die Zellen mehr Glucose aus dem Blut aufnehmen. Störungen der Insulinproduktion können zur Zuckerkrankheit (Diabetes) führen.

Lebensmittel. Aber es gibt auch andere Gründe: Wegen ihres höheren Ballaststoffgehalts werden die traditionellen Lebensmittel im Dünndarm langsamer resorbiert, so daß der Blutzuckerspiegel nur allmählich ansteigt. Auch der pflanzliche Schleim in den Mesquitehülsen und den Kaktusblättern verlangsamt die Insulinausschüttung erheblich, weil er die Verdauung und die Resorption der Stärke bremst. Darüber hinaus sorgen die traditionellen Methoden des Mahlens und der Weiterverarbeitung dafür, daß solche Lebensmittel den Diabetes weniger begünstigen.

Zu ganz ähnlichen Ergebnissen wie Nabhan gelangten auch Anne Thorburn und ihre Mitarbeiter, die sich mit dem Wandel der Ernährung bei den australischen Ureinwohnern (Aborigines) beschäftigten. Die Buschkartoffel *Ipomoea costata* (Convolvulaceae), eine Verwandte der südamerikanischen Süßkartoffel, der Batate, setzt wesentlich weniger Glucose frei und ruft eine geringere Insulinausschüttung hervor als die normale Kartoffel *Solanum tuberosum* (Solanaceae) – interessanterweise aber nur bei Aborigines, nicht jedoch bei Europäern. Wenn solch Unterschiede des Stärkestoffwechsels erblich sind, läßt das darauf schließen, daß die Reaktion auf langsam freigesetzte Kohlenhydrate bei den australischen Aborigines eine genetische Grundlage hat. Das wäre eine Erklärung dafür, daß bei diesen Menschen so häufig Diabetes auftritt, wenn sie zur westlichen Ernährungsweise übergehen. Allerdings sind solche stoffwechselbedingten Einflüsse vermutlich von geringerer Bedeutung als die sitzende Lebensweise, die höhere Kalorienaufnahme und das dadurch hervorgerufene Übergewicht.

Belege für einen Zusammenhang zwischen Vererbung und der Reaktion auf die Ernährungsweise veröffentlichten Jeremy Walston von der Johns Hopkins University und seine Mitarbeiter im *New England Journal of Medicine*. Angeregt durch Hinweise, wonach der nicht insulinabhängige Diabetes mellitus (NIDDM) erblich ist, untersuchte die Wissenschaftlergruppe die molekularen Grundlagen der Krankheit in einer Bevölkerungsgruppe, in der sie besonders häufig vorkommt: bei den Akimel O'odham in Arizona. Walston interessierte sich für eines der vielen Rezeptormoleküle, die auf bestimmte Moleküle reagieren und ein Signal abgeben, das den Energieverbrauch und den Stoffwechsel bestimmter Fettgewebe beeinflußt. Das wiederum wirkt sich auf den Grundumsatz aus, den Energieverbrauch des Organismus im Ruhezustand. Nach Walstons Überlegung ist ein niedriger Grundumsatz ein Risikofaktor für Übergewicht, und da Übergewicht seinerseits ein Risikofaktor für Diabetes ist, könnten Mutationen in diesem Gen vielleicht zur Zuckerkrankheit führen.

Walstons Arbeitsgruppe untersuchte 642 Indianer aus den Stämmen der Akimel O'odham und Tohone O'odham im Alter zwischen 35 und

87 Jahren. Bei jedem von ihnen maßen sie den Grundumsatz, die Gesamtmenge des Körperfettes sowie den Blutzucker- und Insulinspiegel nach dem Verzehr von Glucose, und außerdem untersuchten sie die Versuchspersonen jeweils auf Zuckerkrankheit. In dem Rezeptorgen von zehn nicht miteinander verwandten, übergewichtigen Indianern mit NIDDM suchten sie nach Mutationen, und dabei wurden sie in allen Fällen fündig. Die mutierten Gene ließen ein Protein mit veränderter biologischer Aktivität entstehen.

Nun suchten Walston und seine Mitarbeiter bei 390 Indianern mit nicht insulinabhängigen Diabetes mellitus und 252 Indianern ohne die Krankheit nach dem veränderten Protein. Bei Erwachsenen fanden sie keinen statistisch signifikanten Zusammenhang zwischen dem abgewandelten Protein und NIDDM, aber es gab eine Beziehung zwischen dem veränderten Protein und einem frühen Ausbruch des Diabetes. Außerdem bestand eine enge Beziehung zwischen dem mutierten Protein und einem niedrigen Grundumsatz: Personen, welche die Mutation trugen, verbrauchten pro Tag durchschnittlich 83 Kalorien weniger als solche ohne die Genveränderung. Die Mutation verursacht also wahrscheinlich nicht unmittelbar den Diabetes, sondern der von ihr hervorgerufene niedrigere Grundumsatz führt mit größerer Wahrscheinlichkeit zu Übergewicht, und das wiederum begünstigt die Krankheitsentstehung. Vielleicht ist das auch die Erklärung, warum bei den Akimel O'odham die Zahl der Männer über 45, die diese Mutation von beiden Eltern geerbt haben, niedriger war, als erwartet: Solche Personen sterben häufig schon in jungen Jahren an der Krankheit.

Die Bedeutung solcher Forschungsergebnisse geht weit über die Sonora-Wüste hinaus. Walston brachte das Übergewicht, das bei einem Drittel der Bevölkerung in den Industrieländern ein Gesundheitsproblem darstellt, mit genetischen Ursachen in Verbindung. Betrachtet man nur diesen einen Rezeptor, so ist das betreffende Gen bei 31 Prozent der Akimel O'odham mutiert. Für Hispano-Amerikaner liegt diese Zahl bei 13 Prozent, für Afroamerikaner bei zwölf Prozent und für weiße Amerikaner bei acht Prozent. Die Identifizierung des Gens wird für Risikopersonen eine bessere Ernährungsberatung ermöglichen, und vielleicht eröffnet sich auch die Möglichkeit der Gentherapie, wenn eine genetische Disposition für einen niedrigeren Grundumsatz und für Übergewicht vorliegt.

Entstand die traditionelle Ernährungsweise der Akimel O'odham mit Mesquitehülsen, Eicheln und Bohnen, weil die mutierten Rezeptorgene in ihrer Population so verbreitet waren? Oder konnte die Mutation in der Population erhalten bleiben, weil ein geringerer Grundumsatz in Zeiten der Nahrungsknappheit die Gefahr des Verhungerns verringert? Hypothesen über das Wechselspiel von Genen, Ernährung und Kultur der Akimel O'odham aufzustellen, mag reizvoll sein, aber um sie zu überprüfen, sind weitere Untersuchungen notwendig.

Es wäre jedoch voreilig, bei allen ungewöhnlichen Zusammenhängen zwischen Ernährung, Gesundheit und Kultur genetische Ursachen zu unterstellen. Richard Lewontin wies auf das Beispiel der Pellagra hin: Diese Krankheit, die durch vitaminarme Ernährung entsteht, führte man früher auf genetische Ursachen zurück, weil sie in armen Familien in jeder Generation wiederkehrte. Zusammenhänge zwischen Genetik und Ernährung sollte man nicht einfach als gegeben hinnehmen, sondern genau untersuchen. Wie gefährlich es ist, von vornherein eine solche Verbindung zu unterstellen, zeigte sich in Studien an den Kulturen der Massai und Batemi in Ostafrika.

Viel Fleisch, wenig Cholesterin und einheimische Pflanzen: Neuigkeiten aus Kenia

Die Völker der Massai und Batemi sind Rinderzüchter, die in Kenia und Tansania zu Hause sind; ihre Zahl beläuft sich nach der neuesten Volkszählung auf über eine halbe Million. Die Massai leben herkömmlicherweise fast ausschließlich von Fleisch, Milch und Blut ihrer Rinder, eine Zusammenstellung, die das englische Wissenschaftsblatt *New Scientist* einmal als »die schlechteste Ernährung der Welt« bezeichnete. Die Batemi dagegen, die Ackerbau und Viehzucht betreiben, sind nicht so stark auf Fleisch angewiesen wie die Massai, aber in beiden Stämmen nimmt jeder einzelne durchschnittlich 2000 Milligramm Cholesterin am Tag zu sich – weit mehr als die empfohlene Höchstmenge von 300 Milligramm. Dennoch haben diese Menschen im Blut einen bemerkenswert niedrigen Cholesterinspiegel – er liegt nur bei einem Drittel des Durchschnittswertes in den USA. Die Wissenschaftler waren deshalb lange Zeit der Ansicht, diese Stämme müßten besondere Gene besitzen, die ihnen das ersparen, was sie sonst mit ziemlicher Sicherheit erwarten würde: Arteriosklerose und später koronare Herzkrankheit.

Die Annahme, es gebe eine genetisch festgelegte Reaktion auf die cholesterinreiche Ernährung, erklärt aber nicht, warum man bei Massai und Batemi, die nach Nairobi ziehen und zu westlicher Ernährung übergehen, einen hohen Cholesterinspiegel findet.

Timothy Johns, ein Ethnobotaniker der McGill University, untersuchte verschiedene wild wachsende Baumrinden, die den Massai und Batemi als Nahrungsergänzung dienen. Sie kochen das Fleisch in der Regel

3.4 Die afrikanischen Massai, die mit Fleisch, Blut und Milch »die schlechteste Ernährung der Welt« zu sich nehmen, haben einen erstaunlich niedrigen Cholesterinspiegel, vielleicht wegen biologisch aktiver Wirkstoffe in der Baumrinde, die sie in ihren Rezepten verwenden. Hier bereitet ein Massai einen Eintopf zu, der Rinde einer Akazienart enthält.

langsam in Milch und setzen der Brühe die Rinde von *Acacia goetzei* (Mimosaceae), *Albizia anthelmintica* (Mimosaceae) und anderen Bäumen zu. In anderen Gerichten werden diese Rinden nicht verwendet, und deshalb hegte Johns den Verdacht, sie könnten eine raffiniertere Rolle spielen: Vielleicht senkten sie den Cholesterinspiegel. Zusammen mit seiner Kollegin Laurie Chapman untersuchte er die Rinden, und dabei stießen die beiden tatsächlich auf Hinweise, daß sie den Cholesteringehalt des Blutes senken, vielleicht weil sie besondere Saponine enthalten, organische Verbindungen mit einem zuckerähnlichen Molekülkern, die in Wasser gelöst einen seifigen Schaum bilden. Diese Forschungsarbeiten sind von weitreichender Bedeutung: Wenn es gelingt, aus wild wachsenden Pflanzen neue cholesterinsenkende Wirkstoffe zu isolieren, könnte man damit bei vielen Millionen Menschen das Risiko der koronaren Herzkrankheit vermindern, die in den Industrieländern die Gesundheitsgefahr Nummer eins ist.

Wie sich bei den Akimel O'odham-Indianern, den australischen Aborigines sowie bei den Massai und Batemi in Ostafrika gezeigt hat, ist die westliche Ernährung nicht nur für die Menschen in den Industrieländern eine Gefahr. Überall auf der Welt nimmt der Verbrauch westlicher Lebensmittel bei den indigenen Völkern zu. In manchen Kulturkreisen, beispielsweise in Samoa, genießen importierte Lebensmittel wie Corned beef in Dosen ein erhebliches gesellschaftliches Ansehen, aber wie wir heute wissen, stellen die hohen Fett- und Natriumgehalte der westlichen Nahrung Risikofaktoren für einen erhöhten Triglyceridspiegel, koronare Herzkrankheit, Übergewicht und Diabetes dar.

Ernährung im Wandel:
Lebensmittel als Arzneien

Ernährungsbedingte Krankheiten sind besonders auffällig bei Bevölkerungsgruppen, die erst seit kurzem die westliche Lebensweise übernommen haben. Bei den Samen oder Lappen in Skandinavien nahm die Häufigkeit der koronaren Herzkrankheit explosionsartig zu, nachdem sie mehr Lebensmittel im Laden einkauften und sich weniger von ihren Rentierherden und von gesammelten Nüssen und Beeren ernährten. In Samoa wurden Übergewicht, Diabetes und koronare Herzkrankheit erheblich häufiger, als die Inselbewohner ihre traditionelle Ernährung mit Wurzelgemüse und Fisch gegen importierten Reis, Corned beef und Weißbrot eintauschten. Die traditionelle Ernährung der Samoaner war bereits reich an gesättigten Fetten – 36 Prozent der Kalorienmenge stammten aus Kokosfett. Als dann noch Dosenfleisch, importiertes Hammelfleisch und Hühner sowie eine eher sitzende Lebensweise hinzukamen, wurde das Übergewicht auf den Inseln zu einem wichtigen Problem.

Besonders akut ist dieses Problem in verpflanzten Bevölkerungsgruppen, weil dann alte Ernährungsgewohnheiten mit anderen Lebensmitteln und neuen Lebensbedingungen zusammentreffen. Das Gewicht samoanischer Kinder in Kalifornien liegt höher als das Gewicht von fast 95 Prozent der anderen Kinder in diesem US-Bundesstaat, das heißt nur fünf Prozent aller Kinder aus andere Bevölkerungsgruppen sind schwerer als samoanische Kinder. Die negativen Auswirkungen auf die Gesundheit und die Integration dieser Kinder in die Gesellschaft kann man sich leicht vorstellen. Zu einem großen Teil ist die Gewichtszunahme auf die Familienfeste am Wochenende zurückzuführen, die für den samoanischen Kulturkreis charakteristisch sind. In der traditionellen Kultur nehmen die Menschen während der Woche meist zuwenig Kalorien zu sich, und dieses Defizit wird dann am Wochenenden durch das to'ona'i-Fest ausgeglichen. Büroangestellte und andere Samoaner, die wirtschaftlich in die westliche Kultur integriert sind und dennoch die Tradition der Wochenendfeste beibehalten, neigen deshalb stark zu Übergewicht, Bluthochdruck und Diabetes. Joel Hanna und seine Kollegen von der University of Hawaii stellten in einer Umfrage über die Ernährungsgewohnheiten fest, daß ein typischer Samoaner bei sitzender Lebensweise an Wochentagen jeweils 3 300 und an den Tagen des Wochenendes jeweils 5 600 Kalorien zu sich nimmt.

Durch eine veränderte Ernährung kann sich auch das Spektrum der so aufgenommenen pharmakologisch wirksamen Substanzen wandeln, denn in vielen Kulturkreisen gibt es zwischen Lebens- und Arzneimitteln keine klare Trennlinie. Genau wie man im Westen eine Tasse Tee als angenehmes Getränk oder zur Beruhigung eines verstimmten Magens trinken kann, schätzen auch indigene Kulturen manche Lebensmittel sowohl wegen ihrer medizinischen Bedeutung als auch wegen ihres Nährwertes. In Samoa kennt man beispielsweise ein Getränk namens *vaisalo*, das Männer und Frauen bei bestimmten Zeremonien als Delikatesse zu sich nehmen; man gibt es aber auch Frauen unmittelbar nach einer Entbindung. Das nährstoffreiche, haferschleimähnliche Getränk aus Kokosmilch, geraspelter Kokosnuß (*Cocos nucifera*, Arecaceae), Tapioka (*Manihot esculenta*, Euphorbiaceae) und geriebenen *vi*-Äpfeln (*Spondias dulcis*, Anacardiaceae) soll die Kräfte der jungen Mutter stärken und für die Austreibung der Plazenta sorgen. Ist *vaisalo* demnach ein Lebensmittel oder eine Arznei? Auch die Batemi und Massai halten die cholesterinsenkende Rinde, die sie ihrem Fleischeintopf beigeben, nicht für eine Medizin, selbst wenn westliche Wissenschaftler von den pharmakologischen Möglichkeiten ihrer Inhaltsstoffe fasziniert sind.

Von allen Pflanzen, die sowohl als Lebensmittel als auch als Arznei dienen, haben die Ethnobotaniker denen, die gegen Malaria schützen, vielleicht die größte Aufmerksamkeit gewidmet. Das Chinin aus den südamerikanischen Chinarindenbäumen hilft leider kaum gegen die gefährlicheren Formen der Malaria, die auch resistent gegen synthetische Malariamedikamente sind. Neue Forschungsarbeiten über malariahemmende Pflanzen bieten nicht nur Entdeckern neue Hoffnung, sondern auch der Landbevölkerung in den Tropen, die sich westliche Medikamente nicht leisten kann.

Die Anthropologen Nina Etkin und Paul Ross von der University of Hawaii beschäftigten sich mit den Pflanzen, die das Volk der Hausa in Nigeria verzehrt; wie sie feststellten, besteht die Ernährung der Hausa zum größten Teil aus Mohrenhirse (*Sorghum bicolor*, Poaceae), Rohrkolbenhirse (*Pennisetum americanum*, Poaceae), Kuhbohnen (*Vigna unguiculata*, Fabaceae) und Erdnüssen (*Arachis hypogaea*, Fabaceae). Der aus diesen Feldfrüchten hergestellte Brei wird aber zusammen mit Suppen aus verschiedenen anderen Pflanzen gegessen. Etkin und Ross sammelten 61 halbwilde Pflanzen, die den Hausa als Nahrung dienten; sie machten zwar nur drei Prozent der Gesamtkalorienmenge aus, enthielten aber eine Fülle pharmakologisch wirksamer Substanzen. Die Hausa sammeln diese „Gesundheitsnahrung" überall in ihrer Umgebung: Sie stammte zu 64 Prozent von den Bauernhöfen, zu zehn Prozent von den Rändern der Äcker und zu 26 Prozent aus öffentlichem Gelände. Nach den Feststellungen von Etkin und Ross wirken einige dieser Verbindungen gegen Malaria, und die Pflanzen dienen nach ihrer Hypothese als Malariaprophylaxe.

Wenn indigene Kulturen beginnen, westliche Lebensgewohnheiten zu übernehmen, wandelt sich nicht nur ihre Ernährung; auch ihre Vorstellungen von Nahrung und Arzneien machen unwiderrufliche Veränderungen durch. Die Batemi und Massai, die nach Nairobi gezogen sind, verwenden die Rinden nicht mehr im gleichen Umfang zur Zubereitung ihrer Fleischgerichte, und die Samoaner in Kalifornien geben jungen Müttern kein *vaisalo* mehr. Für die Ethnobotaniker sind solche Kulturkreise, in denen sich die Lebensweise tiefgreifend wandelt, höchst interessant. Oft zeigen sich in dem Übergang verblüffend genau die Auswirkungen der Unterschiede in Kultur und Ernährungsweise. Eine im Wandel begriffene Kultur ist gewissermaßen ein Experiment, das seine eigene Kontrolle in Form des früheren Zustandes miteinschließt. Aber kultureller Wandel läuft heute oft nach einem immer gleichen Schema ab: Die einheimische Bevölkerung verliert das Wissen um die Pflanzen und übernimmt den westlichen Lebensstil. Insbesondere die Gleichsetzung von Waren und Dienstleistungen mit Geldwert untergräbt die hergebrachte Lebensweise. Viele traditionelle Anwendungsgebiete der Pflanzen, so die Herstellung von Farbstoffen und Textilien, sinken zu kultureller Bedeutungslosigkeit herab und werden nur dann beibehalten, wenn sie Geld bringen. Da die traditionellen Methoden in der Regel verschwinden, wenn einheimische und westliche Kultur aufeinandertreffen, müssen die Ethnobotaniker manchmal weit in die Vergangenheit zurückgreifen, um sich ein genaueres Bild von den kulturellen Wandlungen zu machen. Eine besonders faszinierende Episode in der Beziehung zwischen Pflanze und Mensch ist die Entwicklung des Mais zur Nutzpflanze. Der Mais hat alle Kulturen, die ihn nutzbar machten, tiefgreifend beeinflußt.

Das Geheimnis des Mais

Der Mais (*Zea mays*) wurde in Mexiko bereits um 3000 v. Chr. angebaut, aber Urformen, die man in Höhlen bei Puebla gefunden hat, gehen sogar auf die Zeit um 5000 v. Chr. zurück. Seine Herkunft ist umstritten, aber vermutlich stammt der Mais von der Teosinte (*Zea mays* ssp. *mexicana*) ab, einer wilden Grasart, die auch heute noch in Mexiko gedeiht. Der Mais ist einhäusig, das heißt, jede Pflanze trägt männliche und weibliche Blüten. Die männlichen Blüten stehen in einem Büschel oben an der Pflanze. Weiter unten befinden sich die weiblichen Blüten, jede mit einem Samen; sie liegen in Gruppen, die nach der Bestäubung zu den Kolben heranreifen. Jede weibliche Blüte bildet einen langen Griffel aus, die sogenannte Maisfaser, die den vom Wind herangetragenen Pollen aufnimmt. Mais bildet Stärke, aber das Maismehl läßt sich wegen seines geringen Glutengehalts nicht zum

Rispe mit männ-
lichen Blüten

Maishaar

Mais-
kolben mit
weiblichen
Blüten (unter
den Hochblättern)

Ähre

Halme

Teosinte

Mais

3.5 *Zea mays*, Unterart *mexicana*, wird gewöhnlich Teosinte genannt; sie ist vermutlich
der Urahn des domestizierten Mais.

Brotbacken verwenden: Ihm fehlt der Kleber, der die Laibe zusam-
menhält. Aus dem gemahlenen Endosperm der Samen, der Maisstärke,
kann man (nach der Hydrolyse) den glucosereichen Maissirup gewinnen.

Um sich von der Vielfalt der Maissorten zu überzeugen, braucht man
nur einmal in Mittelamerika über einen Markt zu schlendern. Puffmais
enthält im Endosperm (dem stärkehaltigen Speichergewebe der
Samen) wassergefüllte Hohlräume, die beim Erhitzen platzen. Die
Stärke des Weichmais ist geschmeidig und läßt sich zu einer Paste verarbeiten, die sich ideal zum Braten oder zum Backen von Tortillas und
kleinen flachen Kuchen eignet. Hartmais besitzt eine spröde Stärke,
die keine Paste ergibt. Und der Zahnmais, der in den USA am häufigsten angebaut wird, besitzt außen harte und innen weiche Stärke; er ist
ein ideales Viehfutter. Im Endosperm des Zuckermais befindet sich
keine Stärke, sondern Zucker, er kommt als „gebratener Maiskolben"

auf den Tisch. Aber der Mais ist nicht nur wegen seiner Vielfalt bemerkenswert, sondern schon allein wegen seiner Produktivität.

Die ersten Bewohner Mittelamerikas schrieben die hohen Erträge des Mais übernatürlichen Kräften zu, denn unter den richtigen Bedingungen konnte ein primitiver Landwirt mit ihm wesentlich mehr Nahrung je Hektar erzeugen als mit jeder anderen Pflanze. Aber das Geheimnis der hohen Produktivität des Mais liegt nicht in übernatürlichen Kräften, sondern in seinen Molekülen.

Pflanzen spalten Wasser in Wasserstoff und Sauerstoff, um sich die zur Photosynthese notwendigen Elektronen zu verschaffen. Die Wasserstoffionen dienen zur Herstellung von $NADPH_2$, einer Substanz, die zur Energiegewinnung notwendig ist. Der bei dem Vorgang entstehende Sauerstoff wird in die Atmosphäre abgegeben – ein außerordentlich glücklicher Umstand für Menschen und Tiere, denn der gasförmige Abfall der Pflanzen ist das, was wir zum Atmen brauchen. Pflanzen dagegen nehmen Kohlendioxid auf; jeweils sechs Kohlenstoffatome werden in der Pflanze während der Photosynthese zu einem Zuckermolekül zusammengefügt. Katalysiert wird die Reaktion von einem Enzym mit der Kurzbezeichnung Rubisco (für Ribulose-1,5-bisphosphatcarboxylase). Wegen ihrer großen Bedeutung für die Photosynthese kann man die Rubisco mit Fug und Recht als das wichtigste Enzym der Welt bezeichnen. Leider bindet der Sauerstoff aber kompetitiv an das Enzym und bringt die Reaktion zum Stillstand. Genau wie die Menschen, die durch die Abfallprodukte der Industrie geschädigt werden, leiden auch die Pflanzen unter dem Sauerstoff, ihrem wichtigsten Ausscheidungsprodukt, denn er stört die Kohlenhydratproduktion in den Zellen.

Manche Pflanzen haben jedoch in der Evolution einen Photosynthesemechanismus entwickelt, der verhindert, daß der Sauerstoff die Rubisco vergiftet. In diesen Pflanzen findet die Spaltung der Wassermoleküle in Wasserstoff und Sauerstoff an einer anderen Stelle statt als der Aufbau der Zucker aus den Kohlenstoffatomen. Das Wasser wird wie bei allen Pflanzen in den Chloroplasten gespalten, aber die Rubisco befindet sich in luftdicht abgeschlossenem Gewebe im Inneren des Blattes.

Das Geheimnis dieser Pflanzen besteht darin, daß der Sauerstoff und alle anderen Gase aus der Atmosphäre von den Zellen abgeschirmt werden, die das Enzym Rubisco enthalten werden. Diese sogenannten Bündelscheidenzellen sind um die Gefäßbündel des Blattes herum angeordnet. Das Kohlendioxid wird nicht in Gasform herantransportiert, sondern es gibt seinen Kohlenstoff an ein Überträgermolekül aus vier Kohlenstoffatomen ab, das dann die Membran der Bündelscheidenzel-

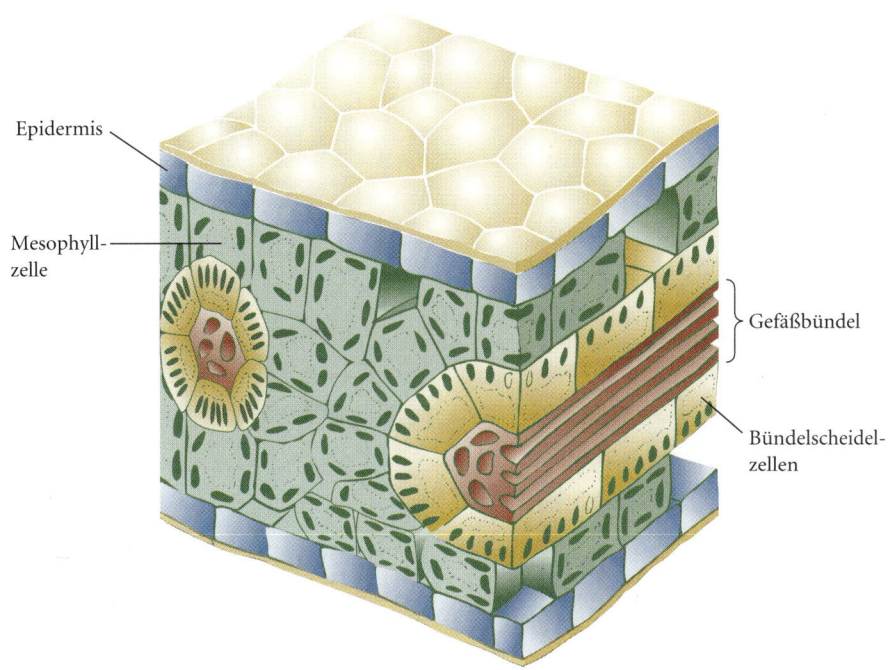

Epidermis

Mesophyll-
zelle

Gefäßbündel

Bündelscheidel-
zellen

3.6 Wie alle grünen Pflanzen, so nehmen auch diejenigen mit der C$_4$-Photosynthese die benötigten Elektronen in den Chloroplasten aus Wassermolekülen auf, wobei als Abfallprodukt Sauerstoff entsteht. Anders als in den übrigen Pflanzen werden die Kohlenstoffatome jedoch aus dem Mesophyll in die luftdicht abgeschlossenen Bündelscheidenzellen transportiert, wo das Enzym Rubisco vor der Giftwirkung des Sauerstoffs geschützt ist. Deshalb sind C$_4$-Pflanzen wie Reis und Mais außerordentlich produktiv.

len durchquert. Deshalb bezeichnet man den ganzen Vorgang auch als C$_4$-Photosynthese. Solche C$_4$-Pflanzen, unter ihnen Zuckerrohr, Reis und Mais, gehören zu den produktivsten Nutzpflanzen der Erde.

Jede Kultur, die mit dem Mais zusammentraf, wurde von ihm tiefgreifend verändert. Die Bevölkerungsexplosion in Europa in der Zeit nach Kolumbus hatte ihre Ursache in zwei Pflanzen aus der Neuen Welt: Kartoffeln und Mais. Bevor sie Europa verwandelten, veränderten sie die Kulturen, die sie ursprünglich zu Nutzpflanzen machten. Einer der bemerkenswertesten Fälle ist die antike Kultur der Anasazi. Nachdem sie mit dem Maisanbau begonnen hatten, gaben sie ihre Lebensweise als Jäger und Sammler zugunsten der Landwirtschaft auf und entwickelten sich zu einer höchst komplexen, ja sogar städtischen Gesellschaft.

Domestizierten die Anasazi den Mais, oder domestizierte der Mais die Anasazi?

Die zweistöckige Ruine des Cliff House in Mesa Verde im US-Bundesstaat Colorado ist aus der Entfernung kaum zu erkennen.

3.7 Dieses Foto des „Cliff House" machte W. H. Jackson im Jahr 1874. Die noch eindrucksvolleren Ruinen, die sich nur wenige Minuten entfernt in einem Seitencanyon befinden und einen der bedeutendsten archäologischen Funde des Jahrhunderts darstellen, entdeckte er nicht.

W. H. Jackson, ein Fotograf der U.S. Geological Survey, hätte es 1874 auf seiner Suche nach einer sagenhaften Stadt der Anasazi fast übersehen. Es wurde aus Steinen erbaut, die fast die gleiche Farbe haben wie der rote Sandsteinüberhang, der es schützt, und deshalb entgeht das Cliff House den Blicken leicht, wenn man nicht sehr genau hinsieht. Jackson saß gerade in der Abenddämmerung an seinem Lagerfeuer und kochte sich Kaffee; als er sich umsah, fiel sein Blick auf eine hohe, flache Höhle mit mehreren Steingebäuden, die im Licht der untergehenden Sonne deutlich hervortraten. Er kletterte hinauf und entdeckte eine Ruine, die einst sechs Familien der Anasazi beherbergt hatte. Im Inneren der Gebäude fand er Maiskolben, Keramikgegenstände, Mahlsteine und Schneidwerkzeuge. Es war ein aufsehenerregender Fund, und Jackson verbrachte fast den ganzen folgenden Tag damit, die Ruinen und ihren Inhalt genauestens zu fotografieren. Er stand auf demselben Schwemmland, das einst die Anasazi-Familien bearbeitet hatten; schließlich brach er sein Lager ab und kehrte mit seinen fotografischen Schätzen zurück, überzeugt, er habe das Geheimnis von Mesa Verde gelüftet.

Wäre Jackson nur sechs Kilometer weiter in einen nahegelegenen Seitencanyon eingedrungen, hätte er etwas entdeckt, das noch viel eindrucksvoller ist als das Cliff House: eine ganze von Mauern umgebene Stadt aus drei- und vierstöckigen Häusern. Ein Komplex allein, Cliff Palace genannt, umfaßt über 200 Häuser und 23 Kivas (Räume für

3.8 Der „Cliff Palace" von Mesa Verde besteht aus über 200 Wohnbauten und 23 Kivas. Bevor die Anasazi ihn im 13. Jahrhundert nach einer 23jährigen Dürre verließen, war Mesa Verde, was die Bevölkerungsdichte anging, den europäischen Großstädten jener Zeit ebenbürtig.

Zeremonien). Zusammen mit anderen Gebäudekomplexen in der Nähe – Balcony House, Spruce Tree House, Square Tower House – beherbergte er Tausende von Anasazi, und das Ganze stellt den Höhepunkt ihrer Kultur dar. W. H. Jackson verpaßte um Haaresbreite eine der erstaunlichsten Entdeckungen der nordamerikanischen Archäologie. Es sollte noch weitere 14 Jahre dauern, bis zwei Cowboys aus der Familie Wetherill die Metropole der Anasazi auf der Suche nach verirrten Rindern schließlich aufspürten.

Was geschah mit den Einwohnern von Mesa Verde? Warum waren die Mauern übersät mit unversehrten Körben, Keramikgegenständen und Decken – alles zurückgelassen, als wären die vielen tausend Einwohner von einem Augenblick zum nächsten verschwunden? Der Ort war über 1000 Jahre lang ununterbrochen von den Anasazi bewohnt. Die letzten vielstöckigen Gebäude wurden ungefähr zur gleichen Zeit errichtet wie ein anderes bauliches Wahrzeichen einer städtisch-landwirtschaftlichen Gesellschaft: der Londoner Tower. Und so wie die

85

Pest 1348 die Bevölkerung Londons dezimierte, wurden auch die Einwohner von Mesa Verde nur wenige Jahrzehnte früher das Opfer einer biologischen Katastrophe. Die Folgen waren in beiden Fällen entsetzlich, aber im Nachhinein gab es auffällige Unterschiede: Durch die Pest starben fast 50 Prozent der Bevölkerung Londons, aber in Mesa Verde überlebte kein einziger. Der entscheidende Unterschied: Die Beulenpest brachte nur Menschen um, aber die Dürre, die 1276 über Mesa Verde hereinbrach und bis 1299 anhielt, tötete nicht nur die Bewohner, sondern auch ihre wichtigste Nutzpflanze.

Die Geschichte vom Aufstieg und Fall der Anasazi spiegelt in vielerlei Hinsicht die zunehmende Abhängigkeit dieses Volkes vom Mais wider. Nachdem er auf der Colorado-Hochebene heimisch geworden war, wandelten sich die Anasazi von Jägern und Sammlern zu einer städtischen Agrargesellschaft mit einer höheren Bevölkerungsdichte als in den europäischen Großstädten jener Zeit. Die Entwicklung des Mais durch die Anasazi zeigt beispielhaft, welche gewaltigen Möglichkeiten und welche Gefahren die Umstellung vom Jagen und Sammeln zur Landwirtschaft mit sich bringt. Da die Anasazi Ende des 13. Jahrhunderts aus Mesa Verde verschwanden, besitzen wir von ihnen selbst keine Berichte über ihr Leben und ihre Zeit. Aber wenn wir ihre Ruinen und Abfallhaufen analysieren und die durch das Studium der Baumringe gewonnenen Klimadaten mit einbeziehen, können wir den Weg ihrer Kultur erstaunlich genau nachzeichnen. Diese Analysen zeigen, wie eng der Mais mit dem Aufstieg und Fall der Anasazi verknüpft war.

In der Entwicklung der Anasazi-Kultur kann man mehrere Perioden unterscheiden. In der archaischen Phase (5500–100 v. Chr.) waren die Anasazi Jäger und Sammler. Sie ernährten sich im wesentlichen von geröstetem Wildreis (*Oryzopsis* spp., Poaceae), Rohrkolben (*Typha latifolia*, Typhaceae), Melden (*Atriplex canescens*, Chenopodiaceae) und Feldampfer (*Rumex acetosella*, Polygonaceae). Die Hauptmenge des Proteins in ihrer Ernährung lieferten Kaninchen und gelegentlich erlegte Hirsche. In der archaischen Periode lebten die Menschen in Höhlen, unter Sandsteinüberhängen oder in Senken, die mit Wacholderstämmen (*Juniperus scopulorum* oder *J. osteosperma*, Cupressaceae) und Laub aus der Umgebung abgedeckt waren. Die Bevölkerungsdichte war zu jener Zeit recht niedrig, aber stabil. Organisierte Kriege gab es kaum.

Ungefähr um 1000 v. Chr. kamen aus Mittelamerika die ersten Maispflanzen, und jetzt wandelte sich die hergebrachte Lebensweise. Anfangs sahen die Anasazi im Mais kaum mehr als eine neue Kuriosität. Die Ähren waren klein und wenig produktiv, und die Pflanzen fielen leicht der Trockenheit zum Opfer. Außerdem erforderte der Maisanbau eines seßhafte Lebensweise, die sich nicht mit dem Jagen und Sammeln vertrug.

Im Laufe der Jahrhunderte nahm der Maisanbau zu, und die Anasazi richteten sich mit der Landwirtschaft ein. Ungefähr um 100 v. Chr. erfolgte der Übergang zur sogenannten zweiten Korbmacherperiode. Ihr charakteristisches Kennzeichen sind sorgfältig geflochtene, verzierte Körbe, Sandalen aus Wacholderrinde und Netze aus Yuccafasern (*Yucca baccata,* Agavaceae). Als Behausungen setzten sich mit Baumstämmen abgedeckte Gruben durch. Protein lieferte wie seit eh und je die Jagd. Gelegentlich erlegten die Anasazi auch größere Tiere, zum Beispiel Hirsche; dazu verwendeten sie spitze Flintsteine, die auf einem schlanken Schaft aus Schilfrohr (*Phragmites australis*, Poaceae) befestigt waren und mit einem Schleuderholz abgeschossen wurden. Reste von Kürbissen (*Cucurbita* spp., Cucurbitaceae) und Mais mit kleinen Ähren in den Lebensmittellagern der zweiten Korbmacherperiode lassen darauf schließen, daß die Landwirtschaft jetzt zu einem immer wichtigeren Faktor im Leben der Anasazi wurde. Der Mais war wahrscheinlich eine willkommene Ergänzung zu dem gesammelten Wildgetreide, aber er konnte nicht die einzige Nahrung der Anasazi darstellen, denn ihm fehlt das Lysin, eine Aminosäure, die für Menschen unentbehrlich ist. Nachdem aber in der dritten Korbmacherperiode (400–700 n. Chr.) auch Bohnen angebaut wurden, konnten sich die Anasazi allein durch Landwirtschaft mit allen erforderlichen Aminosäuren versorgen. Die *Phaseolus*-Bohnen (*P. vulgaris* und *P. acutifolius*) kamen ursprünglich um 5500 v. Chr. in Peru auf und verbreiteten sich dann auf dem gleichen Weg wie zuvor der Mais über ganz Nord- und Südamerika. Nachdem sich die Kombination von Mais und Bohnen durchgesetzt hatte, konzentrierten die Anasazi ihre Anstrengungen immer stärker auf die Landwirtschaft und insbesondere auf die Auswahl von Maissorten mit immer größeren Ähren.

Die zunehmende Qualität und Produktivität der Landwirtschaft führte zu tiefgreifenden Wandlungen in der Kultur der Anasazi. Nachdem sie in Dörfern seßhaft geworden waren, experimentierten sie mit der Umleitung von Flüssen und Bächen zur Bewässerung ihrer Maisfelder. Verbesserte landwirtschaftliche Methoden und eine sorgfältige Selektion der Maissorten führten zu höheren Erträgen, und das hatte nicht nur einen Anstieg der Bevölkerungsdichte zur Folge, sondern in guten Jahren erwirtschaftete man sogar Überschüsse. Außerdem setzte sich mit Pfeil und Bogen eine bessere Jagdtechnik durch.

Aufgrund der seßhaften Lebensweise, der zunehmenden Bevölkerungsdichte und gelegentlicher Überschußproduktion blühte die Kunst der Anasazi zu Beginn der ersten Puebloperiode (700–900 n. Chr.) auf. In den Felszeichnungen taucht immer häufiger Kokopelli auf, eine mythi-

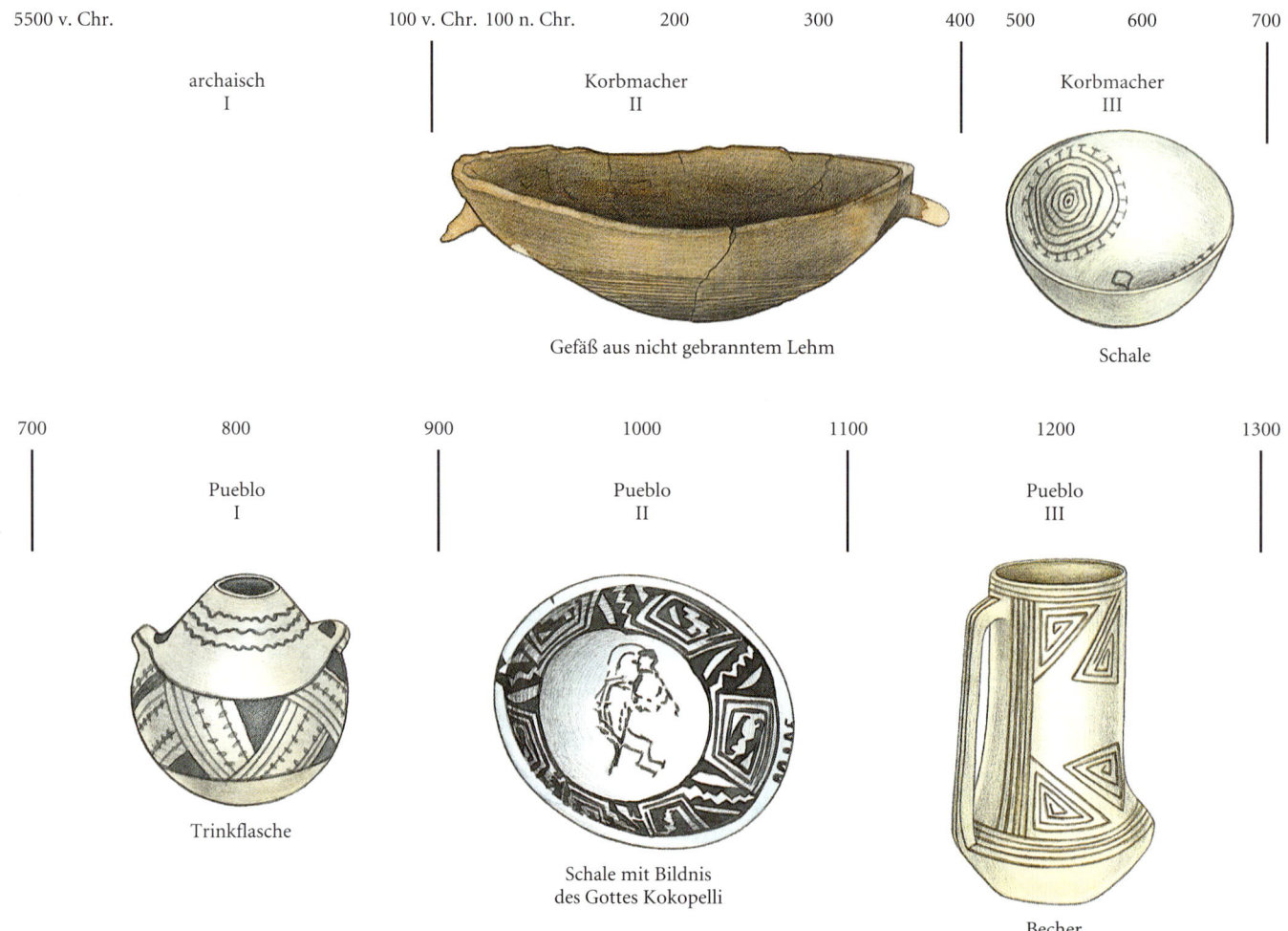

| 5500 v. Chr. | | 100 v. Chr. | 100 n. Chr. | 200 | 300 | 400 | 500 | 600 | 700 |

archaisch
I

Korbmacher
II

Korbmacher
III

Gefäß aus nicht gebranntem Lehm

Schale

| 700 | 800 | 900 | 1000 | 1100 | 1200 | 1300 |

Pueblo
I

Pueblo
II

Pueblo
III

Trinkflasche

Schale mit Bildnis
des Gottes Kokopelli

Becher

3.9 Als die Maisüberschüsse größer wurden und die Bevölkerung der Anasazi rapide wuchs, blühte das Kunsthandwerk. Die Keramikarbeiten wurden komplizierter, weil die Töpfer raffiniertere Techniken und Motive verwendeten. Die Schöpfschale aus der zweiten Puebloperiode zeigt Kokopelli, die mythische Figur der Anasazi für Musik und Manneskraft.

sche Verkörperung der Musik. Qualität und Vielgestaltigkeit der Flechtarbeiten nahmen zu, und die Keramik entwickelte sich zu stärker verzierten Formen mit raffinierten Mustern. Baumwolle wurde zu Stoffen gewebt, und die Häuser errichtete man aus Stein über der Erdoberfläche. Die Grubenhäuser früherer Zeiten gestaltete man zu Kivas um, die zeremoniellen Zwecken dienten. Die Maisüberschüsse wurden aber auch zum Anlaß für Konflikte und Kriege: Jäger und Sammler lagern nur selten Überschüsse über den kurzfristigen Bedarf hinaus, aber Maisspeicher sind für Plünderer und Diebe ein attraktives Ziel.

Vielleicht wegen der zunehmenden Notwendigkeit, sich gegen herumstreifende Räuberbanden zu schützen, zogen die Anasazi in der zweiten Puebloperiode (900–1100) in größere Siedlungen, die Stadtstaaten ähnelten. Zu Beginn der dritten Puebloperiode (1100–1300) erreichten die architektonischen Experimente der Anasazi ihre höchste Blüte. Kaum ein europäisches Haus beherbergte pro Quadratmeter so viele Personen wie der Komplex der Anasazi in Mesa Verde, in dessen zahlreichen Etagen Tausende von Menschen zu Hause waren. Mit den vielstöckigen Gebäuden aus Holz, Lehm und Stein, die in der dritten Puebloperiode errichtet wurden, erlebten Kultur, Kunst und Religion ihre höchste Blüte. Vermutlich verfütterten die Anasazi den Mais an Truthähne, die ihnen nicht nur Fleisch, sondern auch Federn für ihre Decken lieferten. Aber während die Kultur in Mesa Verde ihren Höhepunkt erreichte, brachte das Stadtleben auch Krankheitsepidemien, das allgegenwärtige Gespenst der Hungersnot und Überfälle durch feindliche Stämme mit sich; die Lebenserwartung sank: Nur ein Bruchteil der Kinder konnte damit rechnen, das Jugendalter zu überleben. Nach 23 Jahren einer erbarmungslosen Dürre waren die Anasazi gezwungen, Mesa Verde und die anderen großen Siedlungen aufzugeben und nach Süden in besser bewässerte Gebiete zu wandern. Zu ihren heutigen Nachkommen zählen die Stämme der Zuñi-, Hopi- und Rio-Grande-Pueblo-Indianer.

Die Geschichte der Anasazi zeigt sehr deutlich, wie sich durch die Entwicklung der Landwirtschaft viel mehr als nur die Ernährung verändern kann. Gewöhnlich führt sie zu einem Anstieg der durchschnittlichen Lebensmittelproduktion, aber gleichzeitig sinkt die Widerstandskraft gegen unvorhersehbare äußere Einflüsse wie Dürre. Wenn Überschüsse anfallen, wird nicht mehr die Arbeitskraft aller auf den Feldern gebraucht, so daß sich eher eine arbeitsteilige Gesellschaft entwickelt.

Wenn eine Gesellschaft landwirtschaftliche Überschüsse erwirtschaftet, kann sie damit Künstler, Soldaten und eine Oberschicht unterhalten, deren Hauptaufgabe nicht mehr in der Landwirtschaft liegt. Die Arbeiter brauchen keine Nahrung mehr zu beschaffen, sondern können sich um öffentliche Belange kümmern. Große Bauwerke wie der ägyptische Sphinx, die fast 70 Meter hohe Sonnenpyramide im mexikanischen Teotihuacán oder der Tempelkomplex von Angkor Wat in Kambodscha übersteigen die Möglichkeiten einer Jäger-Sammler-Kultur: Sie können nur von einer Gesellschaft errichtet werden, die mit ertragreichen Nutzpflanzen wie Weizen, Mais oder Reis Überschüsse erzeugt.

Die Entwicklung der Landwirtschaft bringt also einerseits oft Hungersnöte, Kriege und die Probleme der Verstädterung mit sich, andererseits kann sie aber durch die Produktion von Überschüssen dazu führen, daß die Kultur gedeiht und sich die Gesellschaft stärker gliedert. Patrick Kirch, ein Ethnobotaniker der University of California in

Berkeley, beschäftigte sich mit der Landwirtschaft in Polynesien: Sie machte nach seiner Ansicht drei Entwicklungsstadien durch – Kolonisierung, Entwicklung und Intensivierung –, und dieser Ablauf führte zwangsläufig zum Aufstieg einer Oberschicht. Aber die Häuptlinge konnten Überschüsse nur dann in politische Macht umsetzen, wenn die Lebensmittel nicht verderblich waren. Fleischüberschüsse kann man sehr einfach aufbewahren: Man läßt die Tiere schlicht in der Gefangenschaft am Leben, bis man sie braucht. Damit aber Getreideüberschüsse zur Machtgrundlage werden können, muß man sie vor dem Verderben schützen. In trockenen Klimazonen läßt sich Getreide in ungeziefersicheren Keramikgefäßen über lange Zeit aufbewahren; in den feuchten Tropen jedoch erfordert es mehr Erfindungsreichtum, sie vor Schimmel und Fäulnis zu bewahren.

Nahrungsmittelkonservierung in Polynesien

Im Jahr 1805 landete der russische Seefahrer A. J. von Krusenstern auf der Insel Nukuhiva in der Marquesas-Gruppe. Wie er feststellte, aßen die Menschen dort als Grundnahrungsmittel einen »sauren Pudding«. »Zehn bis 15 Schritte von ihren Häusern entfernt sind mehrere Löcher, die mit Steinen ausgekleidet und mit Zweigen und Blättern abgedeckt sind«, schreibt Krusenstern, und weiter:

> »Darin bewahren sie ihre Vorräte auf, vorwiegend gebratenen Fisch und sauren Pudding, eine Art Teig aus Tarowurzeln und Brotfrüchten… Dieser saure Pudding ist ihr wichtigstes Gericht; es schmeckt nicht schlecht und läßt sich mit einem Apfelkuchen vergleichen… Die Eßmanieren sind höchst widerwärtig; sie greifen mit den Fingern nach dem sauren Pudding und befördern ihn mit großer Gier in den Mund.«

Auch wenn Krusenstern also offenbar die Tischsitten auf den Marquesas-Inseln mißbilligte, reizte ihn doch dieser »saure Pudding«, den die Inselbewohner in ihren Gruben gären ließen. Manche der »mit Steinen ausgekleideten« Gruben waren sehr groß: Eine von ihnen, die Krusenstern im Atu-Ona-Tal sah, war 7.50 Meter tief und hatte einen Durchmesser von fünf Metern.

Die Leute auf den Marquesas-Inseln nannten den sauren Pudding *ma* und maßen ihm eine so große Bedeutung bei, daß sie stets die erste Ernte der Brotfrüchte in die Gruben legten. Die erste Brotfruchternte, so schreibt Linton,

> »gehörte ausschließlich dem Häuptling und diente dazu, seine persönlichen Gruben für Brotfruchtpaste (*ma*) aufzufüllen, aus denen sein Haushalt, seine Gäste, Helfer und Arbeiter ernährt wurden, und auch die großen Vorratsgruben des Stammes hinten im Tal, die in guten Zeiten für Hungersnöte aufgefüllt wurden. Die zweite Ernte diente dann zum Auffüllen der privaten Gruben der Familien…

3.10 *Artocarpus altilis*, die stärkehaltige Brotfrucht, wurde in Polynesien zu einem Grundnahrungsmittel. Sie ist während ihrer Reifezeit in großer Fülle vorhanden, und deshalb entwickelten die Polynesier Fermentierungsverfahren, mit denen sie über längere Zeiträume verfügbar blieb.

Der Schrecken der Hungersnot muß im Geist der Marquesas-Bewohner immer gelauert haben, denn obwohl sie sich des Hier und Jetzt erfreuen, ohne in anderer Hinsicht an die Zukunft zu denken, haben sie mit der Zubereitung des *ma* ein raffiniertes System entwickelt, um die Brotfrüchte in den unterirdischen Speichern haltbar zu machen.«

Obwohl *ma* sauer ist, fanden auch viele Europäer Gefallen daran. Kein geringerer als der große Schriftsteller Herman Melville aß bei den Marquesas-Bewohnern einen ganzen Monat lang den sauren Pudding, nachdem er 1841 in Nukuhiva von seinem Schiff desertiert war. Seine Erlebnisse beschrieb er fünf Jahre später in seinem Buch *Taipi*:

»Dieses Hauptnahrungsmittel der Marquesas-Insulaner wird aus den Früchten des Brotfruchtbaumes hergestellt. Es ähnelt in seiner dickflüssigen Beschaffenheit etwas dem Buchbinderleim, sieht gelb aus und schmeckt etwas herb… Diese Speise ist für den Gaumen des Europäers durchaus nicht unangenehm, wenn ihm vielleicht auch die Art, sie zu essen, nicht gefällt. Ich selbst gewöhnte mich nach ein paar Tagen an ihr eigenartiges Aroma und mochte sie sehr gern.«

Ma war in der Gesellschaft der Marquesas-Inseln weit mehr als nur eine Delikatesse. Erstens ermöglichte es sehr wirksam eine Ausdehnung der kurzen Reifeperiode der Brotfrucht, in der die Früchte so reichlich wachsen, daß eine großer Teil von ihnen sonst zu Boden fallen und verfaulen würde. Und was zweitens noch wichtiger war: Mit Hilfe der vergorenen Brotfruchtpaste konnten die Bewohner der Marquesas-Inseln auch längere Hungerzeiten überstehen. Brotfrucht (*Artocarpus altilis*, Moraceae), Taro (*Colocasia esculenta*, Araceae), Yamswurzel (*Dioscorea alata*, Dioscoraceae), Süßkartoffel (*Ipomoea batatas*) und andere polynesische Nutzpflanzen sind im Gegensatz zu den meisten Getreidesorten keine einjährigen Pflanzen, die sich über Samen fortpflanzen, sondern mehrjährige, deren Vermehrung durch Ableger erfolgt. Werden solche Pflanzen durch Dürre, Vulkanstaub, Wirbelstürme oder Kriege zerstört, schwindet damit auch die Aussicht auf Pflanzen im Folgejahr. Selbst wenn man einige Ableger retten kann, dauert es sieben Jahre, bis ein Brotfruchtbaum die ersten Früchte bringt. Vielleicht war das der Grund, daß sich die Angriffe der Polynesier in Kriegszeiten vor allem auf die Nutzpflanzen des Feindes richteten.

In den Aufzeichnungen der Europäer, die Polynesien besuchten, finden sich viele Berichte über militärische Unternehmungen, deren Ziel die Zerstörung von Nutzpflanzen war. »Als ich bemerkte, wie die Berge rund um das Tal von zahlreichen Gruppen Einheimischer bedeckt waren, erkundigte ich mich nach dem Grund«, schrieb Captain John Porter, der Nukuhiva 18 Jahre nach Krusenstern besuchte.

»Man setzte mich in Kenntnis, daß ein kriegerischer Stamm von jenseits des Gebirges seit einigen Wochen mit den Eingeborenen des Tals Krieg führte; sie hatten mehrere Überfälle unternommen, viele Häuser und Plantagen zerstört und eine Reihe von Brotfruchtbäumen durch Ringeln abgetötet... Am Nachmittag gingen mehrere Offiziere an Land, um die Dörfer zu besuchen; da bemerkte ich einen großen Trupp Happahs, die zwischen den Brotfruchtbäumen von den Bergen ins Tal hinabstiegen und bald darauf die Bäume zerstörten.«

In den *ma*-Gruben konnte man die vergorenen Brotfrüchte monate- oder sogar jahrelang aufbewahren und so die Lücke zwischen der Zerstörung einer Pflanze und der Produktion einer anderen überbrücken. Deshalb ist es nicht verwunderlich, daß die Inselbewohner oft große gemeinschaftliche *ma*-Gruben bauten, die sich hoch auf den Bergkämmen oder innerhalb der Festungsanlagen befanden, so daß sie bei einem militärischen Überfall unversehrt blieben.

Die Methode zur Herstellung vergorener Brotfruchtpaste kannte man nicht nur auf den Marquesas-Inseln. In Tahiti hieß sie *mahi*, in Mangareva *ma'i*, in Samoa *masi*, auf den Tonga-Inseln *me*, in Ponape *maratan*, auf den Marshall-Inseln *manakjen* und in Vanuatu *namandi*. Vergorene Pasten aus Brotfrüchten, Taro oder Bananen, die man in Zeiten des Überflusses genoß und auf die man in der Not angewiesen war, ermöglichten die jahrelange Konservierung landwirtschaftlicher Produkte.

Der Bau der Gruben zum Vergären der Brotfrüchte ist eine recht anspruchsvolle Aufgabe. Wie der Häuptling Ofala Va'alaufuti aus dem

Dorf Falealupo auf der Insel Savaii (Westsamoa) erläutert, ist es beim Bau einer Grube für *masi* vor allem wichtig, daß man sie *lē tolofia* (luftdicht) macht; ansonsten »verfault und verschimmelt alles, was darin ist«. Va'alaufuti kleidet die Grube mit etwa 50 großen, wachsüberzogenen Blättern von *Heliconia laufao* (Heliconiaceae) aus. Sie überlappen sich, und wenn man sie über den Brotfrüchten zusammenfaltet, entsteht ein großer, luftdicht abgeschlossener Hohlraum. Die Brotfrüchte werden gewaschen und abgeschabt, in die Grube gelegt, mit Blättern bedeckt und unter Erde und Steinen begraben.

In Samoa baute man unter Leitung von Ofala Va'alaufuti eine experimentelle *masi*-Grube, in der man die Brotfrüchte 34 Tage lang vergären ließ. Da es schon viele Jahre her war, seit man auf der Insel Upolu zum letzten Mal eine solche Grube konstruiert hatte, befürchteten manche Dorfbewohner, die Brotfrüchte würden verfaulen, aber als man sie wieder ausgrub, fand man nur eine süßlich riechende Paste. Im Gegensatz zum *ma*, das auf den Marquesas-Inseln in Pastenform verzehrt wird, backt man das samoanische *masi* mit Kokoscreme zu brotähnlichen Laiben. Das gebackene *masi* hat einen starken Gärgeschmack, der entfernt mit Sauerkraut oder Limburger Käse zu vergleichen ist. Der eine Monat, den die Brotfrüchte in der Versuchsgrube vergoren, war eine sehr kurze Zeit; in manchen Dörfern öffnete man *masi*-Gruben nach 20 Jahren, und der Inhalt war immer noch eßbar.

Durch die westliche Ernährung ist die Sitte, Brotfrüchte vergären zu lassen, in vielen Teilen Polynesiens verschwunden, aber auf den Manu'a-Inseln hat man die westliche Technik in den Vorgang einbezogen: Viele Häuptlinge legen ihre *masi*-Gruben heute mit Plastikfolie aus, und andere lassen die gesamte Gärung in Kunststofftonnen ablaufen, die ursprünglich Corned beef enthielten.

3.11 Diese *ma*-Gruben zum Vergären von Brotfrüchten fotografierte der Anthropologe Ralph Linton 1920 in Hivaoa auf den Marquesas-Inseln.

Nahrung für Notzeiten und die Sagoproduktion

Durch Vergären stärkehaltiger Pflanzen kann man die Zeit, in der die Lebensmittel verfügbar sind, bedeutend verlängern, aber was geschieht, wenn eine Hungersnot so lange andauert, daß selbst die *masi*-Gruben nicht mehr ausreichen? Als man Dorfbewohner in Falealupo befragte, die eine Hungersnot überlebt hatten, nachdem ihre Pflanzungen durch Stürme zerstört waren, stellte sich heraus, daß sie eine Reihe von Lebensmitteln für Notzeiten besitzen, und diese Lebensmittel unterscheiden sich stark von den Nutzpflanzen.

Keine der in Tabelle 3.1 aufgeführten Pflanzen ist ursprünglich in Samoa heimisch. Alle kamen erst mit den polynesischen Siedlern auf die Inseln, und fast alle kommen heute auch wild vor. Nur eine eingewanderte Agrargesellschaft mußte sich in Hungerzeiten auf mitgebrachte Pflanzen stützen, denn lang ansässige Jäger und Sammler wissen, wie sie sich die einheimischen Arten nutzbar machen können. Die Tabelle bestätigt, daß die ersten Polynesier, die sich in Samoa niederließen, die Landwirtschaft bereits mitbrachten und nicht erst hier entwickelten.

Tabelle 3.1: Wildpflanzen als Nahrung für Hungerzeiten in Samoa

Art	Familie	samoanischer Name	eßbare Teile	Zubereitungsart
Monokotyledonen (einkeimblättrige Pflanzen)				
Cordaline terminalis	Agavaceae	Ti vao	Wurzelstöcke	gekocht
Cyrtosperma chamissonis	Araceae	Pula'a	Wurzelstöcke	gekocht
Dioscorea alata	Dioscoreaceae	Ufi vao	Wurzeln	gekocht
Dioscorea esculenta	Dioscoreaceae	Ufi lei	Wurzeln	gekocht
Musa acuminata	Musaceae	Tae manu	Früchte	gekocht
Metroxylon warburgii	Arecaceae	Niu lotuma	Stamm	Stärkegewinnung
Cocos nucifera	Arecaceae	Niu	Meristem	gekocht/roh
Tacca leontopetaloides	Taccaceae	Māsoā	Sproßknolle	Stärkegewinnung
Dikotyledonen (zweikeimblättrige Pflanzen)				
Terminalia catappa	Combretaceae	Talie	Samen	gekocht
Inocarpus fagifer	Fabaceae	Ifi	Samen	gekocht
Adenanthera pavonina	Mimosaceae	Lōpā	Samen[a]	roh
Syzygium samarangense	Myrtaceae	Nonu fi'afi'a	Früchte	roh

[a] schon früh aus Europa eingeführt.

Warum verzehren die Polynesier diese Pflanzen nicht im Rahmen ihrer normalen Ernährung? Wie sich bei genauerem Hinsehen zeigt, handelt es sich bei den meisten von ihnen um Urformen, die später zugunsten neuer, verbesserter Sorten aufgegeben wurden. Daß Nußfrüchte wie die Tahiti-Kastanie *Inocarpus fagifer* (Fabaceae) und die Indische Mandel *Terminalia catappa* (Combretaceae) darunter sind, weist zurück in die längst vergangenen Zeiten, als man *Canarium* (Burseraceae) anbaute, eine Steinfrucht, die die Vorfahren der Polynesier hier einführten. Ganz ähnlich verhält es sich mit der samenhaltigen Banane *Musa acuminata* (Musaceae) die als *tae manu* („Tierkot") verunglimpft wird; dieser Name verschleiert, wie wichtig sie einmal für die Entstehung der neueren, kernlosen Bananensorten war. Polynesische Nutzpflanzen wie Banane und Brotfruchtbaum können als Wildformen erhalten bleiben, aber die „fortschrittlicheren" samenlosen Formen pflanzen sich nur bei aktiver Mitwirkung des Menschen fort. Wie jeder Gärtner weiß, lassen sich Pflanzen aus Ablegern viel schneller heranziehen als aus Samen, und jedes Kind weiß, daß kernlose Früchte angenehmer zu essen sind. Die Selektion auf höheren Ertrag führte aber auch zu einer höheren Anfälligkeit für Hungersnöte, denn Samen lassen sich viel einfacher aufbewahren als Ableger.

Die alten, aufgegebenen Nutzpflanzen, die nur noch wild wachsen, werden so lange verachtet, bis eine Hungersnot ausbricht. Aber sobald die *masi*-Gruben leer sind, wird das, worüber man zuvor die Nase rümpfte, wieder geschätzt und gern gegessen.

Am interessantesten ist vor diesem Hintergrund die Tatsache, daß sich unter den Nutzpflanzen für Notzeiten in Samoa auch die Sagopalme *Metroxylon warburgii* (Arecaceae) befindet. Der samoanische Name der Palme, *niu lotuma* (Rotumapalme) erscheint rätselhaft, denn Rotuma ist eine kleine, einsam gelegene Insel knapp 1 200 Kilometer westlich von Samoa. Noch verblüffender ist, daß die Palme als Lebensmittel für Notzeiten dient. Sagostärke ist in Irian Jaya, Papua-Neuguinea und Teilen Indonesiens und Malaysias ein Grundnahrungsmittel; die Palme heißt dort *sadu, sagu* oder ähnlich. Die Gattung wurde zwar schon in alter Zeit in Samoa eingeführt, aber der frühere Name blieb nicht erhalten, vielleicht weil man für die Ernährung nicht mehr auf sie angewiesen war, solange keine Hungersnot ausbrach.

Unter Evolutionsgesichtspunkten ist die Sagopalme das botanische Gegenstück zum Lachs. Sie hat einen „monokarpen" Lebenszyklus, das heißt, die Palmen pflanzen sich am Ende ihres Lebens fort, sie blühen nur, unmittelbar bevor sie sterben. Dieses einmalige, explosionsartige Aufblühen, bei dem die Blütenstände in einer dichten, aufrechten Gruppe stehen, bringt bis zu einer Million Einzelblüten hervor. Und wie eine Stadt auf einem Berg, die sich nicht verstecken kann, so

3.12 Früchte der auf Samoa heimischen, samenhaltigen Wildbanane *Musa acuminata*, Unterart *banksii*. Die örtliche Bevölkerung betrachtet samenhaltige Bananen als minderwertig und verzehrt sie nur in Notzeiten.

3.13 Sagostärke aus dem Stamm der Palme *Metroxylon* ist in dem dunkel markierten Gebiet ein Grundnahrungsmittel. Ihre Ernte wird in Indonesien, Malaysia und Neuguinea von komplizierten Ritualen begleitet. Weiter östlich auf den Pazifikinseln werden die Rituale einfacher, und in Rotuma hält man bei der Ernte der Pflanze überhaupt keine Zeremonien ab. Palmen dieser Gattung wachsen in Polynesien auch östlich von Rotuma, aber dort verzehrt man die Sagostärke nur in Hungerzeiten.

entgehen auch die riesigen, hoch aufragenden Blütenstände von *Metroxylon* nicht der Aufmerksamkeit, insbesondere der der Insektenschwärme, die sie bestäuben. Man kann sogar in dem ganzen sechs- bis fünfzehnjährigen Leben der Sagopalme eine Vorbereitung auf dieses einmalige Aufblühen sehen, das die bestäubenden Insekten im Umkreis mehrerer Kilometer anzieht. Jahr für Jahr häuft die Palme durch Photosynthese immer mehr Stärke in ihrem Stamm an. Am Ende ihres Lebens wird dann dieser kostbare Speicher, der jahrelang Tag für Tag aufgefüllt wurde, für eine einzige Blütenpracht verbraucht.

Die Einheimischen wissen aus Erfahrung, wann die Sagopalme das Maximum an Stärke angesammelt hat, und sie haben Methoden entwickelt, sie zu gewinnen. Manche Bevölkerungsgruppen in Malaysia und Indonesien ernten jeden Tag Sagostärke, aber die Polynesier verzehren sie nur in Notzeiten. Deshalb ist es besonders interessant, daß die Bewohner der kleinen Insel Rotuma, die in Polynesien am Äquator liegt und nach der die Palme benannt ist, die Sagostärke ebenfalls regelmäßig ernten.

Wie der Ethnobotaniker Will McClatchey feststellte, wird die Sago-palme, die in der Sprache von Rotuma *ota* heißt, zu verschiedenen Zwecken verwendet. Die Blätter (*rau ota*) dienen zum Dachdecken, und aus den Mitteladern der Blätter werden Besen hergestellt. Von den unreifen Früchten (*hue ne ota*) entfernt man die äußere Schale (Perikarp), und dann werden sie roh gegessen. Besonders interessant sind aber die Stämme, denn aus ihnen gewinnt man Stärke.

Die Herstellung der *Metroxylon*-Stärke, *mar ota* genannt, erfolgt in mehreren Schritten. Zunächst wird ein Baum ausgewählt; er sollte kurz vor der Blüte stehen, so daß er möglichst viel Stärke liefert. Nachdem der Baum gefällt ist, wird der Stamm mit einem einzigen gut plazierten Axthieb der Länge nach gespalten. Mit einer halben Kokosnußschale, die am Rand scharf geschliffen wurde, kratzt man das Gewebe aus dem Inneren des Stammes heraus, und das zerkleinerte Mark wird in einen sauberen Stoffbeutel gefüllt. Bevor die Europäer die Textilien einführten, verwendeten die Einwohner von Rotuma zu diesem Zweck die textilähnlichen Kokosfasern oder Fasern aus den Blattstielen von Bananen. Der Beutel wird in ein Gefäß mit Wasser gehängt; später drückt man den Inhalt aus und wartet, bis sich der trübe Niederschlag im Wasser abgesetzt hat. Nun gießt man das Wasser ab und läßt den schlammähnlichen Bodensatz aus Stärke trocknen.

Die *Metroxylon*-Stärke wird auf vielfältige Weise genutzt. Sie dient als Verdickungsmittel für Suppen und Eintöpfe, aber auch als Kleiderstär-ke. In manchen Gerichten ist sie die wichtigste Zutat. Besonders beliebt ist eine Zubereitungsart, bei der sie mit Kokosmilch und Zucker ge-backen oder gebraten wird; das so entstehende Konfekt heißt *fekei mara* und hat einen süßen, delikaten Geschmack, der an Tapioka erinnert.

Die Entdeckung, daß die Bewohner von Rotuma die Sagostärke in so großem Umfang nutzen, wirft eine Frage auf: Warum verwenden die übrigen Polynesier das Sago nicht, wenn ihre Vorfahren aus Gegenden stammten oder Gebiete durchquerten, in denen man stark darauf ange-wiesen war? Darauf gibt es mehrere mögliche Antworten: Erstens könnten die Indo-Malaysier und Melanesier die Verwendungsmöglich-keiten für das Sago erst entdeckt haben, nachdem die Polynesier abge-wandert waren. Zweitens wäre es denkbar, daß das Wissen um das Sago verlorenging oder daß die Palme von einem anderen Stärkeliefe-ranten verdrängt wurde, der einfacher anzubauen und zu verarbeiten war. Und drittens könnte man sich vorstellen, daß die Vorfahren der Polynesier die *Metroxylon*-Arten nicht mitgenommen haben oder daß sie nicht in das ökologische Umfeld der neu besiedelten Inseln paßten.

3.14 Michael Stevens, ein Bewohner Rotu-mas, erntet eine Sagopalme. Anschließend wird er aus dem Stamm die Stärke gewin-nen.

Die erste Annahme stimmt vermutlich nicht, denn Sago wurde in der indomalaiischen und melanesischen Inselwelt schon verwendet, bevor die Auswanderung nach Polynesien begann; vermutlich diente sie schon den allerersten Bewohnern als Lebensmittel. Die zweite Hypothese, wonach das Wissen um die Ernte der Pflanzen verlorenging, würde voraussetzen, daß die Palme durch einen überlegenen Stärkelieferanten verdrängt wurde. Solche möglichen Alternativen sind der Polynesische Pfeilwurz (*Tacca leontopetaloides*, Taccaceae) und die Süßkartoffel. Beide lassen sich einfacher verarbeiten, und – was aus der Sicht der Siedler noch wichtiger ist – sie wachsen schneller als die Sagopalme. Außerdem verminderte sich die Abhängigkeit der Siedler von der Sagostärke wahrscheinlich mit der Entwicklung der eßbaren Aronstabgewächse (unter anderem Taro) und der Brotfrüchte sowie durch die Erfindung des Gärverfahrens in den Gruben. Und was die dritte Möglichkeit angeht: Die Behauptung der Bewohner von Samoa und Tonga, *Metroxylon warburgii* sei von Rotuma aus eingeführt worden, bestätigt die Ansicht, daß *Metroxylon* nicht zu dem Sortenrepertoire gehörte, das die ersten Siedler auf Tonga und Samoa mitbrachten. Eine vierte Möglichkeit kreist um die Tatsache, daß Rotuma der östlichste Punkt ist, an dem eine *Metroxylon*-Art als Stärkelieferant dient. Vielleicht unterbrach die Ankunft der Europäer die Ausbreitung der Sagopalme von Melanesien nach Polynesien und ihre Verwendung als Nahrungsquelle.

Welche Möglichkeit stimmt, weiß man bisher nicht. Jedenfalls ist die Sagoproduktion in Polynesien ein sehr interessantes Beispiel dafür, wie eine Nutzpflanze von den Menschen nach Osten über die pazifischen Inseln verbreitet wurde, wobei sich das Wissen um ihre Nutzung und Bedeutung immer mehr abschwächte. In Indonesien und Malaysia verbindet sich die Sagoernte mit komplizierten Ritualen, die in Polynesien nicht praktiziert werden. In Rotuma behielt man die Verarbeitungsmethoden bei, nicht aber die Rituale; und die Samoaner schließlich wissen nur noch vage, daß die Palme eßbar ist, aber wie man sie verarbeitet, haben sie vergessen.

Die Herkunft der Nutzpflanzen: vom Mythos zur Biotechnologie

Die Herkunft der Nutzpflanzen verliert sich in den meisten Kulturkreisen im Dunkel der Mythen und Legenden. Einer samoanischen Legende zufolge stammt die Pflanze, die für die Polynesier am wichtigsten ist, von einem sterbenden Süßwasseraal, der die Jungfrau Sina von Insel zu Insel verfolgt hatte. »Ich liebe dich und möchte dir ein letztes Vermächtnis hinterlassen«, sagte der Aal zu Sina. »Begrabe meinen Körper, und es wird eine Pflanze daraus wachsen. Jedesmal wenn du den Saft ihrer Frucht trinkst, werde ich dich liebkosen.« Sina erfüllte den Wunsch des sterbenden Fisches. Der junge Pflanzentrieb, der zum Vorschein kam, sah ganz ähnlich aus wie ein Aal. Er wuchs zu einem hohen Baum ohne Äste heran, der den Polynesiern unvergleichlich nützlich werden sollte: Die Wurzeln dienen als Arznei, aus den Blättern macht man Hausdächer und Körbe, der Stamm liefert Bauholz, die Fasern der äußeren Fruchthülle benutzt man zum Feuermachen und für Tauwerk, aus den Samenschalen stellt man Trinkbecher und andere Gefäße her, und das Fleisch der Samen kann man roh essen, zu einer dicken Krem zerstampfen und kochen oder in der Sonne erhitzen, so daß ein gehaltvolles Öl zum Einreiben oder für Lampen entsteht. Und jedesmal wenn man die süße, keimfreie Flüssigkeit aus dem Inneren einer Kokosnuß trinkt, sieht man die beiden Augen des Aals.

Der Begriff „Mythos" bedeutet nicht, daß die Erklärungen falsch sind; er drückt vielmehr aus, wie die Menschen das Universum und ihre eigene Stellung darin wahrnehmen. Damit ist nicht gesagt, daß es allen Legenden der Einheimischen an nützlichem wissenschaftlichem Gehalt mangelt: Westliche Wissenschaftler können sich zwar vielleicht nur schwer vorstellen, daß eine Gottheit der Navajo im heutigen Südwesten der Vereinigten Staaten den Mais erschaffen hat, und zwar ganz unabhängig von jedem mittelamerikanischen Ursprung; in Samoa dagegen haben sich die Behauptungen der Einheimischen, die Sagopalme sei von Rotuma auf ihre Inseln gelangt, tatsächlich bestätigt. Manche Nutzpflanzen, die in indigenen Kulturen der Anlaß für Mythen waren, gehören heute in den Industrieländern zu den Grundnahrungsmitteln. Die Ethnobotaniker sind immer wieder fasziniert davon, welche Erfahrungen die Menschen mit dem Austausch von Nutzpflanzen gemacht haben und wie solche Gewächse in allen Kulturkreisen zum Wandel beigetragen haben.

Während also die Herkunft der Nutzpflanzen bei den Naturvölkern in den Nebel der Legenden gehüllt ist, läßt sich für den biologischen Austausch, der mit Kolumbus' Reisen in die Neue Welt begann, ein genauer Zeitpunkt angeben, aber welche Auswirkungen er hatte, wird erst in jüngster Zeit untersucht. Die Nutzpflanzen, die aus der Neuen in die Alte Welt kamen, veränderten nicht nur die Ernährung der Menschen, sondern auch die Kultur ganzer Nationen. Wer könnte sich heute eine italienische Küche ohne Tomaten, skandinavische Gerichte ohne Kartoffeln oder ein westafrikanisches Fest ohne Maniok vorstellen? Alfred Crosby von der University of Texas hat die Ansicht vertreten, allein die Einführung von Mais und Kartoffeln habe in der Zeit nach Kolumbus zu einer Verdoppelung der europäischen Bevölkerung geführt. Aber die ernährungsbedingte Bevölkerungsexplosion hatte letztlich auch negative Folgen. Man braucht nur an die irische Kartoffel-Hungersnot von 1845/46 und die darauf folgende Auswanderungswelle von Irland nach Nordamerika zu denken, dann wird deutlich, wie das Schicksal ganzer Nationen an den kostbaren Samen und Knollen hing, die Kolumbus in die Alte Welt mitbrachte.

Wie bereits erwähnt, fehlt dem Mais die für Menschen lebenswichtige Aminosäure Lysin. Eine Ernährung, die ausschließlich auf Mais basiert, führt zu Pellagra und anderen Mangelkrankheiten. Deshalb brauchten die Anasazi neben dem Mais auch Bohnen, um ihre tausendjährige Kultur am Leben zu halten. Das fehlende Lysin im Mais war vielleicht auch der Grund, warum die Kartoffeln aus den Anden auf die Armen in Europa einen so großen Reiz ausübten: In ausreichender Menge verzehrt, liefern Kartoffeln alle erforderlichen Aminosäuren einschließlich des Lysins. Rembrandts Gemälde *Die Kartoffelesser* ist so ausdrucksvoll, weil es die holländische Unterschicht darstellt, nicht weil es verhungernde Menschen zeigt. Auf den ausgelaugten Böden, welche die Bauern in Nordeuropa bearbeiteten, war die Kartoffel ein Geschenk des Himmels: Man kann sie auch auf unfruchtbaren Äckern und in Gebieten anbauen, wo die Wachstumsperiode nur kurz ist; außerdem kann man sie in der Erde belassen, so daß sie nicht zu einem so genauen Zeitpunkt geerntet werden müssen wie Roggen und andere Nutzpflanzen, die auf nährstoffarmen Böden gedeihen.

Auch in China trieben Mais, Süßkartoffeln und andere Pflanzen aus der Neuen Welt die Bevölkerungsexplosion voran: Die derzeitige Lebensmittelproduktion des Landes besteht zu mehr als einem Drittel aus Pflanzen, die aus Amerika stammen. Solche Arten – und zwar nicht nur die Grundnahrungsmittel Mais, Kartoffeln und Maniok, sondern auch Kürbisse, Chilipfeffer, Preiselbeeren und Erdnüsse – tragen nicht nur in Amerika, sondern überall in Afrika, Asien und Europa zur Nährstoffversorgung und Lebensmittelvielfalt bei. Und heute sieht es so aus, als könne die Biotechnologie diese Fülle nützlicher Pflanzen nochmals erweitern.

Die Pflanzenzüchter haben neue Maissorten gezüchtet, die auch Lysin produzieren und die anderen Aminosäuren in erhöhten Mengen produzieren. Außerdem versucht man, Kartoffelsamen zu erzeugen, die man anstelle der heute erforderliche Saatkartoffeln aussäen kann. Solche neuen Sorten können aber auch neue Gefahren mit sich bringen; eine Maisvarietät mit einem einzigen Genotyp, die überall im Südosten der USA angebaut wurde, erwies sich Ende der fünfziger Jahre als anfällig für Pilzinfektionen. Um Krankheitsresistenzgene zu finden und damit verbesserte Sorten zu züchten, muß man auf verschiedene alte Varietäten zurückgreifen, aber solche Pflanzen verschwinden zunehmend, außer in sehr abgelegenen Gebieten. Warum sollte ein mexikanischer Bergbauer die gleichen ertragarmen Maissorten anbauen wie sein Großvater, wenn er im Laden Hybridsaatgut kaufen kann, mit dem sich die Menge verdoppeln läßt? Andererseits sind seine und andere, ähnliche Felder aber unter Umständen die einzige Hoffnung für die Erhaltung der vielgestaltigen Varietäten, die es außerhalb der Tiefkühltruhen in den Samenbanken der Vereinigten Staaten, Großbritanniens und Rußlands noch gibt. Indem die Einheimischen einige dieser seltenen genetischen Rassen am Leben erhalten, leisten sie der übrigen Welt einen unschätzbar wertvollen Dienst. Aber um dieser sehr modernen Notwendigkeit gerecht zu werden, müssen die Pflanzenzüchter oft weit in die Vergangenheit ausholen.

Aus alt mach neu: ein Plädoyer für Amaranth und Hanf

Der Aztekenherrscher Montezuma verlangte jedes Jahr einen gewaltigen Tribut: 10 000 Körbe mit einem Getreide namens *huauhtli* wurden aus den umliegenden Provinzen zu den Pyramiden in der Nähe des heutigen Mexico City gebracht. Eine gewisse Menge der dargebrachten Gaben verbrauchte der Königshof, aber zum größten Teil ging die Ernte der winzigen Samen (sie haben nur einen Durchmesser von einem Millimeter) an die Priester. In einer komplizierten Zeremonie stellten sie aus den gemahlenen Körnern eine rote Paste her und formten daraus ein Bildnis des Gottes Huitzilopochtli, das sie in einer Prozession zum Fuß der großen Pyramide trugen. Dort wurde das Götterbild zerbrochen und als »Fleisch und Blut ihres Gottes« an die Bevölkerung verteilt. Die ersten christlichen Missionare waren wegen der offenkundigen Ähnlichkeit mit der Feier der Eucharistie verstört und unterdrückten die Nutzung des Getreides: Zeremonien mit *Amaranthus hypochondriacus* (Amaranthaceae) wurden für alle Zeiten verboten. Aber zum Leidwesen der Eroberer arbeitete die Biologie diesen europäischen Reformvorstellungen entgegen, denn *Amaranthus* hat ein sehr wirksames C_4-Photosynthesesystem, ist außerordentlich widerstandsfähig und läßt sich mit einfachen Geräten leicht anbauen. Ähnlich einfach ist auch die Ernte. Um die winzigen Früchte von der ein bis zwei Meter hohen Pflanze zu lösen, braucht man die großen Blütenstände nur zwischen den Händen zu zerreiben, und die Spreu wird in einen Korb geworfen. Darüber hinaus lieferte der Amaranth der vom Mais abhängigen mexikanischen Gesellschaft etwas ganz Entscheidendes: Lysin.

3.15 Ernte von Amaranth auf einem Feld in Nepal. Die Gattung wird heute in vielen Gegenden der Erde als wichtige nährstoffreiche Nutzpflanze angebaut.

Wegen dieser lebenswichtigen Aminosäure, die dem Mais fehlt und vom Amaranth in großen Mengen produziert wird, legte die Nutzpflanze die gleichen alten Handelswege aus Mittelamerika zurück und verbreitete sich wie zuvor der Mais nach Norden. Wie Jonathan Sauer von der University of California in Los Angeles berichtet, tauchte *A. hypochondriacus* um 500 n. Chr. bei den Azteken auf und gelangte dann nach Norden bis zur Colorado-Hochebene; dort machten die Paiute-Indianer den Entdecker John Wesley Powell sowohl mit wilden Sorten als auch mit Kulturformen des Amaranth bekannt. Alte Amaranthvorräte fand man bis nach Osten zu den Ozarks. Heute wird dieses Getreide noch in abgelegenen Gegenden der mexikanischen Sierra Madre angebaut, insbesondere bei den Tarahumara-Indianern, die die Körner mahlen und daraus einen Teig für Tortillas und andere Gerichte herstellen. In der Zeit nach Kolumbus gelangten noch zwei weitere Arten, nämlich *Amaranthus cruentus* und *A. caudatus*, in die Alte Welt und breiteten sich bis nach Indien und Afrika aus. Zusammengenommen stellen Amaranth und Mais mit ihrem Proteingehalt eine fast ideale Ernährung dar.

Obwohl die *Amaranthus*-Arten schließlich durch ertragreichere Arten von den Feldern Mexikos verdrängt wurden, sind sie heute Gegenstand eingehender wissenschaftlicher Untersuchungen, denn wegen ihrer Widerstandsfähigkeit, ihres Proteingehalts und ihres einfachen Anbaus ohne Maschinen eignen sie sich gut für Entwicklungsländer. Wissenschaftler der University of Nebraska versuchten auch eine *Amaranthus*-Sorte zu züchten, die sich in industriellem Maßstab anbauen läßt. Mit seinem Proteingehalt und seinen recht hohen Erträgen könnte Amaranth zu einer der wichtigsten neuen Nutzpflanzen des 21. Jahrhunderts werden.

Aber die Forschungsarbeiten konzentrieren sich nicht nur auf pflanzliche Lebensmittel. Nachdem die Wälder weltweit schrumpfen, während die Nachfrage nach Fasern und Zellstoff steigt, schenkt man auch einheimischen Faserlieferanten beträchtliche Beachtung. Eine solche Pflanze ist der Hanf (*Cannabis sativa*, Cannabaceae); er war von alters her ein wichtiger Rohstofflieferant für Seile, Textilien und sogar Papier, und in den USA wurde er mit staatlichen Subventionen angebaut. *Cannabis* läßt sich zu vielen Zwecken nutzen, und neben der Verwendung als Droge haben auch andere Anwendungen eine lange Geschichte; schon um 8000 v. Chr. webte man aus seinen Fasern Textilien. Die Hanffasern sind so kräftig und widerstandsfähig, daß man daraus vom 5. Jahrhundert v. Chr. bis Mitte des 19. Jahrhunderts Schiffssegel herstellte. Bis 1883 waren Hanffasern auch der wichtigste Rohstoff für Papier – sie dienten zur Herstellung der Gutenberg- wie auch der King-James-Bibel. Thomas Paines Kampfschriften wurden auf Hanfpapier gedruckt, und den ersten und zweiten Entwurf der amerikanischen Unabhängigkeitserklärung schrieb man auf Hanfpapier, das aus Holland importiert war. Auch Seile, Lampenöl, Baumaterial und sogar Kunststoffrohre wurden aus Hanf hergestellt.

THC (Tetrahydrocannabinol), ein Inhaltsstoff des Hanfes, ist von großem Nutzen für die Behandlung des erhöhten Augeninnendrucks beim Glaukom, aber auch zur Bekämpfung der Übelkeit und anderer Nebenwirkungen bei der Krebs-Chemotherapie. Die Hanfpflanze selbst wurde aber zu einem der vielen Opfer des epidemieartig zunehmenden Drogenmißbrauchs. Sein Anbau – zu welchen Zwecken auch immer – ist in den USA verboten.*

Eine umfangreiche Hanfindustrie gibt es aber in China; mit ihr beschäftigte sich kürzlich Robert C. Clarke von der International Hemp Association in Amsterdam. Der Hanf war in China eine der allerersten Nutzpflanzen: Hinweise auf seinen Anbau gibt es dort schon seit 5000 Jahren. Aus den Bastfasern der männlichen Pflanze webte man die Stoffe, aus denen in antiker Zeit die meisten chinesischen Kleidungsstücke bestanden. Das aus den Fasern gesponnene Garn war sehr fein und hatte etwa die Qualität eines heutigen Fadens der Feinheit 70 bis 80 tex (= 70–80g/km). Vielleicht war diese gute Qualität der Grund, daß man die Menschen während der Westlichen Han-Dynastie (260 v. Chr. bis 24 n. Chr.) in Hanfkleidung bestattete. In der Tang-

---

* Anmerkung des Übersetzers: In Deutschland ist der Anbau von THC-armem Hanf unter strengen Auflagen seit 1996 wieder erlaubt.

Dynastie (618–907 n. Chr.) stellte man Schuhe aus Hanf her. Besonders interessant ist aus heutiger Sicht, daß man Papier aus Hanffasern produzierte. Das angeblich älteste erhaltene Papierstück, ein Fund aus einem Grab bei Xi'an in der Provinz Shaanxi, wurde auf 180 v. Chr. datiert. Die Aussicht, Papier mit Hilfe eines so schnell wachsenden, erneuerbaren Rohstoffes zu erzeugen und dabei keinen einzigen Baum zu fällen, hat die Phantasie der Naturschützer auf der ganzen Welt angeregt.

In der Provinz Shandong, wo Clarke sich mit der traditionellen Hanfindustrie befaßte, werden mehrere Sorten der Pflanze mit Bezeichnungen wie *lai wu* und *fei cheng* angebaut. Die Samen werden von Hand ausgesät, und anschließend werden die Felder gedüngt. Bei der Ernte

3.16 Hanfernte in China. In der Provinz Shandong werden jährlich über 100 Tonnen Hanf gewonnen; sie liefern die Fasern für Papier, Seile und Textilien.

schneidet man die Halme mit einer Sichel knapp über dem Boden ab und legt sie zwei bis drei Tage zum „Rösten" in Wasser, so daß sich die Fasern von dem übrigen Pflanzenmaterial trennen. Nach dem Rösten werden die Fasern von Hand aus den Halmen gezogen und getrocknet. Anschließend stellt man daraus an Ort und Stelle Fäden, Seile, Säcke und Bestattungshemden sowie grobes Papier her. Der größte Teil des Hanfes geht aber in den Export. Nach Clarkes Schätzungen werden in der Provinz Shandong jährlich über 100 Tonnen Hanffasern produziert. Ein Teil davon wird zur Herstellung von Spezialpapieren unmittelbar nach Japan befördert, und der Rest geht an chinesische Papier- und Schuhfabriken.

Heute interessiert man sich sehr dafür, den Hanf wieder stärker zur Textilproduktion zu benutzen, denn einerseits hat er viele nützliche Eigenschaften, und andererseits wird Kleidung aus Naturfasern immer beliebter. Die Hanf-Textilindustrie macht heute einen Jahresumsatz von 50 Millionen Dollar – weit weniger als zu der Zeit, als Thomas Jefferson die Pflanze anbaute. Die Verbraucher wissen manchmal gar nicht, daß sie Hanfprodukte kaufen; nach einem Bericht der *New York Times* werden Hüte aus Hanf sogar im Indiana-Jones-Andenkenladen in Disney-World verkauft. Manche Modeschöpfer verwenden die Faser aber ganz offen in ihren Kreationen. Ralph Lauren benutzt sie seit 1984 in einigen seiner Kollektionen, und Calvin Klein ließ 1995 seine Samtdecken, Zierkissen und Kissenattrappen aus einem Mischgewebe mit 50 Prozent Hanf und 50 Prozent Leinen fertigen. Dieser uralte Faserlieferant, der wegen seines Mißbrauchs als Droge in vielen Ländern verboten ist, erlebt also heute eine Renaissance, und zwar insbesondere bei den Modedesignern. Aber Hanf ist nicht die einzige Nutzpflanze, die es wiederzuentdecken gilt; auch das Spektrum der modernen Küche wird durch die Verwendung sehr alter Pflanzen immer vielfältiger.

Ethnobotanik und Haute Cuisine

Von Monterey bis Manhattan bieten die besseren Restaurants heute die neue amerikanische Küche: Kuchen aus blauem Maismehl oder gebratene Kaktusblätter, garniert vielleicht mit Sternfrüchten (*Averrha carambola*, Oxalidaceae) oder Pinienkernen (*Pinus edulis*, Pinaceae). In vielen Supermärkten gehören Kiwis (*Actinidia chinensis*, Actinidiaceae), Taro und Tamarinden (*Tamarindus indica*, Caesalpiniaceae) heute zum Standardsortiment. Aber was vordergründig nach kulinarischen Neuigkeiten aussieht, ist in Wirklichkeit die Folge des neu erwachten Interesses an einheimischen Pflanzen. Die verschiedensten

105

Organisationen, so zum Beispiel das Native Seed Search in Arizona, der Botanische Garten von New York, die Royal Botanic Gardens in Kew, das US-Landwirtschaftsministerium und die Welternährungsorganisation der Vereinten Nationen suchen dringend nach neuen Strategien zum Erhalt des weltweiten Erbes der Gen- und Artenvielfalt, das sich in den einheimischen Nutzpflanzen verbirgt.

Der Versuch, die Artenvielfalt zu erhalten, ist ein Wettlauf gegen die Zeit. Tagtäglich machen Pflanzensorten mit kostbaren Genen neuen, „verbesserten" Hybridsorten Platz, die in bester Absicht im Rahmen landwirtschaftlicher Entwicklungsprogramme an die Bauern verteilt werden. Inzwischen gibt es internationale Programme zur Schaffung „genetischer Archen", in denen man zumindest einen Teil der Vielfalt vor der Flut der ertragreicheren, aber genetisch einförmigen Nutzpflanzensorten schützen will. Die Kew Seed Bank in Wakehurst Place im englischen Sussex zum Beispiel bewahrt viele hundert Millionen Pflanzensamen bei –20 Grad Celsius auf. Aber nicht alle Pflanzensamen überleben das Tiefgefrieren. Die Samen vieler Bäume aus gemäßigten Klimazonen (beispielsweise der Eiche), aber auch solche von tropischen Regenwaldbäumen gehen beim Einfrieren zugrunde. In mehreren Forschungszentren rund um die Welt bemüht man sich um verbesserte Methoden zur Aufbewahrung von Saatgut, aber der Erhaltung tropischer Pflanzen, die sich nicht durch Samen, sondern durch Ableger oder Knollen fortpflanzen, wurde bislang nur wenig Aufmerksamkeit geschenkt. Sammlungen mit lebendem Material wie die Süßkartoffelsammlung des Ethnobotanikers Douglas Yen im neuseeländischen Lincoln oder die Brotfruchtkollektion der Ethnobotanikerin

3.17 Die Kew Seed Bank im englischen Wakehurst Place bewahrt viele hundert Millionen Samen von mehreren tausend Pflanzenarten auf. Sie befinden sich bei –20 °C in luftdichten Glas- oder Aluminiumbehältern und bleiben so jahrzehntelang, in manchen Fällen sogar über Jahrhunderte hinweg lebensfähig. In der Samenbank befindet sich Material aus über 100 Ländern, und damit ist sie eine der reichhaltigsten Sammlungen der Welt. Ein weiteres Ziel der hier arbeitenden Wissenschaftler besteht darin, die physiologischen Vorgänge in den Samen besser kennenzulernen.

Diane Ragone am National Tropical Botanical Garden in Hawaii sind stark abhängig von finanziellen und politischen Rahmenbedingungen.

Noch heimtückischer ist aber, daß auch das Wissen der Einheimischen über die seit Jahrtausenden liebevoll gepflegten Nutzpflanzen verlorengeht. Zu diesem Verlust kommt es nicht durch die bewußte Ablehnung „primitiver Methoden", sondern durch ihre unabsichtliche Auflösung. Die größte Bedrohung für die hergebrachte Ernährung ist nicht böser Wille, sondern etwas so Harmloses wie das westliche Fast food.

Vor kurzem hielt Paul Cox für zwölf Studenten vom Volk der Minangkabauan auf Sumatra in Indonesien einen Kurzlehrgang über Ethnobotanik. Eines Tages saß die Gruppe in einem Café am Straßenrand, um ein bescheidenes Mittagessen einzunehmen. Kurz darauf standen traditionelle Minangkabauan-Gerichte auf dem Tisch. Als Ad-hoc-Übungsaufgabe bat Cox die Studenten, die Zahl der Pflanzenarten in dem Mittagessen anzugeben. Schon bald schälte sich das Ergebnis heraus: Es waren 54 verschiedene Pflanzen, darunter sechs, die man in der Wildnis gesammelt hatte. Wie Cox den Studenten erklärte, enthält ein typisches Fast-food-Mittagessen in den USA mit Hamburger und Pommes frites höchstens acht bis zehn Pflanzenarten in nennenswerten Mengen, und keine davon wächst wild. Obwohl die Feinschmeckerküche in Amerika an Boden gewinnt, wird die kulinarische Palette auf der Welt insgesamt weniger farbig, und unsere wachsende Abhängigkeit von einer immer schmaleren genetischen Grundlage läßt eine zunehmende Anfälligkeit für epidemieartige Pflanzenkrankheiten erwarten. Die Geschichte der Anasazi hat es deutlich gezeigt: Die Abhängigkeit von einer Handvoll Pflanzenarten kann großen Nutzen bringen, aber manchmal hat dieser Nutzen einen gefährlich hohen Preis.

Pflanzen als materielle Basis der Zivilisation

4

4.1 Tahitianische Kanus und ein Segelboot in einem Gemälde von William Hodges, einem Teilnehmer der Cook-Expedition, aus dem Jahr 1773; die Boote waren mit ihrer außerordentlichen Geschwindigkeit und Wendigkeit den europäischen Segelschiffen überlegen. Aber für lange Reisen und Umsiedelungen bauten die Polynesier auch wesentlich größere Wasserfahrzeuge. Man kann mit Fug und Recht behaupten, daß diese Verwendung von Pflanzen den Lauf der Weltgeschichte verändert hat.

Pflanzen bilden überall auf der Welt die materielle Grundlage der Kultur. Mit ihnen befriedigen wir unsere Grundbedürfnisse nach Nahrung, Kleidung und Obdach. Die meisten indigenen Kulturen, denen traditionell die in der westlichen Gesellschaft allgegenwärtigen Metalle und Kunststoffe fehlen, sind mit ihren materiellen Bedürfnissen fast ausschließlich auf Pflanzen angewiesen. Die Menschen verwenden sie für erstaunlich zahlreiche und vielfältige Zwecke, von der Herstellung von Seilen und Klebstoffen, die hochseetüchtige Flöße zusammenhalten, bis zu Pfeilgiften, die in ihrer tödlichen Wirkung mit den Feuerwaffen mithalten können. Manche Anwendungsbereiche, beispielsweise wenn Pflanzen zum Körperschmuck dienen, spiegeln eher ästhetisches Empfinden als eine Notwendigkeit wider. Aber vermutlich haben die Pflanzen nirgendwo auf die Kultur so tiefgreifenden Einfluß gewonnen, wie beim Bau von Wasserfahrzeugen, mit denen die Menschen und ihre Nutzpflanzen auf dem Ozean weite Strecken zurücklegen konnten.

Welche Folgen die Möglichkeit langer Seereisen für die Kultur hat, liegt auf der Hand: Die Bevölkerungsgruppen, die heute Nordamerika bewohnen und politisch beherrschen, stammen von Vorfahren aus ganz anderen Kontinenten ab. Kultur und Wirtschaftssysteme Europas finden sich in weit entfernten Brückenköpfen wie Australien und Afrika wieder. Ebenso tiefgreifend sind die biologischen Folgen der langen Reisen. Der Austausch pflanzlichen Materials zwischen Alter und Neuer Welt im Gefolge der Reisen von Kolumbus – und damit auch das unbeabsichtigte Einschleppen exotischer Unkräuter, Parasiten und Krankheiten – veränderte nicht nur den Weg der menschlichen Zivilisation, sondern er lenkte auch die biologische Evolution ein für allemal in eine neue Richtung. Wie wir heute wissen, fand schon vor Kolumbus ein umfangreicher Austausch von Pflanzen statt. Phönizische Seefahrer segelten viele Jahrhunderte vor Beginn der christlichen Zeitrechnung vom Nahen Osten um die Südspitze Afrikas. Arabische Kaufleute reisten längs der afrikanischen Ostküste zum Indischen Ozean. Flöße aus Balsaholz trugen Menschen an der Westküste Südamerikas entlang und vielleicht auch, wie Thor Heyerdahl meint, zu den Inseln im Südpazifik. Der Austausch pflanzlichen Materials zwischen Alter und Neuer Welt lange vor Kolumbus, den man früher als Phantasieprodukt abgetan hatte, gilt heute als sehr wahrscheinlich.

Die Belege für weite Seereisen in prähistorischer Zeit werfen eine interessante Frage auf: Wie konstruierten die Menschen damals ihre seetüchtigen Fahrzeuge? Die ersten europäischen Entdecker zeichneten Skizzen von primitiven Booten, die ihnen auf ihren Reisen begegneten, aber erst in jüngster Zeit schenkten die Ethnobotaniker den Pflanzen, die zum Bau der Schiffe und Flöße dienten, größere Beachtung.

Wie sich in Studien mit den wenigen noch lebenden indigenen Schiffbauern zeigte, arbeiten diese Handwerker ganz ähnlich wie moderne
Flugzeugingenieure: Nachdem sie sich überlegt haben, welchen Belastungen die verschiedenen Teile eines Schiffes ausgesetzt sind, suchen
sie genau das Pflanzenmaterial aus, das diese Ansprüche erfüllt. Der
Bau der großen, hochseetüchtigen Schiffe der ersten Seefahrer erforderte besondere Fähigkeiten und Materialien, das heißt, die Auswahl
geeigneter Pflanzen mußte mit großer Sorgfalt erfolgen.

Pflanzen und der Bootsbau
auf den Fidschi-Inseln

Überall auf der Welt dienten Pflanzen zur Konstruktion von Fahrzeu-
gen, mit denen man Flüsse, Seen und Meere befahren konnte. Manche
Seefahrer legten schon sehr früh große Entfernungen zurück. Erik der
Rote segelte im 10. Jahrhundert von Island aus fast 1 300 Kilometer
weit und entdeckte Grönland. Leif Erikson, sein Sohn, kam noch weiter: Von Grönland fuhr er über 3 000 Kilometer zu einem Land, das er
„Vinland" nannte und das, wie wir heute wissen, ein Teil Nordamerikas war. Die Schiffe, die bei diesen Expeditionen benutzt wurden,
hießen auf norwegisch *kanerrirr*, waren breit gebaut, so daß sie nur
wenig rollten; sie konnten bis zu 20 Tonnen Last und 15 Menschen befördern. Um das Jahr 1000 machte sich sogar eine ganze Flotte solcher
Schiffe unter Leitung von Thorfinn Karlsefni von Grönland auf, um
Rinder und 65 bis 165 Siedler nach Vinland zubringen. Obwohl der
Kolonie letztlich zwar kein Erfolg beschieden war, wurden der Mut
von Thorfinn Karlsefni wie auch die Heldentaten Eriks des Roten und
Leif Erikssons in den Legenden von Generation zu Generation weiter
überliefert.

Diese seemännischen Leistungen der Wikinger waren zwar spektakulär, aber es waren nur wenige. Bei den Polynesiern dagegen waren
Seereisen über die gleichen Entfernungen etwas derart Selbstverständ-
liches, daß sie kaum einmal besonders erwähnt werden. Die Pazifikbe-
wohner dachten sich nichts dabei, wenn sie von den Fidschi-Inseln
nach Tonga (679 Kilometer) oder Samoa (1 238 Kilometer) oder von
Samoa nach Tahiti (1 705 Kilometer) segelten. Reisen über 3 200 Kilometer wie die von Leif Eriksson waren zugegebenermaßen auch in
Polynesien ungewöhnlich, aber immerhin legte man die 4 348 Kilometer von Tahiti nach Hawaii so oft zurück, daß die gesamte Inselgruppe
besiedelt wurde, und der nach den Sternen festgelegte Kurs ist in Ge-
sängen genau festgehalten.

Die seetüchtigen Fahrzeuge der Polynesier waren unterschiedlich konstruiert, aber die besten baute man auf den Fidschi-Inseln. »Die Fidschi-Kanus sind denen der anderen Inseln überlegen«, schrieb Charles Wilkes, der Kommandeur der amerikanischen Entdeckungs-expedition von 1838–1842.

»Sie sind allgemein doppelt gebaut, und die größten haben eine Länge von fast hundert Fuß... Die Segel sind so groß, daß sie zu dem Schiff in keinem Verhältnis zu stehen scheinen, und sie bestehen aus festen, aber biegsamen Matten... Es ist Sitte, daß der Häuptling immer die Segel-leine hält; er hat also die Aufgabe, die Gefahr des Kenterns abzuwenden. Sie steuern mit einem Ruder, das ein großes Blatt hat. In ruhigen Gewässern segeln diese Boote mit großer Schnellig-keit, aber sie sind durch das Gewicht und die Kraft der Segel sehr belastet, lecken manchmal entsetzlich und erfordern immer einen, manchmal auch zwei Männer, die ständig das Wasser hinausschöpfen. Trotz alledem machen sie lange Seereisen – nach Tonga, Rotuma und den Samoa-Inseln. Diese Kanus sind im allgemeinen aus dem Vas-Holz (*vesi*) gebaut.«

Die besten seetüchtigen Boote im Pazifik kamen also von den Fidschi-Inseln, und dort wiederum baute man die besten auf der winzigen Insel Kabara (Kahm-*bah*-rah) in der Lau-Gruppe etwa 240 Kilometer süd-östlich von Suva. Auf Kabara ein seetüchtiges Fahrzeug in Auftrag zu geben ist nicht einfach. Jeder potentielle Kunde muß drei Hindernisse überwinden. Erstens muß er seine Wahl unter verschiedenen Typen von Wasserfahrzeugen treffen. Das *camakau* ist ein bis zu 15 Meter langes Kanu mit einem Rumpf, das dem Verkehr von Insel zu Insel und der Kriegführung dient. Das *drua* hat zwei Rümpfe und erfordert eine Besatzung von bis zu 50 Personen. Das größte Wasserfahrzeug auf den Fidschi-Inseln ist das *tabetebete* mit einem raffiniert gebauten Rumpf aus sorgfältig zusammengefügten Planken. Ein solches Schiff, das der Missionar Thomas Williams 1860 vermaß, war 36 Meter lang und 7,30 Meter breit. Eine einzigartige Sicht auf ein *tabetebete* be-schrieb der Sandelholzhändler William Lockerby, der in ihrem Schiffs-gefängnis eingesperrt war:

»Um die Ränder des Decks zieht sich eine kräftige Brustwehr aus Bambus, hinter der sich die Krieger beim Angriff auf den Feind aufbauen. Außerdem gibt es auf einem Deck ein Haus, das je nach den Umständen ab- und wieder aufgebaut wird. Die Zahl der Männer an Bord belief sich auf zweihundert. Captain Cooks Bericht über das schnelle Segeln dieser Schiffe ist ganz richtig, so unglaublich er auch denen erscheinen mag, die sie nicht gesehen haben. Bei mäßi-gem Wind segeln sie mit zwanzig Meilen in der Stunde.«

Ein Segelschiff, das 200 bis 300 Krieger mit 20 Meilen je Stunde über das offene Meer befördern konnte, entspricht einem C5-Transportflug-zeug und ist damit eine beachtliche Militärbasis, die Kampfkraft in weit entfernte Konflikte transportieren kann. Die Schiffbauer von Kabara waren also in ihrer Blütezeit, vor dem ersten Kontakt mit Europäern im 18. Jahrhundert, für den ganzen Südpazifik so etwas wie Boeing und Lockheed zusammen.

Ist der Schiffstyp ausgewählt, steht der potentielle Käufer eines Kabara-Schiffes vor einem zweiten Hindernis: Er muß die strengen

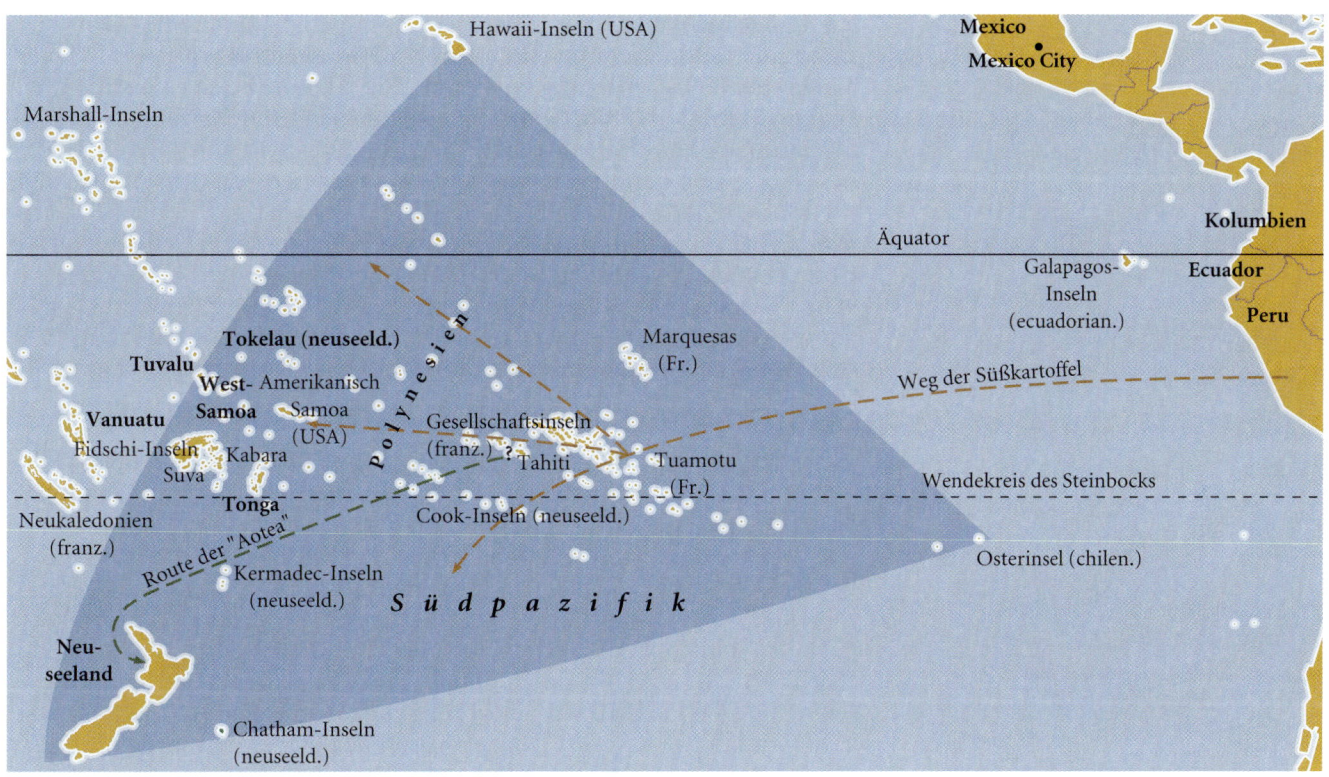

Sitten der Insel für eine Bestellung einhalten. Jeder Bestellung muß ein Walzahn (*tabua*) für den Häuptling beiliegen; er gilt als Zusicherung, daß der Kunde finanzkräftig und politisch bedeutend ist. Hat der Häuptling den *tabua* erhalten, berät er sich mit den Dorfältesten und übergibt ihnen einen zweiten vom Besteller eingereichten Walzahn. Die Zustimmung der Ältesten ist aber keineswegs sicher, denn der Besitz von Kabara-Schiffen war in der Geschichte häufig der entscheidende Faktor für viele Konflikte zwischen den Inseln. Die Bewohner von Kabara, die Kunden von dem weit entfernten König von Tonga bis zum benachbarten König von Lakemba mit Schiffen ausrüsteten, mußten wie alle guten Waffenhändler in Konflikten strikt neutral bleiben oder zumindest darauf achten, daß sie eine aufsteigende Militärmacht nicht verprellten. Das winzige Kabara hätte einem Angriff niemals standhalten können: Es gilt zwar wegen seiner einzigartigen Hartholzwälder als „Ort des Wohlstands", aber gleichzeitig ist es auch als „Hungerinsel" bekannt, weil es dort kaum fruchtbaren Boden gibt. In den politischen Entscheidungen der Ältesten gab es keinen Raum für Fehler.

Haben die Ältesten zugestimmt, müssen sie einer der beiden örtlichen Schiffbauergilden einen Walzahn anbieten und sie auf diese Weise bit-

4.2 Die Inseln Polynesiens, darunter auch Kabara, wo die besten Boote gebaut wurden, liegen in dem Dreieck zwischen der Osterinsel, Neuseeland und Hawaii. Die Polynesier unternahmen in diesem Gebiet und vielleicht auch darüber hinaus lange Seereisen. Neuseeland wurde in großen Wellen von den Gesellschaftsinseln aus besiedelt, und zwar auf der Route des Maori-Kanus *Aotea*. Die Süßkartoffel *Ipomoea batatas* kam aus Südamerika nach Polynesien.

ten, das Schiff zu bauen. Auch diese Anfrage ist keine reine Form-sache; die Schiffbauer behalten sich vor, ihr außerordentliches Können nicht jedem zur Verfügung zu stellen. Sie sind die besten von allen, die kenntnisreichsten Schiffbauer, die es jemals im Südpazifik gab. Ein Streik in einer der Gilden würde die Arbeiten an allen im Bau befind-lichen Schiffen lahmlegen, und wer eine Gilde ernsthaft beleidigt, muß sogar mit Sabotage durch Magie rechnen. Ein einziger Keil aus *matalafi* (*Psychotria insularum*, Rubiaceae), unter dem Tauwerk am Bug versteckt, ist ein Fluch, der jedes Schiff ins Verderben stürzen kann. Wird die Gilde aber anständig gebeten, ist ihre Zustimmung so gut wie sicher, denn der Auftrag für ein einziges großes Fahrzeug sichert den Schiffbauern bis zu drei Jahre lang Wohlstand und gutes Essen.

Wer heute auf Kabara ein seetüchtiges Schiff in Auftrag gegeben wollte, müßte noch ein drittes, schwerwiegenderes Hindernis überwin-den: Die althergebrachten Kenntnisse darüber, welche Pflanzen man zum Bau benutzt, sind weitgehend in Vergessenheit geraten. Das aus-gefeilte Wissen der Schiffbauergilden ging im 19. Jahrhundert im Ge-folge der europäischen Kolonisierung fast völlig verloren. Die einhei-mischen Schiffbauer verschwanden um die Jahrhundertwende von den Fidschi-Inseln, und mit ihnen ging überall im pazifischen Raum das seemännische Fachwissen verloren. Selbst die berühmte *Hokule'a* war kein Original: Das Schiff wurde zwar in den siebziger Jahren unseres Jahrhunderts von Mau Pilag von den Carolinen befehligt, einem der wenigen verbliebenen traditionellen Seeleute, aber es war ein Fiber-glasnachbau einer hergebrachten polynesischen Konstruktion.

Deshalb kann man sich vorstellen, wie überrascht wir waren, als wir durch ein Telefongespräch erfuhren, daß traditioneller Schiffbau auf Kabara immer noch möglich ist. Jerry Loveland, der Direktor des In-stitute for Polynesian Studies, berichtete Paul Cox, ein betagter Schiff-bauer namens Ilaijia Ledua wisse noch, wie man seetüchtige Wasser-fahrzeuge konstruiert. Ob er das Material zum Bau einer *drua* beschaf-fen könne, wisse er nicht genau, aber er habe angeboten, die Herstel-lung eines *camakau*, eines Kanus mit einem Rumpf, zu leiten.

Drei Monate und mehrere Walzähne später erhielt Cox einen Luftpost-brief von Sandra Banack, einer seiner Doktorandinnen, die in Kabara arbeitete. Cox befürchtete, daß die Inselbewohner eine Frau als Wis-senschaftlerin vielleicht nicht ernst nehmen würden. Nach den schrift-lichen Berichten über die Kanuherstellung auf den Fidschi-Inseln war es Frauen nicht einmal gestattet, sich dem Bauplatz zu nähern, von der Beteiligung an den Arbeiten selbst ganz zu schweigen. Insbesondere menstruierende Frauen, so glaubte man, brächten Unglück über die Jungfernfahrt. Cox schrieb an Banack, sie solle »den Schiffbauern er-

4.3 Josafata Cama, ein Schiffbauer auf der Insel Kabara, gehört zu den wenigen älteren Handwerkern, die noch den Bau großer polynesischer Wasserfahrzeuge beherrschen. Moderne Werkzeuge und das wiedererwachte Interesse an den Reisen der Polynesier könnten dazu führen, daß die bemerkenswerten Fähigkeiten dieser qualifizierten Handwerker nicht verlorengehen.

klären, daß sie als Wissenschaftlerin in unserer Kultur die gleichen Rechte wie die Männer genieße und daß sie in jeder kulturellen Hinsicht wie ein Mann zu behandeln sei«.

»Die Dorfältesten sagen, es sei kein Problem, wenn ich den Ablauf der Arbeiten festhielte«, schrieb Banack erleichtert zurück, »denn man betrachtet mich nicht als Frau, sondern als Vertreter der Auftraggeber. Ich darf mich als einzige Frau in der Nähe des Schiffes aufhalten; die Zimmerleute gewähren mir überall Zutritt und lassen mich alles fotografieren.«

Sandra Banack und ihr Mann David waren nach einer stürmischen, zweitägigen Seereise aus Suva eingetroffen, zusammen mit einem ganzen Berg Videoausrüstung, Pflanzenpressen und dem festen Entschluß, alle beim Bau des 15 Meter langen *camakau* verwendeten Pflanzen zu fotografieren und zu sammeln. Die Konstruktion dieses Bootes sollte ein historisches Ereignis werden – zum ersten Mal würde ein seetüchtiges polynesisches Wasserfahrzeug von Anfang bis Ende in Gegenwart einer ausgebildeten Ethnobotanikerin zusammengefügt werden. Nach einem dreimonatigen Schnellkurs in Bauan-Fidschianisch bei einem Muttersprachler an der Brigham Young University brach das Ehepaar Banack für sechs Monate nach Kabara auf.

Sandra Banack wollte herausfinden, warum Kabara in der polynesischen Politik früher eine so große Bedeutung gehabt hatte. Warum war die winzige Insel zum Anziehungspunkt für die besten Schiffbauer des ganzen pazifischen Raumes geworden? (Eine Schiffbauerfamilie von den Tonga-Inseln war dort schon seit Generationen ansässig.) Und warum war Kabara zusammen mit den umliegenden kleinen Inseln sogar zur wichtigsten politischen Kraft der gesamten Fidschi-Inseln aufgestiegen?

Die Antwort wurde schnell deutlich, nachdem Banack angekommen war. Als sie zum ersten Mal mit Ilaijia Ledua in den Wald von Kabara ging, stellte sie fest, daß es sich hier um den besten Bestand von *vesi*-Bäumen (*Intsia bijuga*, Caesalpiniaceae) im pazifischen Raum handelte. Die große Bedeutung dieser Bäume für die Inselbewohner wurde deutlich, als der Chef der Zimmerleute ein langes Gebet anstimmte, bevor einer der jungen Männer an einen der Stämme, die man für den Rumpf ausgewählt hatte, die Axt anlegen durfte. »Der Vesi ist einer der heiligen Bäume von Viti«, schrieb Berthold Seemann 1865.

»Die Europäer machten gelegentlich recht unerfreuliche Bekanntschaft mit den Bewohnern der Fidschi-Inseln, wenn sie ihn nichtsahnend zum Hausbau gefällt hatten… Das Holz ist das beste auf den Inseln, und es erscheint fast unzerstörbar; man benutzt es für Kanus, Kissen, Kava-Schüsseln, Knüppel und eine ganze Reihe weiterer Gegenstände.«

Vesi-Stämme sind die polynesische Entsprechung zu Stahlträgern; sie halten als einziges Pflanzenmaterial den gewaltigen Belastungen stand,

4.4 Links: Auf der winzigen Insel Kabara gibt es kaum fruchtbaren Boden, aber einen Wald mit wertvollen *vesi*-Bäumen (*Intsia bijuga*). Das Foto zeigt die Suche nach Bäumen, die sich für den Rumpf eines seetüchtigen Bootes eignen. Rechts: Die Bäume der Spezies *I. bijuga* sind sehr schwer, und deshalb höhlen die Einheimischen den Stamm schon im Wald aus und transportieren ihn erst dann zu dem Bauplatz an der Küste.

Aufsicht

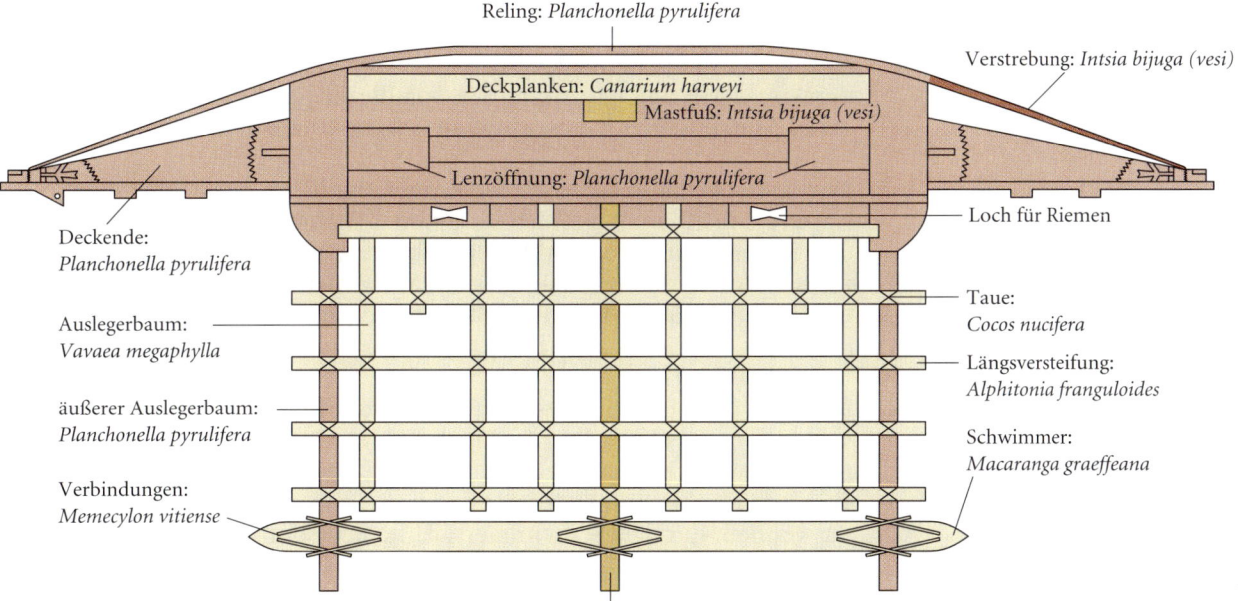

Reling: *Planchonella pyrulifera*

Verstrebung: *Intsia bijuga (vesi)*

Deckplanken: *Canarium harveyi*

Mastfuß: *Intsia bijuga (vesi)*

Lenzöffnung: *Planchonella pyrulifera*

Loch für Riemen

Deckende: *Planchonella pyrulifera*

Auslegerbaum: *Vavaea megaphylla*

äußerer Auslegerbaum: *Planchonella pyrulifera*

Verbindungen: *Memecylon vitiense*

Taue: *Cocos nucifera*

Längsversteifung: *Alphitonia franguloides*

Schwimmer: *Macaranga graeffeana*

mittlerer Auslegerbaum: *Intsia bijuga (vesi)*

Seitenansicht

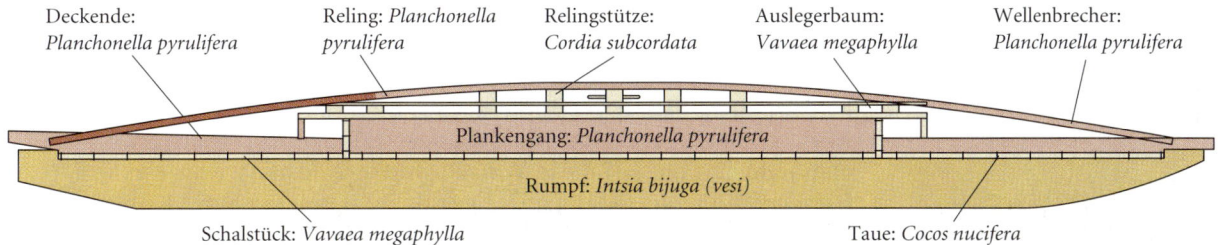

Deckende: *Planchonella pyrulifera*

Reling: *Planchonella pyrulifera*

Relingstütze: *Cordia subcordata*

Auslegerbaum: *Vavaea megaphylla*

Wellenbrecher: *Planchonella pyrulifera*

Plankengang: *Planchonella pyrulifera*

Rumpf: *Intsia bijuga (vesi)*

Schalstück: *Vavaea megaphylla*

Taue: *Cocos nucifera*

Querschnitt

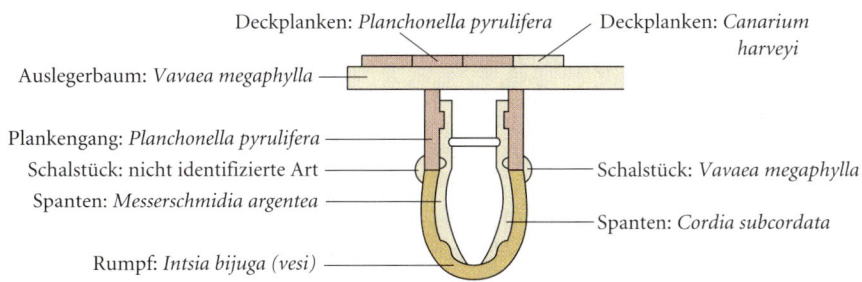

Deckplanken: *Planchonella pyrulifera*

Deckplanken: *Canarium harveyi*

Auslegerbaum: *Vavaea megaphylla*

Plankengang: *Planchonella pyrulifera*

Schalstück: nicht identifizierte Art

Spanten: *Messerschmidia argentea*

Rumpf: *Intsia bijuga (vesi)*

Schalstück: *Vavaea megaphylla*

Spanten: *Cordia subcordata*

4.5 Ein seetüchtiges Schiff (*camakau*) von den Fidschi-Inseln in schematischer Darstellung. Die Schiffbauer wählen zunächst über 20 Pflanzenarten, aus denen sie verschiedene Teile des Kanus herstellen. *Intsia bijuga* verwenden sie wegen seiner großen Zugfestigkeit für die besonders stark belasteten Teile des *camakau*, beispielsweise für den Rumpf, den mittleren Auslegerbaum und den Mastfuß. Für die anderen Teile des Kanus verwenden sie leichtere Holzarten, die weniger zum Sinken neigen.

117

denen ein Schiffsrumpf bei schwerer See ausgesetzt ist. Der *vesi* ist zwar kein seltener Baum – sein Verbreitungsgebiet reicht von Indonesien und Malaysia nach Osten bis zu den Tonga- und Samoa-Inseln –, aber auf der kleinen Kalkstein-Hochebene von Kabara wird er besonders groß. Mit den *vesi*-Stämmen von dieser Insel kann man einen bis zu 20 Meter langen Bootsrumpf aus einem Stück herstellen.

Das neue *camakau* sollte 15 Meter messen. Nach dem Gebet wies Ilaijia Ledua die jungen Männer an, den Baum zu fällen. Sie befreiten den Stamm von Ästen und höhlten ihn aus; erst dann beförderten sie ihn auf Rollen zu dem Bauplatz am Meer. Anschließend fällten sie weitere *vesi*-Bäume für Mast, Steuerruder und andere Teile des *camakau*, bei denen es auf Zugfestigkeit und Haltbarkeit ankam.

Das *vesi*-Holz hat als Material für den Schiffbau nur einen Nachteil: seine besonders hohe Dichte. Da das Holz eines Schiffes insgesamt nicht schwerer sein darf als die Wasserverdrängung der ganzen Konstruktion, muß man für die anderen Teile weniger dichtes Holz verwenden. Für den Schwimmer wählte der Schiffbauer deshalb *Macaranga graeffeana* (Euphorbiaceae), einen Baum, der in Lichtungen des Regenwaldes gedeiht und ein leichtes, poröses Holz besitzt. Insgesamt wurden nach Banacks Aufzeichnungen über 20 einheimische Pflanzenarten in dem Kanu verarbeitet. Ilaijia Ledua arbeitete wie ein qualifizierter Flugzeugingenieur: Jede Pflanze wählte er sorgfältig nach ihren Leistungsmerkmalen aus. Sollten daraus Schnüre und Taue geflochten werden, mußten sie kräftig und haltbar sein. Das aus Kokosschalen hergestellte Tauwerk wurden sorgfältig mit dem Saft von *Canarium harveyi* (Burseraceae) imprägniert, was ihm einen gewissen Schutz gegen das Meerwasser verlieh. Das Takelwerk konnte man jedoch nicht auf diese Weise schützen; deshalb wurde es aus *Hibiscus tiliaceus* (Malvaceae) geflochten, einem an der Küste heimischen Strauch. Seine Fasern sind schwieriger zu verarbeiten als die der Kokosnuß, aber sie sind auch länger, so daß die aus ihnen hergestellten Taue größere Scherkräfte aushalten.

Das 30 Quadratmeter große Segel flochten die Frauen des Dorfes aus den Blättern von *Pandanus* (Pandanaceae). Traditionell wurden die Stücke mit gebogenen Nadeln zusammengenäht, die man aus dem Schienbein eines getöteten Feindes herstellte, aber für unser Segel verwendeten sie handelsübliche Segelnadeln aus Stahl.

Schließlich kam der Tag, an dem das Boot fertig war, und für die Schiffbauer wurde eine festliche Zeremonie vorbereitet. Der Stapellauf würde allerdings an diesem Morgen kaum stattfinden, denn das Meer war mit zwei Meter hohen Wellen so unruhig, wie Banack es während ihres sechsmonatigen Aufenthaltes auf Kabara noch nicht erlebt hatte.

4.6 Frauen durften aus rituellen Gründen beim Bau eines *camakau* nicht mitwirken; eine Ausnahme bildet das Segel: Es wird von Vika Usu und anderen Frauen ganz und gar aus *Pandanus*-Blättern geflochten.

Die Dorfbewohner fürchteten, das Boot könne kentern, wenn man es zu Wasser ließe. Als aber ein eigens angereistes Filmteam seine Kameras in ein Motorboot lud, sah Banack zu ihrer Verblüffung, wie eine Gruppe von Männern aus dem Dorf zu dem Schiff ging und es vom Strand in Richtung Meer schob. Banack lief hin und fragte, was das zu bedeuten habe.

»Wir fahren los«, rief die Mannschaft, »komm' mit!«

Sie hatten weder Schwimmwesten noch Seekarten, und Banack wußte, daß die Zimmerleute keine seemännische Erfahrung besaßen. Ilaijida Ledua hatte zwar das Wissen der Schiffbauergilde bewahrt, aber die Gilde der Seeleute war schon lange verschwunden. Von den noch lebenden Bewohnern Kabaras hatte nur ein einziger schon einmal ein *camakau* gesegelt. Banack stand also vor einer schweren Entscheidung, aber als Ethnobotanikerin hatte sie gelernt, bei ihren Lehrern zu bleiben, und dieses Prinzip siegte: Sie sprang in das Boot. Als der Wind in die großen *Pandanus*-Segel fuhr, schoß das *camakau* pfeilschnell davon und ließ das Motorboot weit hinter sich.

4.7 Jungfernfahrt eines *camakau* von den Fidschi-Inseln vor der Insel Kabara. Am Bug des Bootes sitzt die Ethnobotanikerin Sandra Banack.

119

Die Seereisen der Polynesier
und die Entdeckung Neuseelands

Ein großes, dem *camakau* ähnliches Boot war vielleicht auch das Transportmittel, mit dem die Vorfahren der Maori erstmals nach Neuseeland kamen. Nach Ansicht des Archäologen Roger Green von der Universität Auckland brachten die ersten Maoris eine sehr alte Form der polynesischen Kultur mit, die sie dem neuen, üppigen Land anpaßten: Hier gab es Tausende von flugunfähigen Moas, straußenähnliche Vögel, die bis drei Meter hoch werden konnten, unerschöpfliche Vorräte des Adlerfarns *aruhe* (*Pteridium aquilinum*, Dennstaedtiaceae), dessen Wurzeln zu einem Grundnahrungsmittel der Maori wurden, und sowohl den fruchtbaren Boden als auch das ideale Klima für den Anbau von Süßkartoffeln. Wann Neuseeland entdeckt wurde, ist nicht geklärt: Nach Vermutungen der Archäologin Janet Davidson waren seine Küsten um 1200 n. Chr. besiedelt, aber andere Fachleute gehen davon aus, daß sie bereits um 800 n. Chr. entdeckt wurden. Auch ob die Besiedelung ein Einzelereignis war oder in mehreren Wellen erfolgte, läßt sich aus den archäologischen Befunden kaum ablesen. Die Legenden der Maori sprechen allerdings von mindestens einem Kolonisierungsvorgang, der ansonsten auf der ganzen Welt seinesgleichen sucht: Danach landete eine Auswanderergruppe von etwa 1000 Personen mit einer Flotte auf der Nordinsel.

In den Mythen der Maori gibt es eine Fülle von Geschichten über die Kanus, die an dieser ersten Überfahrt beteiligt waren. Fast jeder heute lebende Maori führt seine Abstammung auf ein bestimmtes *waka* (Kanu) zurück, das während der großen Völkerwanderung von Havaiki ankam, der Heimatinsel der Maori; wo sie lag, ist im Dunkel der Vergangenheit verborgen, aber vermutlich war sie nicht weit von Tahiti entfernt. Ethnohistorische Berichte verlegen diese Wanderung ins 14. Jahrhundert, also ungefähr in die gleiche Zeit, als auch die Anasazi ihre große Wanderung vom Colorado-Plateau in die südlichen Hochebenen abgeschlossen hatten. Wie man aus der Analyse der Baumringe weiß, wanderten die Anasazi wegen der langen Dürre und der damit verbundenen Hungersnot aus, aber was war bei den Maori der Anlaß für die große Reise?

Das empfindliche ökologische Gleichgewicht ozeanischer Inseln verträgt falsche Bewirtschaftung kaum. Was sich auf Havaiki abspielte, wissen wir nicht; bekannt ist aber, daß das Innere der Insel Mangareva wegen der Entwaldung fast nutzlos für die Landwirtschaft wurde. In ähnlicher Weise wurden auch die Strauchregenwälder auf der Osterinsel fast völlig zerstört, so daß sich die Bodenerosion erheblich verstärkte, und nach Ansicht des Archäologen Patrick McCoy wurde dadurch das Holz für Kanus knapp. Das wiederum führte zu einem Rückgang des Fischfangs. Auf Tikopia (einem polynesischen Außenposten in den Salomon-Inseln) stellten Patrick Kirch und Douglas Yen fest, daß Schweine vor etwa 200 Jahren plötzlich aus den archäologischen Funden verschwinden. Ob sie nun das Opfer von Krankheiten, Gefräßigkeit oder unbekannten kulturellen Wandlungen wurden, die Folgen waren die gleichen: Mit dem einzigen Haustier auf der Insel verschwand auch ein wichtiger Proteinlieferant.

Alle ökologischen Vorbedingungen für die Wanderung der Maori werden wir vielleicht nie kennen, aber es gibt eine verblüffende Parallele zu den Vorgängen bei den Anasazi: Fast alle Überlieferungen der Maori lassen darauf schließen, daß der Streit um die schwindenden Lebensmittelvorräte auf Havaiki zu der Massenflucht führte. So wie das Bewußtsein der Juden im Laufe der Jahrhunderte durch die Geschichten über den Auszug aus Ägypten geformt wurde, der in ein gelobtes Land mit „Milch und Honig" führen sollte, erhielt auch die Kultur der Maori ihre Gestalt durch die mündliche Überlieferung über den Massenexodus nach Aotearoa, das „Land der langen weißen Wolke", wie die Maori Neuseeland nennen.

Der Auszug der Maori von Havaiki nach Aotearoa gehört zu den größten Völkerwanderungen der Menschheitsgeschichte. Trotz Wind, Wellen und unbekannter Gefahren machten sich Tausende von Menschen auf, um mehr als 2000 Seemeilen (3700 Kilometer) weit über das offene Meer nach Neuseeland zu segeln. Die Geschichten über diese heldenhafte Reise wurden wie die nordischen Sagen über Erik den Roten von Generation zu Generation weiterüberliefert. Das am Rand wiedergegebene Maori-Gedicht fängt sehr treffend ein, was der Steuermann des Kanus *Aotea* empfand, als die Segel gesetzt wurden.

Irgendwann nachdem sich die *Aotea* und ihr Schwesterkanu *Ririno* auf den Weg gemacht hatten, gefährdeten Meinungsverschiedenheiten über den Kurs die weitere Reise. Potoru, der Kapitän der *Ririno*, war der Ansicht, man solle in Richtung der aufgehenden Sonne segeln; Turi dagegen, der Kapitän der *Aotea*, bestand darauf, den von seinem Navigator Kupe festgelegten Kurs genau beizubehalten, und befahl, in Richtung der untergehenden Sonne zu steuern. Also trennten sich die Kanus, und die *Ririno* ging verloren. Noch heute sagen die Maori über einen halsstarrigen Menschen: »Er besteht darauf wie Poturu.« Der Legende zufolge landete die *Aotea* auf Rangitua, einer Insel des Kermadec-Archipels, wo man die obersten Planken des Kanus neu festzurrte und den Göttern Opfer darbrachte. Nachdem die notwendigen Reparaturen ausgeführt waren, setzte die Mannschaft die Segel und nahm Kurs auf Aotearoa.

Lied eines Ruderers von Aotea

Wild stößt der Schaft meines Paddels
Es heißt *Kautu ki te rangi**
Zu den Himmeln hebe es
Zum Firmament steige es empor.
Es führet mich zum Horizont
Zum Horizont, der scheint so nah
Zum Horizont, der Ängste schürt,
Zum Horizont, der mich bedroht,
Zum Horizont der unbekannten Mächte,
dem heilige Gesetze Grenzen ziehn.
Auf diesem ungewissen Kurs
Muß unser Schiff den Wogen trotzen
Muß unser Schiff den Stürmen trotzen.
Dieser Kurs ist uns bestimmt.

* „Zum Himmel gerichtet"

Natürlich konnte man solche langen Reisen nicht mit kleinen Booten unternehmen. Den Legenden der Maori zufolge hatten die meisten bei der Wanderung benutzten Kanus, die wie das *camakau* von den Fidschi-Inseln nur einen Rumpf besaßen, eine gewaltige Länge. Die meisten anderen Kanus machten an der Ostküste der Nordinsel fest, aber die *Aotea* landete an der Westküste in der Nähe der heutigen Stadt Kawhia. Sofort nachdem die Einwanderer an Land gegangen waren, bauten sie Nutzpflanzen an, allerdings mit unterschiedlichem Erfolg. Brotfrucht und Kokosnuß, die polynesischen Grundnahrungsmittel, gediehen im kühlen Klima Neuseelands nicht. Legenden über den fehlgeschlagenen Anbau von Kokosnüssen berichten, welch fürchterlicher Schlag das für die Siedler gewesen sein muß: »*Ni* war der Name dieser Frucht, die ungefähr so groß war wie ein Kinderkopf; solche Früchte brachte man hierher…aber sie gediehen nie.«

Die Mannschaft der *Aotea* hatte jedoch noch etwas besonders Wertvolles in ihrer Fracht mitgebracht. Ihr Priester trug heimlich neun Saatkartoffeln der Batate oder Süßkartoffel in seinem Gürtel. Eine davon opferte er den Göttern, aber die anderen wurden sofort ausgelegt.

4.8 Die Süßkartoffel *Ipomoea batatas* ist überall in Polynesien ein Grundnahrungsmittel. Der Ethnobotaniker Douglas Yen sammelte eine Fülle genetischer und linguistischer Indizien, wonach diese Knollenpflanze ursprünglich aus Südamerika stammt.

Süßkartoffeln und das Unternehmen *Kon-Tiki*

Nun könnte man in den Sagen der Maori über die Erkundung und Besiedelung Neuseelands unbewiesene Behauptungen über die Abstammung von heldenhaften Seefahrern sehen, gäbe es nicht die neun Saatkartoffeln. Dieses Detail und Geschichten über Süßkartoffeln, die von anderen Kanus mitgebracht wurden, lassen sich vermutlich experimentell belegen.

Süßkartoffeln gibt es sowohl in Peru als auch auf den Inseln Polynesiens. Im Jahr 1947 äußerte der norwegische Abenteurer Thor Heyerdahl die Ansicht, dies sei ein stichhaltiges Indiz, daß Polynesien von amerikanischen Indianern besiedelt worden sei:

»Die Süßkartoffel, die Kon-Tiki [ein Gott aus alter Zeit] mit sich auf die Inseln brachte, *Ipomoea batatas*, ist genau dieselbe, die die Indianer in Peru seit den ältesten Zeiten anbauen. Getrocknete Süßkartoffeln waren der wichtigste Reiseproviant sowohl für die Seefahrer Polynesiens als auch für die Eingeborenen im alten Peru. Auf den Südseeinseln will die Süßkartoffel nur unter sorgfältiger Pflege des Menschen gedeihen, und da sie das Seewasser nicht verträgt, kann ihre Verbreitung auf diesen isolierten Inseln kaum damit erklärt werden, daß sie 8 000 Kilometer mit den Meeresströmungen von Peru angetrieben sei. Besonders schwierig ist das Wegerklären eines so wichtigen Indiziums, nachdem die Sprachforscher aufgezeigt haben, daß alle die zerstreuten Südseeinseln die Süßkartoffel Kumara nannten. Kumara war auch die Benennung derselben Süßkartoffel bei den alten Indianern von Peru. Der Name folgt der Kartoffel über das Meer.«

Um seine Hypothese zu überprüfen, baute Heyerdahl ein Floß aus peruanischem Balsaholz (*Ochroma lagopus*, Bombacaceae) und taufte es auf den Namen *Kon-Tiki*; es war nach frühen europäischen Zeichnungen südamerikanischer seetüchtiger Wasserfahrzeuge konstruiert. Mit einer heldenhaften, 101 Tage langen Reise von Lima zum Tuamotu-Archipel bewies Heyerdahl, daß eine solche Seereise von Südamerika nach Polynesien in einem primitiven Fahrzeug und mit sehr geringen Navigationshilfsmitteln in prähistorischer Zeit möglich war. Aber was möglich ist, ist noch lange nicht plausibel. Die Fachleute bewunderten zwar Heyerdahls Abenteurersinn, aber seine Schlußfolgerungen betrachteten sie skeptisch. Manche meinten, es habe in Polynesien zwar schon vor der Besiedelung durch die Europäer Süßkartoffeln gegeben, aber sie seien von den ersten spanischen Entdeckern mitgebracht worden. Andere waren der Ansicht, die Samen könnten mit Meeresströmungen auf die Inseln gelangt sein.

Der Ethnobotaniker Douglas Yen vom Bishop Museum in Honolulu untersuchte die Süßkartoffeln in Südamerika, Polynesien, Melanesien und Südostasien und stellte dabei fest, daß der Ausgangspunkt ihrer Auseinanderentwicklung in Südamerika liegt; diese Erkenntnis gründet sich auf vier Befunde: Morphologische Eigenschaften wie Blattform, Stengelbehaarung und Wurzeln sind nach Yens Beobachtungen in Südamerika wesentlich vielgestaltiger als in den anderen Populationen. Außerdem fand er in Südamerika sehr alte archäologische Überreste dieser Pflanzen. Polynesische Legenden sprechen ebenfalls ausnahmslos davon, daß die Süßkartoffel aus dem Osten stammt, und auch die linguistischen Befunde lassen sich mit Peru als Herkunftsland vereinbaren.

Aufgrund dieser Befunde und genetischer Überlegungen gelangte Yen zu dem Schluß, daß sich alle Süßkartoffeln des Pazifikraumes nach Südamerika zurückverfolgen lassen. Aber die Lösung des Rätsels um die Herkunft der Süßkartoffel ist noch kein stichhaltiger Beleg für Heyerdahls Hypothese, denn Seereisen in prähistorischer Zeit sind nur einer von mehreren möglichen Verbreitungswegen. »Vielleicht müssen wir zu einer älteren Frage zurückkehren, nämlich zu der, ob es in prähistorischer Zeit überhaupt unmittelbare Kontakte zwischen Amerika und Polynesien gab«, schrieb Yen. »Die Pflanzen können zu diesem Thema nichts beitragen, denn sie verraten nicht, wie sie dorthin gekommen sind. Sie weisen im besten Fall in eine bestimmte Richtung.«

In jüngerer Zeit interessierte sich der Linguist Karl Rensch von der Australian National University für das hawaiianische Wort ʻuala. Aufgrund der allgemeinen Regeln für die Konsonantenverschiebung in polynesischen Sprachen hält er es unwahrscheinlich, daß ʻuala vom

Tabelle 4.1: Einheimische Bezeichnungen für die Süßkartoffel (Ipomoea batatas)

Südamerika

Urubamba, Peru	cumara
Cuzco, Peru	cumara
Sierras, Peru	cjumara
Lima, Peru	kumar
Ecuador, Hochland	kumar
Kolumbien	kuala

Polynesien

Osterinsel	kumara
Tuamotu	kumara
Mangareva	kumara
Rarotonga	kumara
Marquesas	kuma'a
Aitutaki	kuara
Tahiti	umara
Samoa	umala
Tonga	kumala
Hawaii	'uala
Niue	timala
Neuseeland	kumara

polynesischen *kumara* abstammt, denn der Wechsel von *m* zu überhaupt keinem Laut kommt in keiner anderen polynesischen Sprache vor. Rensch vermutet statt dessen eine Verbindung zur Cuna-Sprachfamilie im Norden Kolumbiens.

Trotz der stichhaltigen Belege für die Verbreitung der Süßkartoffel von Südamerika nach Polynesien, glauben nur wenige Fachleute, daß die pazifischen Inseln von Amerika aus besiedelt wurden. Blutgruppenuntersuchungen, Linguistik, archäologische Befunde und Untersuchungen der traditionellen Landwirtschaft weisen übereinstimmend darauf hin, daß die Polynesier von den Lapita abstammen, einem Bauernvolk, das vor langer Zeit die südostasiatische Inselwelt verließ und nach einer langen Wanderung schließlich auf die Inseln im Südpazifik gelangte. Dennoch könnte es in prähistorischer Zeit begrenzte Kontakte zwischen Südamerika und Polynesien gegeben haben, und vielleicht erhielten manche polynesischen Bevölkerungsgruppen auf diesem Weg die Süßkartoffeln. Und nachdem diese Pflanze einmal eingeführt war, konnte sie sich mit Sicherheit in den ausgezeichneten polynesischen Segelbooten über ganz Ozeanien verbreiten.

Die Seereisen der Polynesier hatten gewaltige Auswirkungen auf den Verlauf der Besiedelung der Pazifikinseln. Diese Auswirkungen wurden von den verschiedensten Anthropologen, Sprachforschern, Archäologen und Biogeographen untersucht, aber Wissenschaftler, die in einer Industriegesellschaft groß geworden sind, übersehen häufig die prosaischen Details beim Schiffbau, beispielsweise die Frage, mit welchen Mitteln die Teile eines Schiffes zusammengehalten werden. Die vorindustrielle Gesellschaft, in der es weder Epoxyharze noch Stahlseile gab, mußte auf pflanzliches Material zurückgreifen und daraus Klebstoffe oder Taue herstellen. Die Aufmerksamkeit der Ethnobotaniker richtet sich auf Seile, Klebstoffe, Befestigungen und Behälter – solche Dinge sind in unserem heutigen Leben allgegenwärtig, aber in einem nichtindustriellen Umfeld mußte man sie mühsam herstellen; das gilt nicht nur für Polynesien, sondern für alle indigenen Kulturen, auch für die in den gemäßigten Breiten Nordamerikas.

Seile und Behälter

Mit Klebstoffen aus Fichtenharz und Schnüren aus Lindenbast konnten die Chippewa-Indianer aus ihrem wichtigsten Baumaterial, der Birkenrinde, erstaunlich vielfältige Produkte herstellen. In Kanus aus Birkenrinde, die von Seilen aus Lindenbast zusammengehalten wurden und mit Fichtenklebstoff abgedichtet waren, konnten die Chippewa zum Fischen fahren und wilden Reis sammeln. Und große Stücke der Birkenrinde dienten, mit Lindenbastfäden zusammengenäht, als Abdeckungen für ihre Behausungen.

Um das Fichtenharz abzubinden, kochten die Chippewa den Saft von *Picea rubra* (Pinaceae) in einem Stoffbeutel, schöpften das Harz von der Oberfläche ab und mischten es dann mit Zedernholzkohle. Die Seile stellten sie aus Lindenrinde (*Tilia americana*, Tiliaceaea) her: Diese wurde in lange Streifen geschnitten und dann mehrere Tage in Wasser gelegt, so daß sich Borke und Bast trennen ließen.

Aber die Chippewa waren von der Birkenrinde nicht nur wegen ihrer Nützlichkeit so angetan, sie hatte auch große religiöse Bedeutung. »Solange die Welt steht, wird dieser Baum dem Menschengeschlecht Schutz und Nutzen bringen«, sagt ihre Gottheit Winabojo, die sich in einer Birke vor den Donnervögeln versteckt hatte. »Wenn die Menschen etwas bewahren wollen, müssen sie es in Birkenrinde packen, dann wird es nicht zerfallen.« In Übereinstimmung mit dieser Weissagung stellten die Chipppewa fest, daß sie Ahornsirup in Gefäßen aus Birkenrinde über ein Jahr lang aufbewahren konnten. Manche dieser Behälter faßten über neun Kilogramm. Auch die Samen in Lappland stellten Behälter aus Birkenrinde her, und noch heute verwenden sie geschnitzte Schüsseln aus Birkenholz zum Einsammeln der Rentiermilch.

Noch wichtiger waren Behälter aus pflanzlichem Material für Kulturen, in denen Wasser über weite Strecken transportiert werden mußte. Eine angespannte Lage oder das Bedürfnis, sich im Angriffsfalle besser verteidigen zu können, bewog viele Stämme, sich in einer gewissen Entfernung von Wasserquellen niederzulassen. In Südamerika dienen große Flaschenkürbisse der Gattung *Lagenaria* (Cucurbitaceae) zum Wassertransport. Ähnliche Kürbisse fand man auch auf den Pazifikinseln; manche davon, die man auf Hawaii entdeckte, fassen bis zu zehn Litern. Auch als Behälter zur Konservierung von Lebensmitteln kann man Pflanzen benutzen.

Besonders einfallsreiche Behälter konstruierten die Maori aus hohlen Stücken des Seetanges *Durvillaea antarctica* (Durvillaeaceae). Sie brachten auf einer Seite des Tanges ein kleines Loch an, bliesen dann die ganze Pflanze auf und ließen sie trocknen. Der getrocknete Tang behielt die aufgeblasene Form bei und ähnelte nun einer riesigen Flasche. In solchen Tangbehältern bewahrte man nicht nur Öl auf, sondern erstaunlicherweise auch das Fleisch von Sturmtauchern der Gattung *Puffinus* (Procellarridae). Die Maori legten die kleinen Vögel in die Seetangbeutel und gossen deren eigenes Fett darüber; auf diese Weise schufen sie einen keimfreien Verschluß, ganz ähnlich wie bei

4.9 Diese Rentiermilchschale (*kåsa*) wurde von den Samen in Lappland benutzt. Sie besteht aus Birkenholz (*Betula pendula*, Betulaceae) mit einem Griff aus geschnitztem Rentierknochen und kann in einer Hand gehalten werden, so daß die andere zum Melken des Rentiers frei bleibt. Birkenholz wurde nicht nur von den Samen verwendet, sondern auch von vielen Indianerstämmen; die Chippewa stellten daraus zum Beispiel Behälter zum Aufbewahren von Lebensmitteln her.

4.10 Die Maori verwendeten nicht nur See-
tang, sondern auch solche Flaschenkürbisse, *taha huahua* genannt, zur Konservierung von Sturmtauchern. Der Kürbis war oft
mit einem geflochtenen Überzug aus Neu-
seeländischem Hanf (*Phormium tenax*,
Agavaceae) versehen und mit Vogelfedern
verziert. Als Verschluß diente ein geschnitzter
Deckel aus *Prumnopytis taxifolia* (Podocar-
paceae). Das auf diese Weise verpackte ge-
kochte Vogelfleisch blieb zwei Jahre oder
länger eßbar.

der heutigen Herstellung von Dosenfleisch. Wie in jeder modernen
Fleischfabrik gab es für die Arbeiter strenge Auflagen (*noa*). Sie durften von den Lebensmitteln, die sie verpackten, nichts essen und mußten deshalb ständig besondere Gesänge, *karakia* genannt, rezitieren.
Diese Vorsicht war den Maori nicht nur aus religiösen Gründen vorge-
schrieben, sondern auch um eine mögliche Lebensmittelvergiftung mit
dem Botulinustoxin zu verhindern.

Dennoch sind die Methoden der Maori zur keimfreien Aufbewahrung
der Lebensmittel kaum mit der modernen Konservenindustrie zu vergleichen, in der es Druckkochtöpfe und ständige bakteriologische
Überwachung gibt. Aber manche traditionelle Methoden reichen in
ihrer Wirksamkeit tatsächlich an ihr modernes Pendant heran. Von den
chinesischen Erfindern abgesehen, entwickelte nach heutiger Kenntnis
keine indigene Kultur etwas, das auch nur entfernt dem Schießpulver
ähnelte, aber durch geschickten Einsatz von Pflanzen konnten viele
von ihnen beim Jagen und Fischen ähnliche Erfolge erzielen wie mit
modernen Feuerwaffen.

Pfeilgifte

Mit Ausnahme der australischen Aborigines benutzten die Bewohner aller Kontinente Pfeilgifte zur Jagd und bei kriegerischen Auseinandersetzungen. Die südamerikanischen Ureinwohner jagten mit Giftpfeilen vor allem Vögel und Affen, aber in Afrika erlegte man damit auch viel größere Tiere. Im Jahr 1861, als David Livingstone gerade den Sambesi erforschte, versuchte der Botaniker John Kirk die Herkunft eines rätselhaften Giftes namens *kombé* zu ergründen; es war so stark, daß man damit einen Kaffernbüffel töten konnte. »Da der Pfeil keinen Lärm macht, kann man die Herde solange verfolgen, bis das Gift seine Wirkung entfaltet und ein Tier umfällt«, schrieb Livingstone. »Man wartet geduldig, bis es stürzt – ein Stück Fleisch rund um

4.11 Hochtoxische Pfeilgifte wurden in vielen Gegenden der Erde erfunden; man stellte sie aber auf den verschiedenen Kontinenten aus unterschiedlichen Pflanzen her.

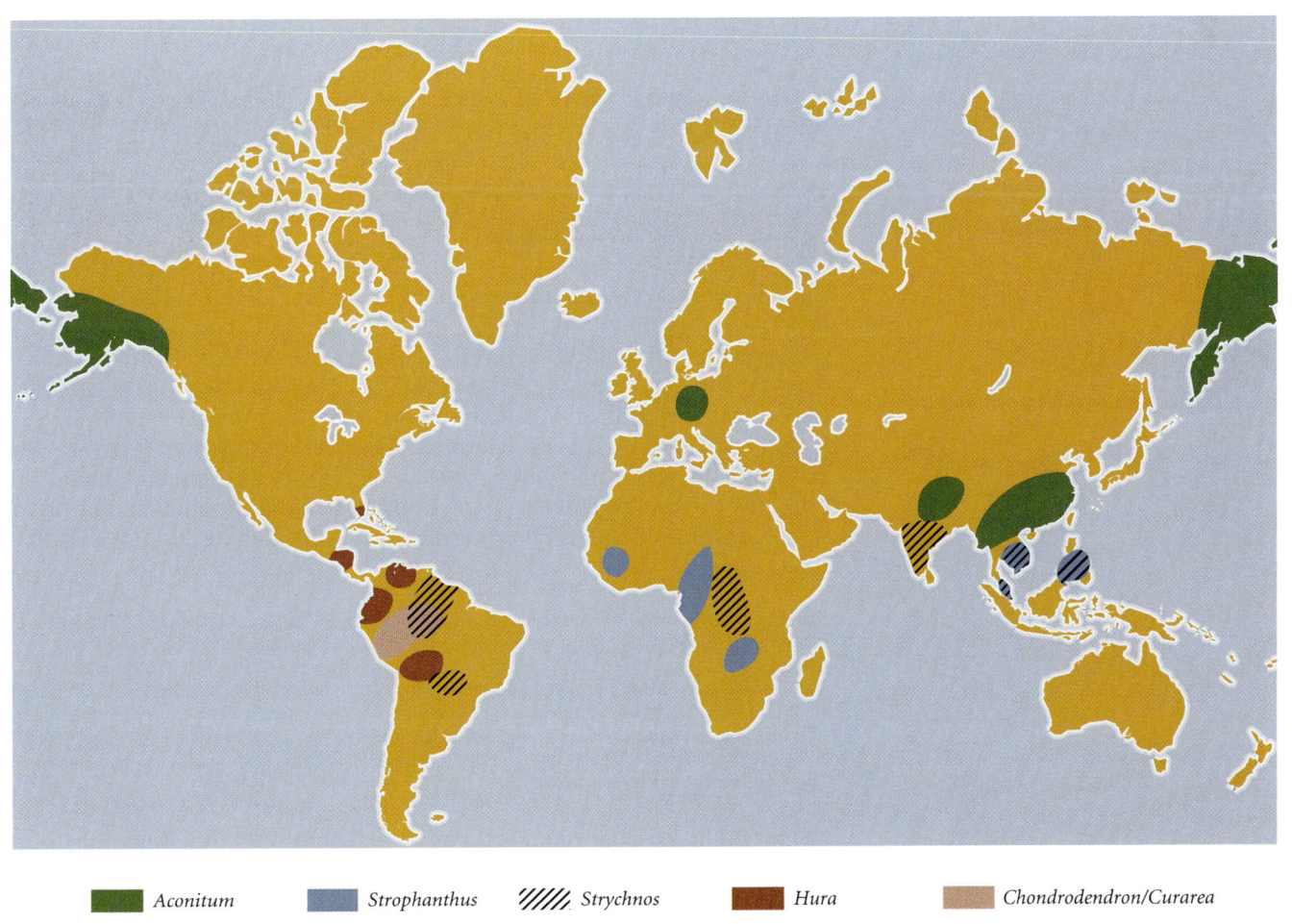

🟩 *Aconitum*	🟦 *Strophanthus*	///// *Strychnos*	🟫 *Hura*	🟧 *Chondrodendron/Curarea*

die Wunde wird weggeschnitten, und das übrige ißt man… es ist durchaus möglich, daß sich das *Kombi* als wertvolle Arznei erweist.«

Noch größere Tiere wie beispielsweise Nilpferde konnte man erlegen, wenn man es schaffte, daß das Gift durch ihre dicke Haut drang. Kirk bemerkt dazu:

»Das Flußpferd stirbt daran, aber dazu ist offenbar die dreifache Menge eines normalen Pfeils erforderlich. Man befördert es durch die dicke Haut, indem man es auf das mit Widerhaken versehene untere Ende eines Holzpflockes aufbringt, der von oben herunterfällt, wenn das Tier in eine Falle gerät. Die vergiftete Spitze wird weit in das dicke Ende des Pflockes hineingetrieben, und man läßt sie einfach wirken, was ungefähr einen halben Tag dauern soll.«

Die einheimischen Jäger verheimlichten gegenüber Kirk, woher sie das *kombé* hatten. »Ich hatte lange danach gesucht, aber die Eingeborenen gaben mir immer wieder irgendeine falsche Pflanze«, schrieb er in einem Brief an Sir Thomas Fraser, einen Pharmakologen der Universität Edinburgh.

»Eines Tages sah ich in dem Dorf Chibisa'a am Fluß Shiré das *Kombé*, das mir damals als ostafrikanische Pflanze neu war. Da war es, in Schoten, als Kletterpflanze an einem hohen Baum, und ich konnte niemanden dazu bewegen, hinaufzuklettern und einige Exemplare zu holen. Als ich selbst zu den *Kombé*-Schoten hinaufstieg, warnten mich die Eingeborenen, denn sie hatten Angst, ich könnte mich vergiften, wenn ich die Pflanze grob anfaßte oder ihren Saft in eine Wunde oder meinen Mund bekam; sie räumten ein, dies sei die *Kombé*- oder Giftpflanze. Auf diese Weise wurde das Gift identifiziert, und ich brachte einige Exemplare ins heimatliche Kew, wo sie wissenschaftlich beschrieben wurden.«

Einmal verunreinigte Kirk versehentlich seine Zahnbürste mit der Pflanze; daraufhin stellte er fest, daß sich sein Puls beim Zähneputzen verlangsamte. Er schickte einige Exemplare an die Royal Botanic Gardens im Kew, wo man die Pflanze auf den Namen *Strophantus kombe* (Apocynaceae) taufte. Was dann folgte, war ein frühes Beispiel für fachübergreifende Zusammenarbeit: Kirk und Livingstone taten sich zur Untersuchung von *kombé* mit Thomas Fraser zusammen, einem Pharmakologen der University of Edinburgh. John Buchanan, der britische Konsul im Nyassa-Distrikt, beschreibt die Zubereitung des Giftes so:

»Ein Mann bricht eine (*Strophantus*-)Frucht auf und legt die Samen mit den daranhängenden Haaren in einen Topf. Dann nimmt er ein Stück Bambus, in dessen Enden über Kreuz zwei schmale Späne eingelassen sind, und dreht es schnell, indem er es zwischen den Händen reibt. Auf diese Weise werden die Samen in Bewegung gesetzt und fallen auf den Boden des Topfes; die Wolle steigt hoch, kommt oben heraus und wird vom leisesten Windhauch weggetragen. Anschließend gibt man die Samen in einen kleinen Mörser und zerstößt sie zu einer Paste, die damit gebrauchsfertig ist. Gewöhnlich mischt man den Milchsaft einer *Euphorbia*-Art hinzu, damit sie besser am Pfeil haftet.«

Mit sorgfältigen pharmakologischen Forschungsarbeiten konnte Fraser bestätigen, daß die aktiven Bestandteile von *Strophantus* stark auf das Herz wirken. Durch Fraktionierung, die mit biologischen Tests (das

G-Strophanthin

Tubocurarin

Strychnin

Aconitin (Ph=C$_6$H$_5$, Me=CH$_3$)

4.12 Wie man aus Pflanzen wirksame Pfeilgifte herstellt, entdeckten die indigenen Völker mehrerer Kontinente. In der Gegend des afrikanischen Flusses Sambesi erlegte man mit Pfeilen, deren Spitzen ein Gift aus *kombé* (*Strophantus kombe*) trugen, große Tiere bis hin zu Flußpferden; das aus dieser Pflanze gewonnene Herzglykosid G-Strophantin dient heute als Medikament gegen Herzversagen. Das Tubocurarin, ein Alkaloid aus der südamerikanischen Pflanze *Chondrodendron tomentosum*, dient zum Vergiften von Blaspfeilen; medizinisch wird es bei Operationen als Muskelrelaxans verwendet. Das Alkaloid Strychnin aus den Samen von *Strychnos nux-vomica*, die in Indien und Sri Lanka zu Hause ist, wird in der Medizin kaum angewandt, wohl aber in der neuroanatomischen Forschung. Die Pflanzen der Gattung *Aconitum* (Eisenhut) erzeugen das Alkaloid Aconitin. Verschiedene Arten von *Aconitum* dienten in China und Europa als Pfeilgifte. Heute wird *Aconitum* (ebenso wie Nux vomica) noch in der Homöopathie verwendet.

heißt mit Experimenten an Fröschen und Kaninchen) kontrolliert wurde, isolierte Fraser ein Glykosid, das heute Strophantin heißt und bei der Behandlung von Herzschwäche eingesetzt wird.

Therapeutisch nützliche Medikamente konnte man auch aus südamerikanischen Pfeilgiften gewinnen, insbesondere aus dem Curare, das die Stämme im tropischen Regenwald zur Jagd verwenden. Wie Norman Bisset vom King's College bei eingehender pharmakologischer Analyse des Curare feststellte, wird das in Kalebassen aufbewahrte Gift in der Regel aus Arten der Gattung *Strychnos* (Loganiaceae) gewonnen, während die in Bambusröhren transportierte Form aus *Chondodendron* (Menispermaceae) oder *Curarea* (Menispermaceae) stammt. Anders als die afrikanischen *Strophantus*-Gifte wirkt Curare nicht auf das Herz, sondern es führt eine Entspannung der Muskulatur und damit den Tod durch Atemlähmung herbei. Das Tubocuranin – es wird so genannt, weil es aus dem in Bambusröhren transportierten Curare gewonnen wird (engl. *tube* = Röhre) – und das aus dem Kalebassen-Curare hergestellte Toxiferin wurden in der Chirurgie zu sehr wichtigen Narkosemedikamenten; manche Operationen, insbesondere Eingriffe am offenen Herzen, wären ohne diese Verbindungen oder ihre synthetischen Derivate überhaupt nicht möglich.

4.13 Die Waorani-Indianer in Ecuador stellen das Pfeilgift Curare aus der abgekratzten Rinde von *Chondodendron*- oder *Strychnos*-Arten her (links). Die Rinde wird durch Palmblätter gefiltert, und gibt dabei ihre tödlichen Inhaltsstoffe frei. Die Waorani jagen mit dem Curare fast so erfolgreich wie mit Feuerwaffen.

Wie wirksam sind die Pfeilgifte im Umfeld der Eingeborenen? James Yost und Patricia Kelly verglichen beim Volk der Waorani in Ecuador die Wirkung eines Blasrohrs, eines Giftpfeils und eines vergifteten Speers mit der einer Feuerwaffe. Wie sich herausstellte, erzielten die Jäger mit dem Gewehr nur 22 Prozent mehr Beute als mit vergifteten Pfeilen oder Speeren. Dies ist eindeutig auf die starke Wirkung der Blasrohrgifte zurückzuführen. Das Huratoxin in einem Pfeilgift, das man in der Karibik aus *Hura crepitans* (Euphorbiaceae) gewinnt, war eine halbe Million mal giftiger als Zyankali. Strophantosid aus *Strophantus* ist 77mal giftiger, und selbst das Rohcurare aus der Kalebasse ist noch fünfmal so giftig wie Zyanid.

Die Pfeilgifte sind letztlich eine gut berechnete Reaktion auf die materiellen Gegebenheiten des Lebens: Wild ist eine reichliche Quelle für die

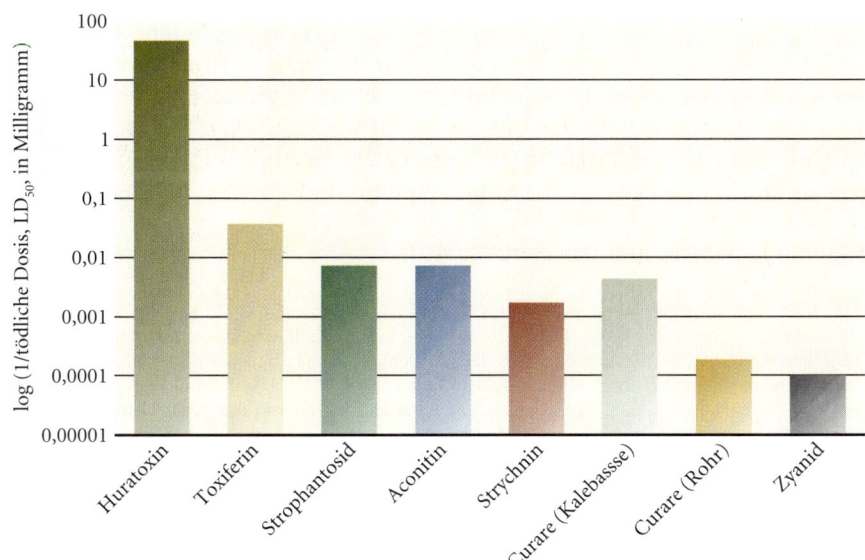

4.14 Die Toxizität verschiedener Pfeilgifte, angegeben als reziproke LD_{50}, die Dosis, bei der im Tierversuch 50 Prozent der Tiere sterben. Die senkrechte Achse ist logarithmisch; das Huratoxin aus *Hura crepitans* ist also 500 000mal giftiger als Zyanid. Solche hochgiftigen Wirkstoffe ermöglichten es einheimischen Jägern, die nur mit Pfeil und Bogen oder Blasrohren ausgerüstet waren, ähnliche Erfolge zu erzielen wie heutige Jäger mit dem Gewehr.

lebensnotwendigen Proteine. Daß sich die Menschen der Pflanzen zur Befriedigung des dringenden Bedürfnisse nach Nahrung, Obdach und Transport bedienen, überrascht nicht unbedingt. Ungewöhnlich ist nur, wieviel Mühe die indigenen Kulturen darauf verwenden, Pflanzen auch zu nicht lebensnotwendigen Zwecken zu benutzen. Selbst in der modernen Industriegesellschaft ist Holz mit seiner Widerstandsfähigkeit, seinem schönen Aussehen und seiner Wärme das bevorzugte Material für hochwertige Möbel, obwohl Kunststoffe und Metalle langlebiger und billiger sind. Solche Verwendungszwecke verraten, daß es hier nicht nur um materielle Notwendigkeiten geht, und bieten einen Einblick in den Schönheitssinn der Menschen: Offenbar haben wir das Bedürfnis nach Ausdrucksformen, die über das rein Funktionelle hinausgehen. Warum stellen Stammeskulturen sonst Tätowiertinte, Körperfarben, duftende Shampoos oder verzierte Textilien her? Nach unserer Überzeugung ist die Auswahl solcher Dinge nicht nur eine Geschmacksfrage, sondern sie sagt auch viel über das Wesen des Menschen insgesamt aus.

Der Körper als Leinwand:
Pflanzen und Tätowierung

Die ersten Tage des Mai 1768 waren für Samoa eine bedeutsame Zeit. In den vorangegangenen zwei Wochen hatte Aotourou, der tahitianische Lotse, der den Kapitän Louis de Bougainville begleitete, alles versucht, damit das Schiff Kurs auf die Inseln nahm. Bougainville mußte zu seiner Verblüffung erfahren, daß die Tahitianer durchaus über andere Völker Polynesiens Bescheid wußten. »Wir hatten den unbestreitbaren Beweis, daß die Bewohner der Inseln im Pazifischen Ozean untereinander in Verbindung stehen, und zwar auch über beträchtliche Entfernungen hinweg«, schrieb Bougainville in seinem Tagebuch. Weiter heißt es dort:

»Die Nacht war sehr klar, ohne eine einzige Wolke, und die Sterne leuchteten hell. Nachdem Aotourou sie aufmerksam beobachtet hatte, zeigte er auf den hellen Stern an der Schulter des Orion und sagte, wir sollten unseren Kurs danach richten, dann wären wir nach zwei Tagen in einem Land des Überflusses… Als ich meinen Kurs nicht änderte, wiederholte er mehrmals, es gebe dort Kokosnüsse, Bananen, Geflügel, Schweine und vor allem Frauen, die er mit vielen ausdrucksvollen Gesten als höchst entgegenkommend beschrieb. Verblüfft, daß diese Gründe auf mich keinerlei Eindruck machten, lief er und griff sich das Steuerrad, dessen Zweck er bereits begriffen hatte, und versuchte trotz des Steuermannes, es herumzureißen und unmittelbar in Richtung des Sterns zu steuern, den er uns gezeigt hatte. Es kostete uns viel Mühe, ihn zu beruhigen, und er wunderte sich sehr über unsere Weigerung. Am nächsten Morgen kletterte er bei Tagesanbruch auf die Mastspitze und blieb den ganzen Vormittag dort; dabei blickte er immer in die Richtung, wo das Land lag, als ob er uns umstimmen wollte und hoffte, es könne in Sicht kommen. Ebenso hatte er uns in dieser Nacht ohne jedes Zögern die Namen aller hellen Sterne, auf die wir zeigten, in seiner Sprache genannt.«

Am 3. Mai gegen Mittag segelte die Fregatte *La Boudeuse* durch die Meeresstraße zwischen den Inseln Ta'u und Olosega; die Samoaner fuhren mit mehreren Einbaumkanus auf sie zu. »Sie waren nackt, mit Ausnahme der Schamgegend, und zeigten uns Kokosnüsse und Wurzeln«, schrieb Bougainville.

»Unser Tahitianer zog sich aus, bis er nackt war wie sie, und sprach in seiner Sprache zu ihnen, aber sie verstanden ihn nicht… Diese Inselbewohner waren von mittelgroßer Erscheinung, aber lebhaft und gewandt. Sie bemalen die Brust und die Oberschenkel bis fast hinunter zu den Knien dunkelblau.«

Hätte Bougainville genauer hingesehen, wäre ihm aufgefallen, daß die dunkelblaue „Bemalung" der Samoaner in Wirklichkeit ein unauslöschlicher Farbstoff war, der sich nicht auf der Haut befand, sondern darunter. Die Samoaner hatten noch nie zuvor hellhäutige Menschen oder *papalagi* (wörtlich „Erscheinung des Himmels") gesehen, und Bougainville erblickte zum ersten Mal eine Tätowierung.

Der blaue Farbstoff, von dem Bougainville gesprochen hatte, wird aus den Nüssen des Lichtnußbaumes *Aleurites moluccana* (Euphorbiaceae) hergestellt. Seine fetthaltigen Kerne, auf samoanisch *lama* („Licht") genannt, werden auf der Mittelrippe eines Kokosblättchens aufgereiht und als Öllämpchen benutzt. Zur Herstellung der Tätowierfarbe sammeln die Samoaner d*ie lama*-Nüsse in Kokoskörben und backen sie zwei Tage lang in einem unterirdischen Ofen. Anschließend werden die Nüsse mit Steinen aufgeschlagen und wie für die Öllämpchen hin-

tereinander aufgereiht. Die Spieße mit den Kernen werden in einer besonderen steinernen Feuerstelle angezündet; sie geben einen schwarzen, öligen Rauch ab, der sich als Ruß auf den Steinen niederschlägt. Diesen Ruß kratzen die Samoaner auf einem Bananenblatt zusammen und bewahren ihn in einer Kokosnußschale auf.

Die Tätowierinstrumente bestehen aus einem Mörser und einem Pistill, mit denen der Farbstoff zu einem feinen Pulver zerstoßen wird, aus mehreren gezackten Kämmen aus Schweineknochen zum Eindrücken des Farbstoffes in die Haut, aus einem Hammer aus der Mittelrippe eines Kokosblattes, mit dem man auf die Kämme schlägt, und aus einer Palette aus Kokosschale. Zum Abwischen des Blutes dient ein Tuch aus Rinde.

In der Regel dauert es vier bis sechs Wochen, bis eine samoanische Körpertätowierung fertig ist. Die Person, die tätowiert wird, liegt auf dem Bauch, und rechts und links sitzen der Tatoo-Künstler (*tufuga*) sowie sein Assistent. Der Assistent zieht die Haut straff, und der Künstler, der ohne Vorzeichnung arbeitet, taucht die Spitzen des Kammes in die Farbe und fängt an, eine Linie zu hämmern. Fehler dürfen dabei nicht vorkommen: Die Linie muß von Anfang an völlig gerade und richtig liegen. Nachdem der Künstler auf diese Weise weitere Linien ins Fleisch des Kunden geklopft hat, fügt er dazwischen geometrische Figuren ein. Bald darauf entsteht auf dem Rücken des Tätowierten das stark stilisierte Bild eines Kanus. In den mit Farbe ausgefüllten Bereichen erkennt man gezackte *Pandanus*-Blätter, stilisierte Vogelköpfe, Tausendfüßler und Fischernetze. Auf der Vorderseite des Körpers zeichnet der Künstler zwei Linien über jeder Brust und ein großes Dreieck, das sich nach unten bis zur Schamgegend erstreckt. Dann werden nacheinander beide Oberschenkel vorn und hinten bis hinunter

4.15 Links: Der Ruß, der beim Verbrennen der Kerne von *Aleurites moluccana* entsteht, ist ein guter Tätowierfarbstoff. Die Pflanze wird auch Lichtnußbaum genannt, weil man die ölhaltigen Samen zu Beleuchtungszwecken verwenden kann. Rechts: Die samoanische Tätowierung ist eine langwierige, schmerzhafte Prozedur; angeblich soll sie den Männern helfen, die Schmerzen der Frauen bei der Entbindung besser zu verstehen.

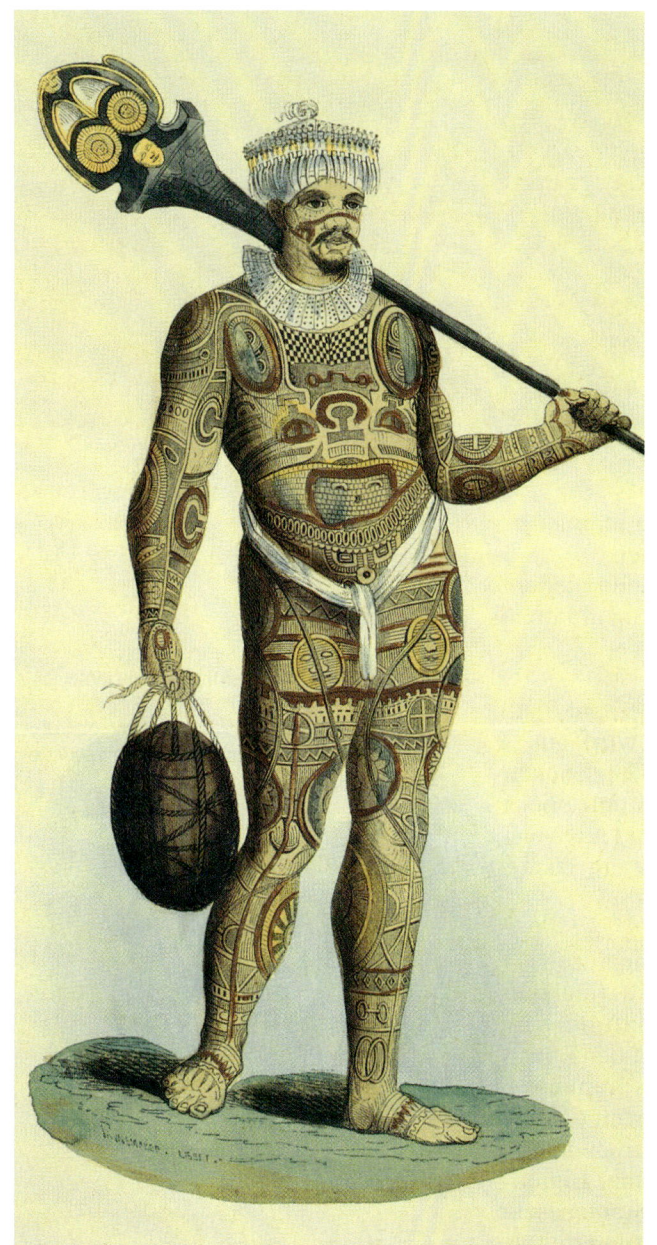

4.16 Ein Bewohner von Nuku Hiva auf den Marquesas-Inseln auf einer alten Zeichnung; Gesicht und Körper sind vollständig tätowiert. Rechts: Die samoanischen Tätowierungen, die in dem Bereich zwischen Knien und Brust angebracht werden, bestehen aus geometrischen Figuren mit mythischer Bedeutung.

zum Knie tätowiert. Zuletzt kommt eine kurze Linie über dem Nabel hinzu; sie ist das Zeichen, daß die Tätowierung fertig ist.

Zwischen dem ersten Einstich auf dem Rücken und der letzten Markierung am Nabel liegt eine schwere Zeit mit entsetzlichen Schmerzen. Die meisten samoanischen Häuptlinge sind zwar tätowiert, doch gilt es auch nicht als Schande, wenn man keinen derartigen Körperschmuck besitzt. Aber wehe dem Mann, der mit der Tätowierungsprozedur beginnt und sie dann nicht bis zum Ende durchsteht! Er wird zum *pe'a mutu*, zum „Tätowierungsfeigling", und ist für den Rest seines Lebens der Gegenstand von Hohn und Spott. Und was noch schlimmer ist: Auch seine Familie wird über Generationen hinweg verhöhnt.

Angesichts solch schrecklicher Folgen bei Nichtvollendung der Tätowierung muß man sich fragen, warum sich ein Mann überhaupt erst auf die schmerzhafte Prozedur einläßt. Tätowierte Samoaner räumen ein, ihre Beweggründe hätten sich im Verlauf des Vorganges verändert. Anfangs ist vielfach Eitelkeit – ein tätowierter Mann gilt als schön – und der Wunsch nach mehr Anerkennung im Heimatdorf das Motiv. Außerdem ist der erduldete Schmerz für jeden Zweifler der Beweis, daß man zäh und mutig ist. Aber solche Motive schmelzen mit jedem Hammerschlag des *tufuga* dahin. Am Ende ist das Durchhaltevermögen nicht mehr von Eitelkeit bestimmt, sondern von den gewaltigen gesellschaftlichen Folgen für die ganze Familie, wenn die Tätowierung nicht vollendet wird. Diesen Wandel der Beweggründe vergleichen die Samoaner mit einer Schwangerschaft. Das Kind wird lustvoll gezeugt, aber wenn es im Mutterleib heranwächst, ist für die Mutter nicht Lust das Motiv, ihr Kind auszutragen, sondern die Liebe zu ihrer neuen Familie. Ein nicht tätowierter Mann kann nach Ansicht der Samoaner nicht verstehen, welche Qualen eine Entbindung mit sich bringt und welch starke Liebe eine Mutter durch dieses Opfer für ihr Kind empfindet. Das Tätowieren beginnt demnach als Trachten nach Freude und endet als Liebesdienst für die Familie. Besonders deutlich wird die Verbindung zwischen Tätowieren und Entbindung in dem traditionellen samoanischen Hochzeitsritual: Die zukünftige Braut erhält ihre Aussteuer aus feinen Matten und Rindentuch, und der junge Mann erhält seine Tätowierung.

Die Kunst, den menschlichen Körper mit unauslöschlichen Verzierungen zu versehen, weckte bei den ersten europäischen Entdeckern im Südpazifik gewaltiges Interesse, und sie nahmen mehrere Inselbewohner mit nach Hause, um sie zur Schau zu stellen. Einige Seefahrer unterwarfen sich auch selbst der Prozedur. Mit ihrer Bezeichnung „Tätowierung" oder „Tattoo" versuchten sie, so gut wie möglich das Wort *tatau* aus der Sprache der Marquesas-Inseln nachzuahmen. Nach einem Bericht der Anthropologin Tricia Allen von der University of

Hawaii war der erste Europäer, der sich tätowieren ließ, ein gewisser Jean-Baptiste Cabri, ein Seemann, der Ende des 18. Jahrhunderts auf den Marquesas-Inseln von seinem Schiff desertiert war. Sein tätowierter Körper war in Europa eine solche Sensation, daß man die Haut nach seinem Tod konservierte und öffentlich zur Schau stellte. Später erhielt der Neuseeländer John Rutherford die Gesichtstätowierung (*moko*) eines Maori. Schon bald wurden Tätowierungen zum Markenzeichen des weitgereisten Seemannes, und das ist bis heute so geblieben.

Pflanzliche Körper- und Textilfarben

Die gleiche kulturelle Bedeutung, die den pflanzlichen Tätowierungsfarben bei den Samoanern zukommt, haben Körperfarben aus Pflanzen auch in vielen anderen Kulturkreisen aus der ganzen Welt. Die

4.17 Kinder vom Stamm der Kayapó aus Gorotire, einem Dorf im brasilianischen Bundesstaat Pará, mit der traditionellen Körperbemalung, die vor einem Fest zu Ehren der Maispflanze aufgetragen wird. Die rote Farbe stammt aus dem wachsartigen Samenmantel von *Bixa orellana* (Bixaceae) und das dunkle Violett aus den Früchten von *Genipa americana* (Rubiaceae). Die Früchte haben einen durchsichtigen Saft, der kurz nach dem Auftragen auf die Haut dunkel wird und zwei Wochen sichtbar bleibt, wobei er allmählich verblaßt. Mit Holzkohle gemischt, dient der Saft auch zum Malen von Mustern auf der Haut.

Ka'apor im Amazonasbecken bemalen zum Beispiel die Gesichter der Verstorbenen mit einer schwarzen Farbe aus *Licania heteromorpha* (Chrysobalanaceae). Auch die nordafrikanischen Berber schwärzen Leichen mit pflanzlichen Farbstoffen, die aber, anders als die der Ka'apor, aus dem Hennastrauch (*Lawsonia inermis*, Lythraceae) hergestellt werden. Im alten Ägypten diente Henna zum Färben der schwarzen Tücher, in die man Verstorbene einwickelte.

Kelten und Bretonen bemalten sich mit einem blauen Farbstoff aus den Blättern von *Isatis tinctoria* (Brassiaceae), dem Färberwaid, bevor sie in die Schlacht zogen. Das Wort „Britannien" stammt von *brith* ab, das auf keltisch „Farbe" und auf walisisch „gefleckt" bedeutet. Wer heute nach Großbritannien reist, begegnet zwar keinen mit Waid bemalten Kriegern mehr, aber die Uniformen der britischen Polizisten wurden noch lange mit diesem Farbstoff blau gefärbt.

Körperschmuck kann mehr sein als nur ein Zeichen für die gesellschaftliche Stellung. Wie der Ethnobotaniker William Balée von der Tulane University feststellte, arbeiten die Frauen der Ka'apor täglich durchschnittlich 27 Minuten lang an Gegenständen, mit denen sie sich selbst und ihre Angehörigen schmücken können. In solchem Schmuck spiegelt sich nicht Eitelkeit wider, sondern religiöse Überzeugung. Das gehärtete Harz von Arten der Gattung *Trattinnickia* (Burseraceae) an der Halskette eines Kindes soll schwere Krankheiten verhüten; und ein Rindenstück von *Petiveria alliacea* (Phytolaccaceae) wehrt böse Geister ab.

Angesichts dieser großen kulturellen Bedeutung des Körperschmucks ist es nicht verwunderlich, daß die meisten Menschen viel Zeit und Mühe auf die Verbesserung ihrer äußeren Erscheinung verwenden. Die Hochlandbewohner in Neuguinea brechen sogar einen Kriegszug ab, wenn sie fürchten, daß der Regen die Federn in ihrer Frisur zerstört. In den Industrieländern fährt die Kosmetikindustrie jedes Jahr Milliardengewinne ein. Auch die Funktionen der Kleidung gehen oft über das rein Nützliche hinaus. Keine Armee ohne Uniformen, keine Kirche ohne Priestergewänder, keine Monarchie ohne Krone. Selbst im Geschäftsleben übermittelt die Kleidung unterschwellige Botschaften über Ansehen, Macht und soziale Wunschvorstellungen.

Pflanzen und die Textilien der Naturvölker

Im Jahr 1845 kam Commander Charles Wilkes von der U.S. Exploring Expedition, in eine dicke Marineuniform gekleidet, auf Samoa an. Er

Tabelle 4.2: Ethnotaxonomie des Neuseeländischen Hanfes (Phormium tenax)

Gattungsname: *Harakeke*

Artnamen:

Aohanga	*Rātāroa*
Atemango	*Rauehu*
Ateraukawa	*Raumoa*
Atewheke	*Rerehape*
Huiroa	*Rongotainui*
Huki	*Ruatapu*
Huruhuruwhika	*Rukutia*
Karhuāmoa	*Taeore*
Karumanu	*Takirikau*
Katiraukawa	*Tamure*
Kauhangaroa	*Taneāwai*
Kohuinga	*Tapoto*
Kohunga	*Taroa*
Kōrītawa	*Wharanui*
Maomao	*Whararahi*
Mataroa	*Tihore*
Motuaruhi	*Tīkā*
Ngutunui	*Tipareouni*
Ngutu-parera	*Titoonewai*
Oue	*Tituao*
Parekawariki	*Toitoi*
Parekoritawa	*Tukura*
Paritaniwha	*Tutaemanu*
Pehu	*Tutaewheke*
Pīkōkō	*Wini*
Potango	

fand das *titi*, den Blätterrock der Samoaner, höchst bemerkenswert. In seiner Beschreibung dieses Kleidungsstücks heißt es:

»Ein kurzer Schurz und Gürtel aus Blättern des *ti* (*Cordyline terminalis*, Agavaceae) wird um die Lenden gebunden und fällt bis auf die Oberschenkel. Das *titi*… umschließt den ganzen Körper; wenn es zum ersten Mal angezogen wird, sieht es ordentlich und hübsch aus, aber es muß oft erneuert werden, denn die Blätter sind nach wenigen Tagen verwelkt; dieses Kleidungsstück paßt gut zum Klima, denn es hält kühl, und die Notwendigkeit, es häufig zu wechseln, sorgt für Sauberkeit.«

Außerdem beobachtete Wilkes, daß die Samoaner wie andere Polynesier Rindentuch aus *Broussonetia papyrifera* (Moraceae) herstellten und mit verschiedenen pflanzlichen Stoffen färbten: braun mit der Rinde von *Bischofia javanica* (Euphorbiaceae), rot mit den Samen des Orleanstrauches (*Bixa orellana*), gelb mit den Wurzeln von *Curcuma longa* (Zingiberaceae) und schwarz mit der Tätowierfarbe aus den Samen von *Aleurites moluccana*. Die Muster wurden entweder von Hand aufgemalt oder mit geschnitzten Holzplatten aufgedruckt. Das weiche, flanellähnliche Rindentuch (auf Samoa *siapo* genannt) trugen Männer und Frauen bei besonderen Zeremonien als Wickelgewänder.

Rindentuch wird auch heute noch ausschließlich von Frauen hergestellt; sie sehen in dieser Tätigkeit eine gute Gelegenheit, zwischenmenschliche Kontakte zu knüpfen. »Mit der Herstellung von Rindentuch beschäftigten sich Frauen aller Rangstufen«, schrieb William Ellis, einer der ersten Missionare auf den Inseln Ozeaniens, Anfang des 19. Jahrhunderts.

»Die Königin und die Ehefrauen der obersten Häuptlinge streben danach, sich in irgendeinem Bereich hervorzutun – in der Eleganz der Muster oder in der Leuchtkraft der Farben. Sie sind gern in Gesellschaft und arbeiten in großen Gruppen, und zwar in offenen, provisorischen Häusern, die speziell zu diesem Zweck errichtet werden. Als ich einmal ein solches Haus in Eimeo besuchte, sah ich 16 oder 20 Frauen, die alle beschäftigt waren. In ihrer Mitte saß die Königin, umringt von mehreren Häuptlingsfrauen; jede hatte einen Hammer in der Hand und schlug damit auf die vor ihr ausgebreitete Rinde. Die Königin arbeitete genauso gewissenhaft und fröhlich wie alle anderen.«

Welche Bedeutung Pflanzenfasern in traditionellen Kulturen besitzen, läßt sich an der Zahl der Pflanzenarten ablesen, die dort angebaut werden, und an der reichhaltigen Ethnotaxonomie (einheimische Klassifikationssysteme), mit der sie eingeteilt werden. Die Maori kennen mindestens 53 Sorten des Neuseeland-Hanfes *Phormium tenax* (Agavaceae), den sie *harakeke* nennen, und sie unterscheiden sie an den Blättern, aus deren Fasern sie einen weichen, seidenähnlichen Stoff weben. Im März 1770 schrieb Sir Joseph Banks, der Botaniker, der Captain Cook auf seiner ersten Reise begleitete, voller Begeisterung über *Phormium*: »Von allen Pflanzen, die wir bei diesen Völkern gesehen haben, ist die hervorragendste in ihrer Art, die wirklich die meisten oder sogar alle in anderen Ländern zu den gleichen Zwecken

verwendete übertrifft, diejenige, die ihnen anstelle von Hanf und Flachs dient.«

Die Liste der bei den Einheimischen bekannten Varietäten von *Phormium tenax* zeigt nicht nur die große Bedeutung dieser Pflanze in der Kultur der Maori, sondern auch einige allgemeine Prinzipien der Ethnotaxonomie. Brent Berlin, Douglas Breedlove und Peter Raven äußerten 1973 in einem Fachartikel die Ansicht, alle Klassifikationssysteme von Eingeborenen umfaßten fünf Hierarchieebenen. So wie man Pflanzen in der abendländischen Wissenschaft nach Reich, Ordnung, Familie, Gattung und Art einteilt, klassifizieren auch die indigenen Kulturen ihre Pflanzen in fünf Kategorien, schrieben Berlin und seine Kollegen. Die höchste dieser Ebenen, „einziger Anfang" ge-

4.18 Links: Mele Ongeongetau, eine Bewohnerin der Tonga-Inseln, sammelt die Rinde des Papiermaulbeerbaumes *Broussonetia papyrifera*, die überall in Polynesien zur Herstellung des sogenannten Tapa-Tuches dient. Rechts: Zur Herstellung des Tapa-Tuches feuchtet man die Rinde des Papiermaulbeerbaumes an und schlägt sie mit einem Hammer auf einem hölzernen Amboß, so daß die Fasern ausgebreitet werden.

nannt, entspricht ungefähr dem westlichen Begriff des Organismenreiches. In dieser wie auch in den anderen Kategorien kennt man demnach die Rangstufe, benennt sie aber nicht immer. Nach den Vermutungen Berlins und seiner Kollegen »ist es in der volkstümlichen Taxonomie durchaus üblich, daß das Taxon, das in die Kategorie des „einzigen Anfanges" gehört, sprachlich nicht durch einen einzigen, allgemein üblichen Ausdruck benannt wird. Das heißt, für das umfassendste Taxon, zum Beispiel *Pflanze* oder *Tier*, gibt es keinen Namen.« Die nächstniedrigere Kategorie heißt in Berlins Hypothese „Lebensform"; sie umfaßt in der Regel Pflanzen mit der gleichen allgemeinen Anatomie, zum Beispiel *Bäume*, *Sträucher* oder *Lianen*. Die beiden folgenden Stufen entsprechen ungefähr der Gattung und Art, und die letzte bezeichnet verschiedene Varietäten.

Der Artikel von Berlin, Breedlove und Raven ist nicht deshalb so bedeutsam, weil ihre Schlußfolgerungen allgemein anerkannt wären (das sind sie nicht), sondern weil er in Ethnobotanik und kultureller Anthropologie eine umfassende Diskussion in Gang setzte und die Wissenschaftler veranlaßte, sich genauer mit den Benennungssystemen der Einheimischen zu befassen. Offensichtlich ähneln die meisten ethnotaxonomischen Systeme dem modernen wissenschaftlichen System insofern, als sie für die Pflanzen ebenfalls zweiteilige Namen verwenden. Wie in der abendländischen Botanik besteht ein solcher Doppelname auch in den ethnotaxonomischen Systemen aus einer Gattungsbezeichnung, die durch den zweiten Namensteil genauer spezifiziert wird. Der Neuseeland-Hanf heißt, wie wir bereits erfahren haben, in der Maorisprache *harakeke*. Durch Hinzufügen der näheren Kennzeichnung *huiroa* („langes Treffen") entsteht *Harakeke huiroa* („Hanf für langes

4.19 Auf den Tonga-Inseln stellt man für Zeremonien häufig Ballen mit über zehn Metern Rindenstoff her.

Treffen"); dieser Name bezeichnet eine besonders qualitätvolle Sorte, aus der man feine Gewänder für besondere Zeremonien herstellt.

Wie die Ethnobotaniker bei der Beschäftigung mit ethnotaxonomischen Systemen schon bald bemerkten, wird der gleiche Gegenstand von einer Kultur zur anderen unterschiedlich eingestuft. Von den Befunden der Ethnobotanikerin Nina Etkin war bereits die Rede: Danach ziehen die westafrikanischen Hausa keine klare Trennlinie zwischen Arzneien und Lebensmitteln, eine Erkenntnis, die sich für die Untersuchung medizinisch bedeutsamer Pflanzen als entscheidend erwies. Etwas noch Überraschenderes entdeckte Christin Kocher-Schmid vom Ethnologischen Seminar in Basel: Wie sie bei ihren Arbeiten in der Provinz Madang in Papua-Neuguinea feststellte, faßt das Volk der Nokop Verwendungszwecke von Pflanzen zusammen, die englisch sprechende Menschen für etwas völlig Verschiedenes halten – beispielsweise „Seil" und „Rock". Alle Pflanzen, die zum Flechten von Seilen und zur Herstellung von Röcken dienen, gehören dort in dieselbe Kategorie und heißen entweder *male silep* oder *kalak silep* (*silep* = Familie; *male* = Material für Seile; *kilak* = Material für Röcke). Das ganze hat einen einfachen Grund: Die Nokop tragen Röcke, die aus Seilen gewebt werden.

Geräte für den Fischfang: die verschwindende Kunst des *'enu*-Webens

Der Hanf der Maori ist in ganz Neuseeland verbreitet, und das gleiche gilt in Neuguinea für die Pflanzen, aus denen man die Seile für die Röcke herstellt. Aber was geschieht, wenn eine Pflanze, die in einer Gemeinschaft notwendig ist, irgendwann knapp wird? Diese Frage gewinnt immer mehr an Bedeutung, denn das Abholzen der Wälder und die Jagd durch Fremde zerstören die natürlichen Ressourcen heute mit noch nie dagewesener Geschwindigkeit. Natürlich mußten indigene Völker immer mit Mangel zurechtkommen. Als in vielen Gebieten der Fidschi-Inseln die großen *vesi*-Bäume knapp wurden, nahm die politische Bedeutung der winzigen Insel Kabara stärker zu, als es ihren natürlichen Ressourcen entsprach, weil sich Schiffbauer von anderen Inseln dort niederließen. Neu ist aber heute die Plötzlichkeit und Geschwindigkeit des Wandels. In der modernen Welt führt das Verschwinden einer wichtigen Pflanzenart nicht zu Anpassung, sondern eher zum Verlust eines bedeutsamen Teils der Kultur. Diese Gefahr droht zum Beispiel den samoanischen Fischfallen, die dort *'enu* heißen. Auf den Manu'a-Inseln Samoas sterben die Kletterpflanzen

4.20 Die *'ie'ie*-Pflanze *Freycinetia reineckei* ist auf den samoanischen Flughund *Pteropus samoensis* angewiesen, der den Pollen von den männlichen zu den weiblichen Blüten trägt. Nachdem die Flughundpopulation durch Jagd, Abholzen und Wirbelstürme drastisch geschrumpft war, wurden auch weniger Blüten befruchtet, und damit verschlechterte sich die Versorgung mit den *'ie'ie*-Wurzeln, die man zum Flechten der *'enu*-Fischreusen braucht.

aus, die zum Flechten der Fischreusen dienten. So wird wahrscheinlich mit den Pflanzen auch ein wichtiger Teil der samoanischen Kultur verschwinden.

Heute leben in Samoa nur noch drei Menschen, die die Kunst des *'enu*-Flechtens beherrschen. Alle drei wohnen auf dem Manu'a-Archipel, einer Gruppe von drei Inseln etwa 160 Kilometer östlich der Hauptstadt Pago Pago. Leatioti Tauluava'a, einer der Flechter, lebt auf Olosega, einer von dichter Vegetation überzogenen Vulkaninsel mit 600 Meter hohen Klippen, die unmittelbar aus dem Pazifik aufzusteigen scheinen. Wer Leatiotis Dorf besucht, sieht in den Hütten generationenalte *'enu* hängen, aber neue Exemplare wurden kaum hergestellt. »Man kann sie heute nicht mehr flechten«, erklärt Leatioti. »Die *'ie'ie*-Pflanze gedeiht auf der Insel nicht mehr. Aus irgendeinem Grund scheint sie zu verschwinden. Vielleicht gibt es sie noch auf dem Berggipfel, aber ich bin zu alt, um dort hinaufzuklettern.«

Paul Cox und seine Studenten, die Leatiotis Flechttechnik kennenlernen wollten, stiegen auf einem kleinen, in die Klippen gehauenen Pfad in das zentrale Gebirge von Olosega hinauf, um nach den *'ie'ie*-Pflanzen zu suchen. Aber nach einem ganzen Tag hatten sie nur wenige Exemplare gefunden. Selbst wenn Leatioti noch jung genug zum Bergsteigen gewesen wäre, hätte er kein Material für die *'enu* mehr sammeln können.

Wo sind die *'ie'ie*-Pflanzen geblieben? Die Liane *Freycinetia reinecki* (Pandanaceae) ist in den großen Wäldern Samoas zu Hause. Auf Olosega wurde der Wald in jüngerer Zeit durch mehrere Wirbelstürme schwer geschädigt, aber in Wirklichkeit hat das Verschwinden der *'ie'ie*-Pflanzen einen heimtückischeren Grund: Es gibt keine samoanischen Flughunde (*Pteropus samoensis*) mehr, die früher die Blüten bestäubten; deshalb konnten die Pflanzen keine Samen mehr bilden, und es wuchsen keine neuen mehr nach, die alte, geschädigte Exemplare ersetzen konnten. Früher waren die Flughunde auf Olosega ein vertrauter Anblick: In den thermischen Luftströmungen schwebten sie mit ihrer Flügelspannweite von über 1,20 Meter hoch über den Wäldern. Die großen, süßen Blütenblätter der *'ie'ie*-Pflanzen waren ihre bevorzugte Nahrung. Aber Ende der achtziger Jahre kamen aus Guam kommerzielle Jäger mit halbautomatischen Waffen: In den folgenden drei Jahren wurden über 18 000 tote Flughunde von Samoa nach Guam transportiert und dort als Delikatesse verkauft. Die US-Regierung lehnte es ab, den Handel mit ihnen in Guam zu verbieten, und als die samoanische Regierung den Export untersagte, stand die Population bereits vor dem Aussterben. Zwei aufeinanderfolgende Wirbelstürme ließen die Anzahl der Flughunde schließlich auf weniger als fünf Prozent des anfänglichen Wertes schrumpfen. Von den wenigen überlebenden Tieren kann zwar eine Erholung der Population ausgehen, aber wahrscheinlich werden sie ihre Funktion, die *'ie'ie*-Pflanzen zu bestäuben, nicht wieder erfüllen können, weil diese vorher ausgestorben sind.

Ohne die langen, schlanken Wurzeln der *'ie'ie*-Lianen kann man keine *'enu* flechten, und ohne *'enu* sind die kleinen, sardinenähnlichen *i'a sina*-Fische nicht zu fangen, die zu bestimmten Zeiten des Jahres wandern. Sogar die Feste, Lieder und Legenden, die von den Wanderungen der *i'a sina* handeln, werden verschwinden, wenn es keine funktionsfähigen *'enu* mehr gibt.

In dem Versuch, zumindest das Wissen um das Flechten der *'enu* zu bewahren, reisten Cox und seine Studenten zu der 300 Kilometer entfernten Insel Savaii. Dort sammelten sie zusammen mit den Bewohnern des Dorfes Falealupo (von denen keiner ein *'enu* flechten konnte) die wertvollen *'ie'ie*-Wurzeln. Anschließend kehrten sie nach Olosega zurück und brachten Leatioti ihren Schatz: 20 Kilogramm *'ie'ie*-Wurzeln. Leatioti war entzückt und fing sofort an, ein *'enu* zu flechten. Wie er erklärte, kommen als Material für die Rippen der Reusen ausschließlich die *'ie'ie*-Wurzeln in Frage, weil sie als einzige auf lange Sicht die Einwirkung des Meerwassers überstehen. Normalerweise, so erzählte er weiter, sammelt man die Wurzeln der Ranken, die im Regenwald wachsen, und bringt sie ins Dorf, wo sie von Anhängseln befreit werden. Anschließend legt man die Wurzeln einige Tage in Meer-

4.21 Der samoanische Flughund *Pteropus samoensis* (Ptoropididae) ist das wichtigste Tier für die Bestäubung der *'ie'ie*-Pflanze (*Freycinetia reineckei*), die man zum Flechten der Fischreusen braucht. Nachdem der Flughund fast ausgestorben war, verschwanden auch die Pflanzen, und mit ihnen gingen nicht nur die Flechttechniken verloren, sondern auch die Legenden, Lieder und Rituale, die den Fang der Schwärme von *i'a sina*-Fischen begleiteten.

143

4.22 Nur zwei Bewohner von Manu'a erinnern sich noch daran, wie man aus den Wurzeln von *'ie'ie* die *'enu*-Fischreusen flicht. Bei richtiger Verwendung kann man mit einer solchen Reuse in wenigen Stunden mehrere Kilogramm der kleinen Fische fangen.

wasser, und dann werden sie aufgerollt, getrocknet und aufbewahrt, bis die Zeit zum Flechten des *'enu* gekommen ist.

Das *'enu* wird in zwei Teilen geflochten: Der eine ist der Korb, der als Falle dient, der andere der trichterförmige Eingang. Zur Verstärkung wird das *'enu* mit Seilen aus Kokosfasern zusammengebunden. Nun legt man die Falle waagerecht und mit einem kleinen Stück Krebs-ʾ

fleisch als Köder aus. Wenn die *i'a sina* auf der Wanderung sind, kann man mit einer einzigen Falle mehrere Kilo Fisch fangen.

Um Leatiotis Flechtarbeit festzuhalten, bauten die Ethnobotaniker Video- und Fotokameras sowie Tonbandgeräte auf, und die große Aufmerksamkeit, die man ihm schenkte, erregte schnell das Interesse der Dorfjugend. Die Wissenschaftler freuten sich darüber, denn sie hofften, einer der jungen Männer werde vielleicht bei Leatioti in die Lehre gehen und die Technik lernen, so daß er sie an zukünftige Generationen weitergeben konnte.

Das Verschwinden der *'ie'ie*-Pflanzen von Olosega bestätigt wieder einmal, welch tiefgreifenden Einfluß Pflanzen auf die menschliche Kultur haben können: Das Überleben eines kleinen, aber bedeutsamen Teils der samoanischen Kultur hängt vom Überleben dieses Gewächses ab, und zu diesem Teil der Kultur gehören nicht nur das Flechten der *'enu* und das Fischen mit ihnen, sondern auch die Lieder, Gedichte und Legenden, die sich mit dem Fang der *i'a sina* verbinden, und die zwischenmenschlichen Kontakte, die sich durch das Flechten der *'enu* und das gemeinsame Verzehren des Fanges zustandekommen. Wie in so vielen Fällen, so sind auch hier Natur- und Kulturschutz untrennbar verbunden, denn das Abschlachten der wichtigsten Tiere, welche die *'ie'ie*-Blüten bestäubten, führte zur Bedrohung dieses wichtigen Teils der samoanischen Kultur.

Am Verschwinden der *'ie'ie* auf Olosega zeigt sich auch, wie sich die Verknappung eines solchen Rohstoffes wirtschaftlich auswirken kann. Obwohl die Pflanze selbst nicht von den Inselbewohnern gegessen wird, führt ihr Verlust möglicherweise dazu, daß die Insel weniger Menschen ernähren kann, weil die Inselbewohner die *i'a sina*-Fische nicht mehr in ausreichender Menge fangen.

Manche auf Inseln heimische Pflanzen beeinflussen die Kultur dieser Inseln nicht, weil sie knapp sind, sondern weil sie so reichlich vorkommen, daß man sie exportieren kann. Das gilt zum Beispiel für *Myristica fragrans* (Myristicaceae), einen Baum, der ursprünglich nur auf den sechs kleinen Inseln von Banda mit insgesamt 104 Quadratkilometern zu Hause war. Die Inselgruppe liegt in der indonesischen Provinz Maluku; wir nennen sie meist die Molukken. Wenn jemals eine Pflanze zum Traum der Kaufleute und zur Verführerin der Seefahrer wurde, dann diese: Ihre Früchte wurden zur Grundlage des Reichtums von Genua, Venedig, Lissabon, Madrid und Amsterdam. Aber die Geschichte von *M. fragrans* ist viel mehr als nur die Geschichte einer begehrten Pflanze, denn sie zeigt, wie stark einheimische Kulturen beeinflußt und sogar fast ausgelöscht werden können, wenn ihre Pflanzen in weit entfernten Ländern eine Bedeutung erlangen, die in keinem Verhältnis zu ihrem ortsüblichen Wert steht.

Der erste, der in Europa das Interesse an dieser Pflanze weckte, war Marco Polo. Er schmachtete von 1298 bis 1299 in Genua im Gefängnis und schrieb dort zusammen mit dem Pariser Romanschriftsteller Rusticello seine Reiseberichte, eine üppige Chronik seiner zwanzigjährigen Expedition in das Mongolenreich und darüber hinaus. Als Abenteuergeschichte *Von Venedig nach China* bis heute eine ausgezeichnete Lektüre. Was aber die Phantasie seiner Landsleute besonders anregte, war Marco Polos Bericht über eine Insel, wo eine Pflanze wuchs, deren Früchte fast so wertvoll waren wie Gold: die Muskatnuß.

Pflanzen als Anreiz für die Entdeckungsreisen der Europäer

Das von spiegelglattem Meer umgebende Banda Neira könnte einer der ruhigsten Orte der Welt sein. Mit ihrem jährlichen Niederschlag von 221 bis 367 Zentimetern und dem fruchtbaren Vulkanboden ist die Insel ein richtiges Paradies. Aber an den unteren Abhängen des Gunug Api, ihres Vulkans, liegt eine der größten steinernen Festungen der südlichen Erdhalbkugel. Der Bau einer solchen Burganlage mit Türmen und Kanonen, die auf die Bucht zu ihren Füßen zielen, übersteigt selbst heute die Fähigkeiten der Inselbewohner bei weitem – sie segeln nach wie vor mit Booten, die dem *camakau* von den Fidschi-Inseln ähneln, von Eiland zu Eiland. Bei näherem Hinsehen findet man in der Festung Inschriften, die nicht auf Bandanisch oder Malaiisch, sondern im Niederländisch des 17. Jahrhunderts abgefaßt sind.

Jenseits der Bucht stehen Gruppen von *M. fragrans*. Die meisten der strauchartigen, immergrünen Bäume sind neun bis zwölf Meter hoch. Ihre Früchte, die hier *pala gula* genannt werden, sind gelb, glatt und fleischig, ein wenig wie Aprikosen. Die Inselbewohner essen sie in getrockneter Form als Konfekt. Wäre *pala gula* das einzige Produkt von *M. fragrans*, hätte Banda eine viel ruhigere Geschichte erlebt. Eine steinerne Festung und Kanonen hätte es dann mit Sicherheit nicht gegeben. Aber wenn die Früchte reif sind, öffnen sie sich und enthüllen ein Geheimnis, das rätselhaft und verlockend zugleich ist. Jetzt ist sie sichtbar, die dunkelbraune Nuß, umhüllt von einer karmesinroten Samenhülle. Diese Hülle wird in getrockneter Form zu dem Gewürz, das wir Muskatblüte oder Macis nennen, und wenn man die Nuß aufknackt, findet man im Inneren einen großen Kern: die Muskatnuß.

146

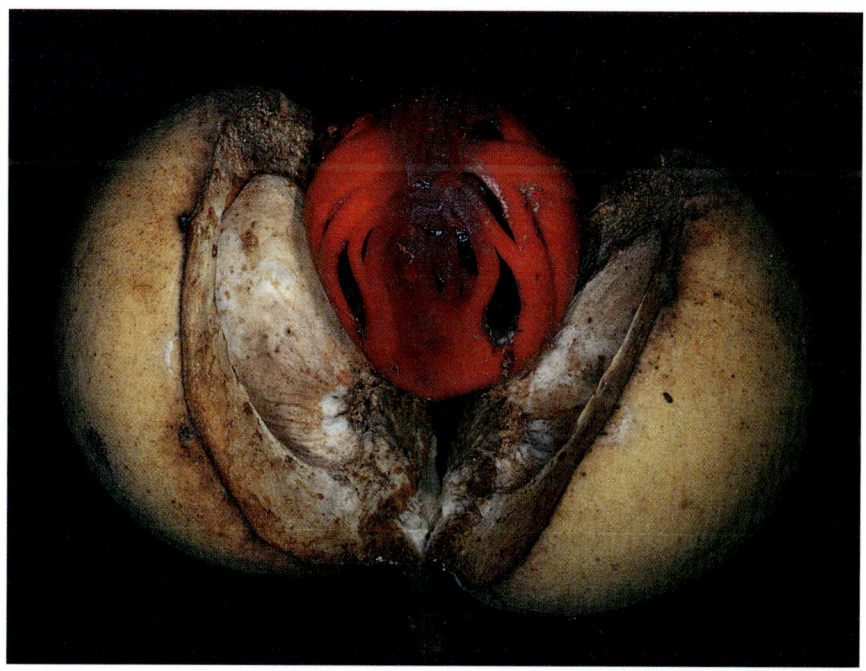

4.23 Die Frucht des Muskatbaumes *Myristica fragrans* liefert zwei wertvolle Gewürze. Der innere, schwarze Kern wird zur Muskatnuß, und seine rote Hülle liefert die Muskatblüte. Das Fruchtfleisch essen die Bewohner der Insel Banda als Konfekt.

Jahrtausendelang wuchsen die Muskatbäume ausschließlich auf Banda, »so nahe an der Küste, daß sie das Meer riechen können«, wie die Inselbewohner gern sagen. Und obwohl eine alte Prophezeiung besagte, hellhäutige Menschen würden Banda überrennen und seine Einwohner vernichten, brachte kaum einer der Dorfältesten, *orang kaya* genannt, den Muskathandel mit einer bevorstehenden Apokalypse in Zusammenhang. Schon seit Jahrhunderten verkauften die Bewohner Muskatnüsse an benachbarte Inselgruppen; das Gewürz ist von Natur aus optimal für den Transport verpackt: Die Nuß ist durch eine harte, wasserdichte Schale geschützt und steckt voller Antioxidantien. In gemahlener Form kann man sie jahrelang aufbewahren, ohne daß das Aroma verlorengeht. Wegen der guten Transportfähigkeit und des eng begrenzten Verbreitungsgebietes der Pflanze wurde Banda zum Zentrum eines Handels, der die geopolitischen Vorgänge im Abendland zutiefst beeinflußte; in jüngerer Zeit sind höchstens die Krisen am Persischen Golf entfernt damit zu vergleichen.

Die Muskatnüsse von Banda gelangten schon im 5. Jahrhundert nach Indien. Im 9. Jahrhundert bekam der Handel eine straffere Form, denn indische Kaufleute, die in Java ansässig waren, errichteten ein Monopol. Arabische Seeleute brachten die Muskatnüsse jetzt von Indien bis nach Kharg am Persischen Golf und über das Rote Meer nach Ägypten. Um die Herkunft des Gewürzes machten die Araber ein großes

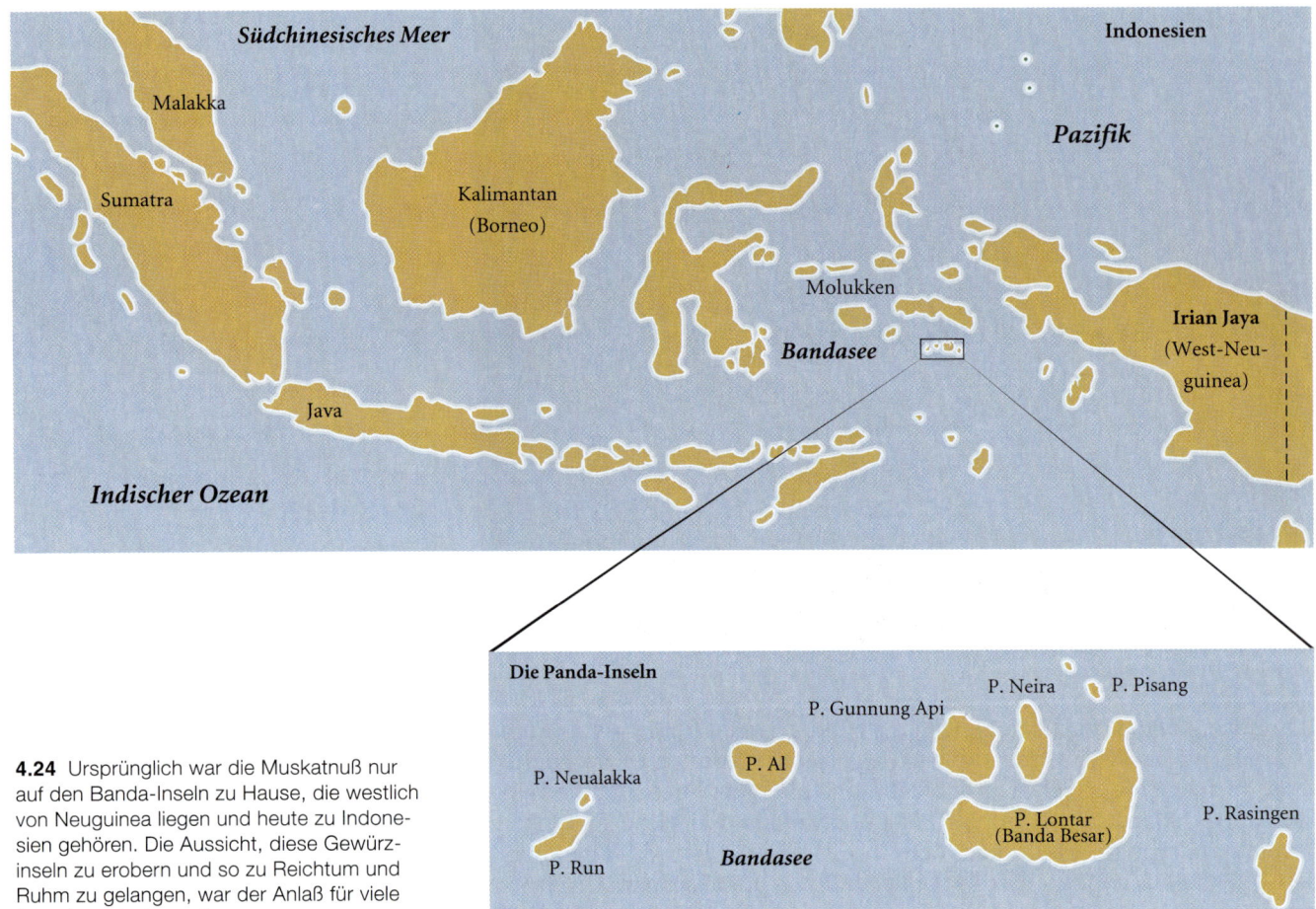

4.24 Ursprünglich war die Muskatnuß nur auf den Banda-Inseln zu Hause, die westlich von Neuguinea liegen und heute zu Indonesien gehören. Die Aussicht, diese Gewürzinseln zu erobern und so zu Reichtum und Ruhm zu gelangen, war der Anlaß für viele Seereisen der Europäer.

Geheimnis, und schon bald verfügten sie über ein florierendes Monopol, das bis nach Konstantinopel reichte. So mancher neugierige Abenteurer kehrte enttäuscht aus Arabien zurück, weil er in der Wüste keine Muskatbäume gefunden hatte. Im frühen Mittelalter hatten die Europäer nur wenig Kontakt zum Persischen Golf; erst durch die Kreuzzüge öffneten sich die Handelswege zwischen Ost und West wieder, und jetzt wurden Muskatnüsse, aber auch Gewürznelken (*Syzygium aromaticum*, Myrtaceae) außerordentlich beliebt. In Palästina ansässige Kaufleute aus Venedig und Genua verkauften den Kreuzrittern für die Gewürze Kleidung und Eisen. Der entstehende Gewürzstrom nach Norden nahm bis 1191 solche Ausmaße an, daß man bei der Krönung des Kaisers Heinrichs IV. die Straßen von Rom in den Duft brennender Muskatnüsse tauchte.

Als Muskatnüsse und Muskatblüte über Genua und Venedig nach Nordeuropa und sogar bis auf die britischen Inseln gelangten, wurden beide Städte sehr reich. Ein Pfund Muskatblüte wurde in England 1284 zum Preis von drei Schafen verkauft, und im 14. Jahrhundert berichtete Geoffrey Chaucer, wie man mit Muskat das englische Ale aromatisierte. Aber immer noch lag die Herkunft des Gewürzes im Dunkeln, bis Marco Polo in seinem Gefängnis in Genua die großen Muskatnußgehölze beschrieb, die auf weit entfernten Inseln gediehen. Seine Berichte wurden zum Anlaß für die Suche nach den „Gewürzinseln".

Sie zu finden war nicht einfach. Venedig besiegte 1380 Genua und machte den Gewürzhandel zwischen dem Nahen Osten und Europa zu seinem Monopol. Als Konstantinopel 1453 an die Türken fiel, stieg der Wert der Muskatnuß noch weiter. Noch schwieriger wurde der Landweg vom Nahen Osten durch eine Steuer, die der Sultan von Ägypten auf Muskatnüsse erhob. Jetzt malten sich ein paar abenteuerlustige Geister aus, wie es sich auszahlen würde, wenn jemand den direkten Seeweg zu den Gewürzinseln fände.

Der Anfang vom Ende des venezianischen Gewürzmonopols war gekommen, als auf der iberischen Halbinsel eine Seefahrerschule gegründet wurde. Am 8. Juli 1497 stach der portugiesische Entdecker Vasco da Gama von Lissabon aus mit vier Schiffen in See, entschlossen, den direkten Seeweg zu den indischen Gewürzmärkten zu finden. 1498 erreichte er Kozhikode an der indischen Malabar-Küste, und 1499 war er mit einer Schiffsladung Gewürze wieder in Lissabon. Eine weitere portugiesische Expedition unter dem Kommando von Pedro Alvares Cabral reiste 1502 in Lissabon ab und kehrte im folgenden Jahr zurück, alle Schiffe voll beladen mit Gewürzen. Die nun folgenden Preiseinbrüche für Muskatnuß, Muskatblüte und Gewürznelken erschütterten das venezianische Gewürzimperium in seinen Grundfesten. Im Jahr 1503 schickte der portugiesische König den Seefahrer Alfonso de Albuquerque nach Indien, wo dieser in Cochin eine Festung baute; bis 1506 hatte sich der europäische Gewürzhandel völlig nach Lissabon verlagert, und das Monopol Venedigs war gebrochen. Entschlossen, alle Konkurrenten auszuschalten, zerstörte Albuquerque 1510 den arabischen Handel an seiner Quelle, und im folgenden Jahr eroberte er Malakka auf der malaiischen Halbinsel. Nachdem er diesen Besitz gesichert hatte, schickte er sofort drei Schiffe auf die Suche nach den Gewürzinseln.

Die Expedition segelte in südöstlicher Richtung und gelangte 1512 nach Banda. Man belud die Schiffe mit Muskatnüssen, Muskatblüte und Gewürznelken, die man von den Inselbewohnern gekauft hatte; die Preise boten die Gewähr für Gewinne, auf die selbst ein heutiger Kokainhändler neidisch wäre. Die gewaltigen Gewinnspannen im

4.25 Ein Inselbewohner von Banda erntet Muskatnüsse. Bei der Eroberung der Gewürzinseln durch Europäer, die den Muskathandel kontrollieren wollten, wurde die einheimische Bevölkerung fast völlig ausgerottet.

Gewürzhandel veranlaßten ein Besatzungsmitglied, sich nach seiner Rückkehr an den spanischen König zu wenden. Der Seemann hieß Fernando Magellan.

Da Magellan zu den wenigen Europäern gehörte, die selbst auf Banda gewesen waren, genoß er am spanischen Hof große Glaubwürdigkeit, aber er stand vor einem schwerwiegenden Hindernis: Papst Alexander VI. hatte 1494 alle „heidnischen" Länder östlich von Europa Portugal zugeschlagen. Davon unbeeindruckt machte Magellan einen Vorschlag, den der spanische Hof schon einige Jahre zuvor wohlwollend erwogen hatte, als ein junger genuesischer Seemann ihn ebenfalls unterbreitet hatte: Wie Kolumbus wollte er den Osten erreichen, indem er nach Westen segelte.

Am 20. September 1519 stach Magellan mit fünf Schiffen und einer Besatzung von 270 Spaniern von Sanlúcar de Barrameda aus in See. Nachdem sie in Patagonien überwintert hatten, drängten sie weiter voran. Ein Schiff lief auf Grund, und ein zweites desertierte, bevor die Expedition die Südspitze Amerikas umrundete und durch die Meeresstraße fuhr, die später Magellans Namen tragen sollte. Nachdem Magellan 1521 die Philippinen erreicht hatte, wurde er zusammen mit 40 seiner Leute in einem Kampf mit den Einheimischen getötet.

Jetzt waren nicht mehr genug Seeleute am Leben, um alle drei Schiffe zu bemannen; also gab man ein Schiff auf. Die beiden übrigen mit den Namen *Trinidad* und *Victoria* schafften es unter dem Kommando von Juan Sebastián del Cano bis nach Banda. Dort nahmen sie eine so große Ladung Muskatnüsse an Bord, daß die *Trinidad* auf Grund lief und ihre Mannschaft von den Portugiesen gefangengenommen wurde. Im Mai 1522 umrundete die *Victoria* das Kap der Guten Hoffnung an der Südspitze Afrikas, und dann segelte sie mit ihrer hungernden Mannschaft zu den Kapverdischen Inseln, die damals fest in portugiesischer Hand waren.

Die Mannschaft der *Victoria* setzte darauf, man könne die portugiesische Garnison davon überzeugen, daß sie auf dem Rückweg von den spanischen Besitzungen in Südamerika waren. Die Portugiesen hatten Mitleid mit ihnen, bis ein törichter Seemann einen Kauf mit dem Wertvollsten bezahlte, was er besaß: mit einer Handvoll Gewürznelken. In der Erkenntnis, daß es in Südamerika weder Muskatnüsse noch Muskatblüte oder Gewürznelken gibt, nahmen die Portugiesen die Verfolgung auf: Die Spanier, die noch auf ihrem Schiff waren, stachen sofort in See und liefen am 8. September 1522 mit letzter Kraft in Spanien ein. Von den ursprünglich 270 Besatzungsmitgliedern waren noch 17 übriggeblieben. Dennoch war die Expedition alles andere als ein Mißerfolg: Durch die Gewürze im Laderaum der *Victoria* hatte sich die

Investition des spanischen Königs mehr als bezahlt gemacht. Er verlieh del Cano einen Waffenrock, der mit Muskatnüssen verziert war.

Del Canos Weltumsegelung unter spanischer Flagge vermochte die portugiesische Vorherrschaft im Gewürzhandel allerdings kaum zu beeinträchtigen. Im Jahr 1580 jedoch erhob Philip II. von Spanien Anspruch auf den portugiesischen Thron, weil er 37 Jahre zuvor für kurze Zeit mit einer portugiesischen Prinzessin verheiratet war, und wurde König Philip I. von Portugal. Damit waren Spanien und Portugal unter derselben Krone vereinigt.

Da Philip I. zuvor bereits die Oberherrschaft über die Niederlande geerbt hatte, schuf er die politischen Voraussetzungen für gewinnbringende Beziehungen zwischen der iberischen Halbinsel und seinen holländischen Besitzungen: Spanien und Portugal importierten Muskatnüsse aus Banda, und die Niederlande verkauften sie überall in Nordeuropa. Aber auch dieses lukrative Gewürzmonopol sollte nur von kurzer Dauer sein.

Im Jahr 1595 entschloß sich eine Gruppe Amsterdamer Gewürzhändler, die portugiesischen Zwischenhändler auszuschalten und selbst eine Expedition nach Banda zu schicken.*

Die Schiffe kehrten 1598 mit 45 Tonnen Muskatnüssen und 30 Ballen Muskatblüte zurück. Diese Menge reichte aus, um alle, die in das Unternehmen investiert hatten, für den Rest ihres Lebens reich zu machen. Diese erste niederländische Expedition erregte bei den *orang kaya*, den Dorfältesten in Banda, keine große Besorgnis, aber als 1599 der Vizeadmiral Jacob van Heemskerk eintraf, sahen sie darin ein böses Omen, denn das Ereignis fiel mit einer verdächtigen Aktivität des Vulkans Gunung Api zusammen. Jetzt fragten sich die *orang kaya*, ob die Holländer die prophezeiten Zerstörer ihres Volkes seien.

Van Heemskerk gab bekannt, die Niederländer seien Feinde der Portugiesen und wollten deren Stelle als Bandas Handelspartner einnehmen. Er brachte den *orang kaya* Geschenke mit und tauschte Spiegel, Stoffe, Schießpulver und Messer gegen Muskatnüsse und Muskatblüte ein. Die Inselbewohner verlangten hohe Preise, aber immer noch konnte man Muskatnüsse, die in Banda einen Dollar kosteten, in Amsterdam für 30000 Dollar weiterverkaufen. Der Gewürzhandel versprach den Niederlanden ein neues Zeitalter des wirtschaftlichen Wohlstandes. Schon bald verbreitete sich jedoch die Nachricht, „englische Gentlemen" wollten eine ähnliche Reihe von Expeditionen zu den

---

* Anmerkung des Übersetzers: Die sieben Nordprovinzen der Niederlande hatten sich nämlich 1581 von Spanien unabhängig erklärt.

Gewürzinseln finanzieren. Die Leser von John Gerards *Herball* erfuhren 1597: »Die Muskatnuß wachset in Indien, im besonderen auf einer Insel, die man Banda heißt.« Jetzt waren Portugal und Spanien natürlich nicht mehr die einzigen Länder, deren Begehrlichkeit sich auf Banda richtete.

In dem Bewußtsein, daß die Portugiesen den venezianischen Gewürzhandel ruiniert hatten, wollten die Amsterdamer Kaufleute erreichen, daß die Niederlande die alleinige Kontrolle über Banda hatten. Sie bemühten sich um das Privileg für eine neue Firma, die sowohl mit diplomatischen Vollmachten als auch mit militärischer Macht ausgestattet sein sollte. Im Jahr 1602 wurde die Vereenigde Oost-Indische Compagnie (Vereinigte Ostindische Kompanie, V.O.C.) gegründet; sie war bevollmächtigt, Krieg gegen Spanien, Portugal und andere fremde Mächte auf den Gewürzinseln zu führen.

Am 23. Mai 1602 zwang der Admiral Hermanszoon von der V.O.C. die *orang kaya* in Banda, den Niederlanden unwiderruflich das Monopol für Muskatnüsse und Muskatblüte zu übertragen. Bald darauf vertrieben paramilitärische Einheiten unter dem Kommando der V.O.C. die Portugiesen aus Banda und Goa, und sie blockierten auch Malakka und Java. 1605 erhielt eine niederländische Expedition den Befehl, die Engländer ein für allemal von sämtlichen Molukkeninseln zu vertreiben.

Am 25. April mußten die *orang kaya* zusehen, wie sich die alte Prophezeiung erfüllte: 750 holländische Soldaten gingen an Land und begannen mit dem Bau einer steinernen Festung. Diese Demonstration militärischer Macht überzeugte die Dorfältesten, daß es sich bei den Niederländern tatsächlich um die angekündigten hellhäutigen Eroberer handelte. Sie entschlossen sich zu handeln. Am 22. Mai 1609 überfielen die Bewohner von Banda unter Leitung der *orang kaya* den holländischen General und 20 seiner Leute. Als alles vorüber war, stellten sie den Kopf des Befehlshabers, auf eine Lanze gespießt, öffentlich zur Schau.

Die Antwort ließ auf sich warten, aber sie war fürchterlich. Sie kam in Gestalt des Generalgouverneurs der V.O.C., Jan Pieterzoon Coen. Er segelte 1621 mit 16 Kriegsschiffen, 36 Barkassen, 1905 Soldaten und 100 japanischen Söldnern, darunter einige ausgebildete Henker, nach Banda. Die *orang kaya* bettelten um Frieden, aber am 21. April 1621 kam es zum Völkermord. Die Holländer brannten alle Dörfer nieder und töteten sämtliche Einwohner, die sich in ihren Augen nicht als Sklaven eigneten. Die übrigen verschifften sie nach Java. Eine solche Sklavenladung bestand aus 287 Männern, 356 Frauen und 240 Kindern. Coens brutale Machtdemonstration erschreckte sogar seine eige-

4.26 Mit dem Bau dieser Festung über dem Hafen von Banda begannen die Portugiesen, aber später wurde sie von den Holländern erobert, die das Monopol auf Muskatnüsse erhalten wollten.

nen Offiziere. »Die 44 Gefangenen wurden in die Festung gebracht«, schrieb Leutnant Nicolas van Waert, und weiter:

»Nachdem man die Verurteilten in den Kerker gebracht hatte, wurden auch sechs japanische Soldaten dorthin abkommandiert. Mit ihren scharfen Schwertern köpften und vierteilten sie die acht obersten *orang kaya*, und dann köpften und vierteilten sie die 36 anderen. Diese Hinrichtung war schrecklich anzusehen. Die *orang kaya* starben schweigend, bis auf einen, der die holländische Sprache beherrschte und sagte: ›Ihr Herren, habt ihr keine Gnade?‹…Die Köpfe und Viertel der so Hingerichteten wurden auf Bambusstöcke gesteckt und zur Schau gestellt.«

Nachdem Coen die einheimische Bevölkerung auf diese Weise fast ausgelöscht hatte (von den ursprünglich 15000 Einwohnern blieben nur 1000 übrig), kehrte er nach Batavia (dem heutigen Jakarta) zurück und gab bekannt, die V.O.C. nehme Anträge niederländischer Bürger auf Landzuteilungen in Banda entgegen, wenn diese sich bereit erklärten, dort dauerhaft zu wohnen. Die V.O.C. würde Sklaven für die Arbeit in den Muskatwäldern zur Verfügung stellen, Lebensmittel zum Selbstkostenpreis liefern und alle Muskatnüsse zum Festpreis aufkaufen. Die Personen, die diese Vorrechte erhielten, wurden „Perkiners" genannt.

Tatsächlich warf der Gewürzhandel phantastische Gewinne ab. Die Siedler lebten in Saus und Braus. Als aber ihre Spielschulden wuchsen, verfälschten sie ihre Muskatnußladungen mit den Samen anderer *Myristica*-Arten, die nicht nur auf Banda, sondern auch auf vielen anderen Inseln wuchsen. Über diese sogenannten langen Muskatnüsse in den Ladungen mit dem echten Gewürz war man bei der V.O.C. so erbost, daß die Gesellschaft Expeditionen ausschickte, die alle *Myristica*-Arten auf den umgebenden Inseln ausrotten sollten. Diese Unternehmung wurde zu einer biologischen Sisyphusarbeit, denn der hellrote Samenmantel aller dieser Arten wirkt auf Vögel höchst anziehend, und sie fliegen ganz selbstverständlich mit der Frucht im Schnabel von einer Insel zur nächsten. Der Betrug der Muskathändler hatte tiefgreifende Auswirkungen auf den Markt: Die Verbraucher lernten, ein minderwertiges Produkt zu akzeptieren. „Lange Muskatnüsse" gab es auf vielen tropischen Inseln, und schon bald darauf handelten Kaufleute aus anderen Ländern mit ihnen.

Das niederländische Monopol blieb fast 100 Jahre lang bestehen, aber die Verfälschung des Gewürzes und Korruption in der V.O.C. machten die Holländer angreifbar. Durch zwei Intrigen, eine französische und eine englische, wurde das Monopol schließlich gebrochen. Im Jahr 1770 schmuggelte der aus Mauritius stammende französische Botaniker Pierre Poivre Muskat- und Gewürznelkensamen von den Molukken nach Madagaskar und Sansibar, und dort gelang nun auch der Anbau. Die Briten gingen weniger diskret vor: Am 7. Februar 1796 ergab sich die niederländische Garnison einer englischen Flotte, die Banda unter dem Vorwand der niederländisch-britischen Rivalität in den napoleonischen Kriegen heimsuchte. Die Briten nahmen nicht nur Gewürze mit, sondern transportierten auch ganze Muskatnußbäume in ihre Besitzungen auf Ceylon, in Malaysia und schließlich auch in Singapur. Die Amsterdamer Gewürzhändler verbrannten aus Protest Muskatnüsse auf der Straße, aber es half nichts: Das holländische Gewürzmonopol war ein für allemal dahin.

Heute stellt die Muskatnußproduktion auf der Karibikinsel Grenada die auf Banda längst in den Schatten. Ihre Bedeutung als Gewürz und Konservierungsmittel sorgt weiterhin für Nachfrage. In den sechziger Jahren des 20. Jahrhunderts kam ein neues Anwendungsgebiet hinzu: Jetzt wurde behauptet, Muskatnuß sei ein Rauschmittel.

Unter den gelangweilten Gefängnisinsassen in den USA verbreitete sich das Gerücht, man könne sich in einen Rauschzustand versetzen, wenn man Muskatnuß in großen Mengen zu sich nehme. Die Experimente der Häftlinge waren nichts völlig Neues: Einzelne Berichte über eine berauschende Wirkung der Muskatnuß gab es schon seit 1576; damals berichtete Lobelius über »eine schwangere englische Lady, die zehn oder zwölf Muskatnüsse gegessen hatte und daraufhin ins Delirium verfiel«. Rumphius gibt 1741 die Geschichte von zwei Soldaten wieder, die unter einem Muskatnußbaum geschlafen hatten und sich beim Aufwachen wie betrunken fühlten. Die Berichte von Gefängnisinsassen und Hippies aus den sechziger Jahren sind nicht schlüssig;

manche von ihnen hatten nach Einnahme von Muskatnuß angeblich akustische und optische Halluzinationen, andere dagegen bemerkten keine Wirkung.

Die Frage nach den angeblichen berauschenden Eigenschaften der Muskatnuß ist durchaus von praktischer Bedeutung: Da das Gewürz in hoher Dosierung möglicherweise tödlich ist, bergen die Experimente neugieriger junger Leute beträchtliche Gefahren. In der Annahme, daß psychoaktive Eigenschaften der Muskatnuß den Bewohnern von Banda sicher aufgefallen wären, reiste der niederländisch sprechende Ethnobotanikstudent Carl Van Gils auf die Insel und ihre Nachbareilande in der Provinz Maluku.

Heute bauen die Bewohner von Banda die Muskatnüsse sowohl in der Nähe ihrer Häuser als auch in den alten Plantagen an. Sie sammeln die Früchte von der Erde auf oder pflücken sie mit dem *gaigai*, einem langen Stab, an dem ein Haken und ein Korb befestigt sind, von den Bäumen. In der Regel ernten sie die Früchte erst, wenn sie sich geöffnet haben.

Wie bereits erwähnt, wird die Frucht, *pala gula* genannt, getrocknet und als Konfekt gegessen. Die Bewohner von Maluku behandeln Grippe mit Muskatöl: Sie reiben den ganzen Körper damit ein, so daß ein warmes, kräftigendes Gefühl entsteht. Eine Mischung aus gehackten Muskatnüssen und Eukalyptusöl, auf den Bauch gestrichen, dient zur Behandlung von Durchfall. Außerdem ist die Muskatnuß auch heute noch für die Bewohner von Banda von religiöser Bedeutung: Wenn sie für ein schwerkrankes Kind keine andere Heilungsmöglichkeit sehen, binden sie ihm eine Nuß um den Hals und bitten Gott um Genesung.

Ein Stück weiter, in Java, stieß Van Gil auf die „Beruhigungsarznei" *obat penang*, eine gesüßte Mischung aus Muskatblüte und anderen pflanzlichen Zutaten. Das Getränk soll gegen Schlaflosigkeit, Streß und Nervosität helfen. Gehackte Muskatnuß in warmer Milch dient überall in Indonesien dazu, Säuglinge und Kleinkinder einschlafen zu lassen. Aber als Rauschmittel dient die Muskatnuß weder in der Provinz Maluku noch auf Java. A. J. G. H. Kostermans, der angesehenste Ethnobotaniker Indonesiens, erklärte uns, Muskat diene in seinem Land nicht als Rauschmittel. Richard Evans Schultes und Albert Hoffman, der Erfinder des LSD, untersuchten das Myristicin, den aktivsten Inhaltsstoff der Muskatnuß, auf psychotrope Wirkungen; sie gelangten zu dem Schluß, das Gewürz habe nur einen einzigen derartigen Effekt, und der sei ein Ausdruck allgemeiner Toxizität. Und da diese Giftwirkung sehr unterschiedlich stark sei, könne man Muskat nicht als Rauschmittel bezeichnen. Es gehört zur Gruppe der Pseudohalluzinogene, die, wenn überhaupt, nur in fast toxischer Dosis eine psychoaktive Wirkung entfalten. Wenn es um solche Pflanzen geht, ist der Grat zwischen Halluzination und Tod sehr schmal.

Die wirtschaftliche Bedeutung von Pflanzen wie der Muskatnuß hatte immer wieder tiefgreifende Auswirkungen auf die menschliche Kultur. Die stärksten Wirkungen gingen dabei häufig von Pflanzen aus, die zu religiösen und spirituellen Zwecken dienten, und diese Wirkungen lassen sich nur selten nach wirtschaftlichen Maßstäben messen. Solche Pflanzen dienen dazu, die Beziehung zwischen diesem und dem nächsten Leben zu ordnen und auszudrücken, und viele Kulturkreise machten ihre Vorstellungen von der Stellung des Menschen im Kosmos mit Hilfe von Pflanzen deutlich. Betrachten wir beispielsweise einmal das *waka tupapaku* und das *waka huia* der Maori.

Pflanzen und die Vorstellung der Menschen vom Kosmos

Das *waka tupapaku* der Maori (*waka* = Boot; *tupapaku* = Leichnam), das aus dem Ende eines Kanus geschnitzt wird, ist viel keiner als das *camakau* der Fidschi-Inseln, denn es war dazu gedacht, einen einzigen Reisenden in die Welt der Geister zu bringen. So wie die großen Kanus der Maori ihre Vorfahren aus dem Osten herantransportiert hatten, brachte das *waka tupapaku* die Toten in eine bessere Welt. Die Tore zum Jenseits waren zwar unsichtbar, aber man konnte sie aus Pflanzen herstellen. Solche Tore wurden zum *tapu* (Tabu): heilig und verboten für alle außer den Häuptlingen und Priestern.

Das *waka huia* der Maori, ein geschnitzter Kasten aus dem Holz der Rostroten Steineibe (*Podocarpus ferruginea*, Podocarppaceae) ist knapp einen halben Meter lang und war nicht für Reisen zu entfernten Inseln gedacht, sondern für den Weg zu den Sternen und darüber hinaus. *Huia* ist das Maori-Wort für einen heute ausgestorbenen Vogel. Das *waka huia* enthielt die Federn, mit denen sich die Häuptlinge das Haar schmückten. Die komplizierten Schnitzereien auf dem Behälter sind aber viel mehr als nur Verzierungen: Sie haben eine spirituelle und kosmische Bedeutung. In Deckel und Boden des Kastens sind Doppelspiralen eingeschnitten, die wie die aufgerollten jungen Wedel des neuseeländischen Baumfarns *Cyathea dealbata* (Cyatheaceae) aussehen; sie symbolisieren das neue Leben und die Erneuerung nach dem Tod:

4.27 Das *waka huia* der Maori trägt raffiniert geschnitzte Spiralen; sie stellen die Entfaltung der Krone eines Baumfarns dar, des Symbols für das Leben und die Erneuerung nach dem Tod. Die Kerben in den Spiralen könnten aber statt des Mikrokosmos auch das Universum darstellen: Sterne, die in die sichtbare Galaxis eingebettet sind. Die geschnitzte Außenseite (oben) zeugt von beträchtlicher Handwerkskunst, aber im Inneren (unten) findet man nur zufällige Vertiefungen; sie zeigen, daß die Stellung des Menschen im Kosmos nicht festgelegt ist, sondern voller Gefahren und Möglichkeiten steckt.

Ka mate he tete
ka tupu he tete

Wo ein Farnwedel stirbt
sprießt ein neuer hervor.

Der Farn, der den Tod und die Erneuerung des Lebens symbolisierte, war für die Maori ein sehr machtvolles Bild, aber man kann in den Schnitzereien auf dem *waka huia* noch tiefere Bedeutungsebenen finden. Winzige Kerben, die an den Spiralen entlang eingeschnitzt sind, ermöglichen denjenigen, die aus der alten Heimat Havaiki kamen und dabei nach den Sternen navigierten, eine andere Interpretation: Die Schnitzerei könnte auch die Sterne im Gesamtzusammenhang des Universums darstellen. An beiden Enden erkennt man die geschnitzten Köpfe alter Gottheiten, deren Perlmuttaugen beim geringsten Licht schimmern. Die Aussage ist eindeutig: Gott ist Anfang und Ende des Universums, Alpha und Omega, und dazwischen ist das Universum, wie Freeman Dyson es formulierte, »in allen Richtungen unendlich«.

Der verstorbene Ethnologe Te Rangi Hiroa, selbst ein Maori, erklärt die Kosmologie seines Volkes so: Ranginui, der Himmelsvater, liebte Papatuanuku, die Erdmutter, die nackt auf dem Rücken lag und ihn ansah. Um ihre Nacktheit zu bedecken, legte Rangunui Pflanzen auf ihren Kopf, ihren Körper und ihre Achselhöhlen. Er ließ auf Papatuanuku große Wälder wachsen. Im Regen sahen die Maori die Tränen, die der Himmel aus Liebe zur Erde vergoß. Und frühmorgens sieht man manchmal den Nebel aufsteigen, der Papatuanukus liebevolle Umarmung des Himmels ist.

Öffnet man das *waka huia*, dieses einheimische Modell des Universums, wird die Vorliebe der Maori für die Zukunft deutlich: Wir erkennen ein primitives, fast zufälliges Muster breiter Vertiefungen. Die Absicht des Schnitzers ist genau zu erkennen: In dem großen Zusammenhang des Universums ist das Menschliche nicht festgelegt. Wie bei dem Volk, das als erstes seinen Fuß auf das heute Neuseeland genannte biologische Paradies Aotearoa setzte, nicht anders zu erwarten, galt die Zukunft bei den Maori als nicht vorherbestimmt – sie war voller Gefahren, aber auch voller Möglichkeiten.

Warum geht von einer kleinen geschnitzten Schachtel für die Ethnobotaniker eine solche Faszination aus? Weil schon ein einziges materielles Erzeugnis viel über eine Kultur aussagen kann. Im Abendland kommt Kunst nur selten eine solche Bedeutung zu. Selbst ein Fabergé-Ei, so entzückend es als raffiniertes Kunstwerk auch sein mag, weckt nicht die gleiche religiöse Ehrfurcht wie ein *waka huia*. Und das Kruzifix ist zwar ein machtvolles religiöses Symbol, aber es sagt wenig über die Kultur aus, der es entstammt. Das *waka huia*, das in sich die hochentwickelte Handwerkskunst des Fabergé-Eies und die religiöse Wirkung des Kruzifixes vereint, beinhaltet noch mehr: *mana*, die spirituelle Kraft. Auch heute noch würden manche unserer Maori-Freunde unser Haus nicht betreten, wenn sie wüßten, daß sich dort ein *waka huia* befindet.

Da das *waka huia* ein *tapu* war, durfte nur der Häuptling es benutzen. Fast alles, was mit dem Häuptling zu tun hatte, war *tapu*: sein Haus, seine Kleidung, seine Besitztümer, sein Essen. Wer ein *waka huia* entweihte, indem er es unerlaubt berührte, anstarrte oder auch nur respektlos davon sprach, sollte eine schwere Kränkung oder Verletzung erleiden, wenn er sich nicht sofort um rituelle Reinigung bemühte. Deshalb mußte jeder, der ein *waka huia* schnitzen wollte, sich zuvor vom Oberholzschnitzer reinigen lassen. Dieser tauchte den Anwärter bei Sonnenuntergang nackt in einen Fluß, spritzte ihm

Wasser auf den Kopf und sprach die heiligen Worte eines alten Gesanges.

Diese religiöse Verwendung der Pflanzen ist vielleicht der Bereich, der für einen Bewohner der Industrieländer am schwierigsten einzuschätzen oder auch nur zu verstehen ist. Viele heutige Amerikaner und die meisten Europäer sind in einem Umfeld großgeworden, das Professor Stephen L. Carter von der Yale University als „Kultur des Unglaubens" bezeichnet hat, und haben deshalb nur ein oberflächliches, distanziertes Verhältnis zur Religion. Für die indigenen Kulturen dagegen ist der religiöse Bereich nicht nur real, sondern auch allumfassend; er gibt nicht nur ihren Ansichten über das Universum eine Struktur, sondern auch großen Teilen ihres Verhaltens im Diesseits. Und hier spielen Pflanzen ebenfalls eine wichtige Rolle: Oft sind sie der Schlüssel, der das Tor zu anderen Welten öffnet.

Wege in eine andere Welt

5

5.1 Das Gemälde *Ayahuasca gelangt ins Gehirn* des peruanischen Schamanen und Künstlers Pablo Amaringo zeigt eine Vision, die er nach dem Trinken von Ayahuasca hatte: Die Ayahuasca-Mutter hat sich in eine vieläugige Shipibo-Indianerin verwandelt, die sowohl gute Augen (mit Frieden und Freude) als auch schlechte Augen (voller Falschheit und Härte) besitzt.

Die Gewürzpflanzen waren die Verlockung, deretwegen die Europäer die damals bekannte Welt erkundeten und kolonisierten. Viele indigene Kulturen nutzen aber auch ein breites Spektrum von Pflanzen, um sich Wege in eine andere Welt zu eröffnen, der Welt, in der Geister wohnen: Seelen Verstorbener, wohlwollende Gottheiten und bösartige Dämonen. Der Einfluß dieser Mächte beschränkt sich nicht auf jene Welt, sondern kann sich auch im Diesseits machtvoll auswirken. Wer ihre Gunst gewinnt, darf mit Gesundheit, Wohlstand und politischer Macht rechnen.

Aber Kontakte mit der Welt der Geister sind nicht immer und für jeden nützlich, und die Verwendung von Pflanzen, mit denen man die Verbindung zwischen den Welten eröffnet, ist nicht in allen Fällen vorteilhaft. So hatte zum Beispiel die rituelle Verwendung der „Gottesurteilsbohne von Calabar" (*Physostigma venenosum*, Fabaceae) entsetzliche Folgen: Fast alle, die die Bohnen gegessen hatten, starben. In Duke Town im westafrikanischen Calabar waren Mitte des 19. Jahrhunderts so viele Menschen nach dem Genuß der Bohnen ums Leben gekommen, daß der britische Konsul eine Notverordnung erließ: »Wer einem anderen die (Calabar-)Bohne verabreicht, soll des Mordes für schuldig befunden werden und den Tod erleiden, ob die Person, die davon gegessen hat, stirbt oder nicht.«

Warum sollte jemand einem anderen ein derart starkes Gift verabreichen? Um diese Frage zu beantworten, muß man sich mit der Schnittstelle zwischen Pflanzen und Ritualen befassen, zwischen Weltlichem und Geistlichem. Die Pharmakologen können sich damit zufriedengeben, die toxischen Eigenschaften von *Physostigma venenosum* nachzuzeichnen, Chemiker können die Molekülstruktur ihrer Toxine aufklären, und Fachleute für botanische Systematik können die taxonomische Stellung der Pflanze ermitteln; der Ethnobotaniker dagegen muß versuchen, ihre Bedeutung für die einheimische Kultur zu verstehen. Und um dieses Rätsel zu lösen, muß er die Ansichten der Einheimischen über das Engelhafte und das Dämonische erforschen – er muß mit den Augen der Einheimischen die Geister sehen, die den Bereich zwischen diesem und dem nächsten Leben bevölkern.

Die Pflanzen, die in Riten und religiösen Zeremonien verwendet werden, liefern oft Hinweise auf das Weltbild der Einheimischen. Bei uns im Westen spielen Blumen eine wichtige Rolle für Begräbnisfeierlichkeiten, und auf ganz ähnliche Weise sind Pflanzen auch in anderen Kulturen ein Symbol für die Verbindung zwischen Diesseits und Jenseits. In den Augen vieler indigener Völker stellen Pflanzen aber nicht nur Symbole für das nächste Leben dar, sondern auch Kanäle für spirituelle Macht oder Götter. Man kann sich Zugang zur Welt der Geister verschaffen, wenn man sich an Ritualen mit Pflanzen beteiligt, beispielsweise am Dionysuskult der griechischen Antike, bei dem Fenchel (*Foeniculum vulgare*, Apiaceae) eine große Rolle spielte; man kann auch psychoaktive Pflanzen zu sich nehmen wie in den Peyote-Zeremonien der amerikanischen Indianer; oder aber man wurde Mitglied einer Geheimgesellschaft, die mit Pflanzengiften feststellte, ob eine Person in ihrer Mitte eine Hexe war. Diesen starken Glauben an die spirituellen Kräfte der Pflanzen kann man nicht einfach als irrational abtun, denn ihm könnten starke pharmakologische Tatsachen zugrunde liegen, wie bei der Calabar-Bohne, die vom Stamm der Efik in Nigeria verwendet wurde.

Die Adligen der Efik handelten schon seit Generationen mit Sklaven und Palmöl, und ihre Familien wurden immer reicher und mächtiger. Aber der materielle Wohlstand war nicht die einzige Grundlage ihrer Macht; sie gehörten vielmehr alle zur Egbo, einem quasireligiösen Geheimbund, in dem es eine Fülle besonderer Gewänder und Rangstufen gab. Die Egbo machten Gesetze und setzten sie durch, hielten bei Meinungsverschiedenheiten Gericht und bildeten eigentlich die Regierung der Efik. Eine Verletzung der von den Egbo erlassenen Vorschriften konnte Geldstrafen, körperliche Züchtigung oder sogar die Hinrichtung nach sich ziehen. Die Beauftragten, die die Anordnungen der Egbo ausführten, waren so gefürchtet, daß sich die Nichteingeweihten während der wöchentlichen Treffen der Gesellschaft in ihren Häusern

5.2 Die Region Calabar an der afrikanischen Westküste ist die alte Heimat der Egbo, einer Geheimgesellschaft des Volkes der Efik, die mit Hilfe der Calabar-Bohne *Physostigma venenosum* Gottesurteile herbeiführte.

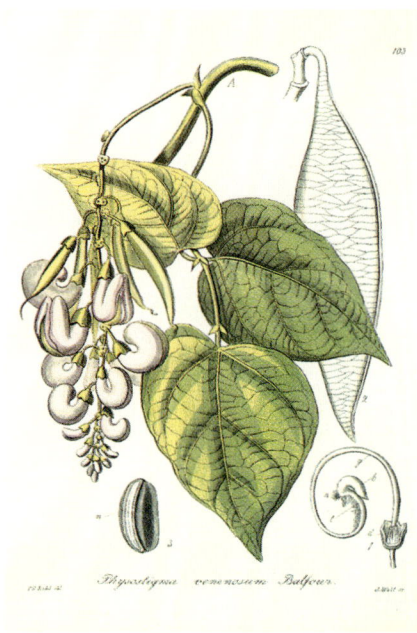

5.3 Die Calabar-Bohne, vom Volk der Efik in Nigeria *esere* genannt, diente zu Gottesurteilen, die den Vorwurf der Hexerei bestätigen oder widerlegen sollten.

Physostigmin

5.4 Das Physostigmin, ein Alkaloid aus der Calabar-Bohne, ist ein wichtiges Medikament gegen das Glaukom.

versteckten, um ihnen nicht zu begegnen. Ernsthafter Widerstand gegen die Egbo konnte dazu führen, daß man mit dem *esere* bestraft wurde, dem Gottesurteil mit der Calabar-Bohne.

Die drastischen Wirkungen der Bohne fielen den europäischen Besuchern schnell auf. »Der König und die wichtigsten Einwohner bilden ein Gericht, das über alle Meinungsverschiedenheiten im Lande urteilt«, schrieb William Daniell, ein in Calabar stationierter britischer Stabsarzt, im Jahr 1846. Und weiter heißt es dort:

»Wer schuldig gesprochen wird, den zwingt man in der Regel, ein tödliches Gift zu schlucken, das aus den Samen einer wasserlebenden Leguminose gewonnen wird… Nachdem die verurteilte Person einen bestimmten Teil der Flüssigkeit zu sich genommen hat, befiehlt man ihr zu gehen, bis die Wirkung eintritt. Hat der Angeklagte aber nach einer gewissen Zeit das Glück, daß der Magen das Gift von sich gibt, gilt er als unschuldig, und man läßt ihn unversehrt frei.«

Wenn jemand die Strafe mit der Calabar-Bohne überlebte, galt das also bei den Egbo und in der Gesellschaft der Efik als untrügliches Kennzeichen der Unschuld, insbesondere wenn die Anklage auf Hexerei lautete. »Die Efik glauben, die *esere* oder Calabar-Bohne besitze die Kraft, Hexenwerk aufzudecken und zu zerstören«, schrieb der Anthropologe Donald Simmons in den fünfziger Jahren. Die Strafe mit der Calabar-Bohne erinnert an die Gottesurteile, denen man Personen, die der Hexerei beschuldigt wurden, im Europa des Mittelalters unterwarf. Eine verdächtigte Frau wurde zum Beispiel gefesselt und in tiefes Wasser geworfen. Schwamm sie oben, war sie tatsächlich eine Hexe; versank sie aber, galt sie als unschuldig. Solche Vorgänge sprechen zwar einerseits für Unkenntnis, Aberglauben und spirituelle Blindheit, aber andererseits hat die Calabar-Bohne paradoxerweise der abendländischen Medizin auch die Augen geöffnet: Sie liefert nämlich das Physostigmin, ein wirksames Medikament für die Behandlung von Glaukom-Patienten, mit dem man unter Umständen die Erblindung verhindern kann.

Der schwedische Ethnopharmakologe Bo Holmstedt hat sehr genau nachgezeichnet, wie aus der Gottesurteilsbohne von Calabar das Physostigmin entwickelt wurde. Seinem Bericht zufolge nahm Robert Christison, ein Arzt an der Universität Edinburgh, im Selbstversuch ein Viertel eines Samens; daraufhin erlebte er Schwindelgefühle und Apathie in einem Ausmaß, daß seine Angehörigen einen Arzt holten. Dieser, so berichtete Christison später, »fand den Puls und die Herztätigkeit sehr schwach, schnell und unregelmäßig, das Aussehen sehr blaß, die Entkräftung groß, die geistigen Fähigkeiten unbeeinträchtigt, außer vielleicht insofern, daß ich keinen Anlaß zur Beunruhigung sah, meine Freunde aber sehr wohl.«

Sein Landsmann Thomas Fraser, der begeistert die afrikanischen Pfeilgifte erforschte, verfolgte Christisons Arbeiten weiter. Er entdeckte, daß eine auf den Augapfel gelegte Calabar-Bohne die Pupille veranlaßt, sich kräftig zusammenzuziehen:

»Etwa 30 Minuten nach dem Aufbringen wird die Pupille zu einem kleinen Punkt, behält aber ein gewisses Maß an Beweglichkeit. In diesem Zustand bleibt sie zwölf bis 14 Stunden lang, aber eine mehr oder weniger starke Kontraktion der Pupille kann fünf bis sechs Tage lang erhalten bleiben.«

Fraser schlug seinem Freund Douglas Robertson, einem Augenarzt, vor, er solle die Wirkungen der Calabar-Bohne auf die Augen genauer untersuchen. Wie sich in Robertsons Selbstversuchen herausstellte, »verursacht die lokale Applikation der Calabar-Bohne auf das Auge zunächst einen Zustand der Kurzsichtigkeit… und als zweites löst sie eine Kontraktion der Pupille aus«.

Die deutschen Chemiker Julius Jobst und Oswald Hesse isolierten 1864 aus der Calabar-Bohne das Alkaloid Physostigmin. Nachdem sich herausgestellt hatte, daß der neue Wirkstoff den Augeninnendruck drastisch senkt, wurde er beim Glaukom zum Mittel der Wahl.

Obwohl sich die Calabar-Bohne also letztlich für die Augenheilkunde als nützlich erwiesen hat, ist ihre Geschichte eine Geschichte von Leid und Elend. Aber tödliche Giftpflanzen sind nicht der einzige Weg in andere Welten. Im Gegenteil: Die meisten Gewächse, durch die indigene Völker mit dem Jenseits in Verbindung treten, dienen guten Zwecken. In Südamerika, über 7000 Kilometer westlich von Calabar diente eine andere von spiritueller Kraft durchtränkte Pflanze nicht zur Vernichtung politischer Feinde, sondern zur Heilung von Kranken; dazu vermittelte sie bei schwierigen Diagnosen spirituelles Wissen.

Das Schnupfen von *ebena* in Südamerika

Der Schamane der Waiká legt ein wenig *ebena*-Pulver in das Schnupfrohr und steckt es sich mit einem Ende in die Nase. Sein Helfer bläst kräftig in die andere Öffnung des einen Meter langen Rohrs und befördert den Wirkstoff auf diese Weise in den Nasenrachenraum des Schamanen. Von dort wird es über die Schleimhäute der Atemwege ins Blut aufgenommen. Schon nach einer Minute haben sich die hochwirksamen Alkaloide aus dem Pulver über den ganzen Organismus verteilt. Plötzlich kratzt sich der Schamane mit kreisenden Bewegungen den Kopf, und Speichel rinnt ihm unkontrolliert aus dem Mund. Wenige Minuten später verläßt der Geist des Schamanen den Körper und gelangt in eine andere Welt, die Welt der Geister, die freundlich oder feindlich gesinnt sein können. Heute hat man den Schamanen gebeten,

5.5 Ein Waiká-Indianer inhaliert *ebena*-Schnupfpulver (aus *Virola*-Arten), die sein Helfer in ein hölzernes Rohr bläst. Die biologisch aktiven Inhaltsstoffe gelangen nach noch nicht einmal einer Minute ins Blut, und wenige Minuten später setzen starke Halluzinationen ein.

einem kleinen Jungen zu helfen; er hat hohes Fieber und andere Krankheitszeichen, von denen man annimmt, sie seien von bösen Geistern verursacht, die die Herrschaft über Körper und Seele des Kleinen übernommen haben. In seinem Streben nach Heilung versichert sich der Schamane der Hilfe freundlich gesinnter Geister, so des Affen- und des Tukangeistes; sie sollen die bösen Dämonen, die dem kleinen Patienten Schaden zugefügt haben, aufspüren und bekämpfen.

Der Schamane erkennt in dem bösen Geist einen Waldvogel und beginnt, die Herrschaft des Vogels über den Jungen mit Zaubersprüchen in Frage zu stellen. In seiner Vision greift der Schamane nach Pfeil und Bogen, zielt genau und trifft mit seinem Pfeil den Vogelgeist, so daß dieser den Jungen fahren lassen muß. In die Welt der Traumvisionen gelangt der Schamane, weil *ebena* sich tiefgreifend auf das Gehirn auswirkt. Ungefähr eine Stunde nachdem er den Stoff geschnupft hat, ist die Vision zu Ende; jetzt setzt sich der Schamane neben den Jungen und erklärt ihn für geheilt.

Die Ethnobotaniker, die solche Vorkommnisse miterlebten, machten üblicherweise keine Anstalten, die Krankheit zu diagnostizieren oder die Wirksamkeit der Behandlung nach westlichen Maßstäben zu beurteilen; die Aufgabe des Wissenschaftlers besteht nur darin, die von dem Schamanen verwendeten Pflanzen zu dokumentieren und zu sammeln und den kulturellen Zusammenhang ihrer Benutzung zu verstehen. In jüngerer Zeit arbeiten aber vielfach auch Ärzte bei der Feldarbeit mit den Ethnobotanikern zusammen. Gemeinsam können sie die

Exkurs 5.1: Schamanistische Heilung: Tatsache oder Illusion?

Im Orinokotal in Kolumbien wurde die schamanistische Heilkunst unter klinischen Bedingungen untersucht. Ein 24jähriger Mann von Stamm der Guahibo wurde ins Krankenhaus eingeliefert, nachdem er 24 Stunden zuvor von einer Lanzenotter, einer Giftschlange der Gattung *Bothrops*, gebissen worden war. Der Patient war blaß, verwirrt und im Zustand des Deliriums. Der Blutdruck lag nur bei 90/50, der Puls bei 100, die Atemfrequenz bei 32 und die Körpertemperatur bei 36,2 °C. Weiterhin waren schwere Ödeme und Hyperthermie mit Zyanose (bläulicher Verfärbung der Haut) vorhanden. Der Urin enthielt größere Blutmengen. Man spritzte ihm Schlangen-Antiserum. Als sich sein Zustand eine halbe Stunde später verschlechterte, bat ein Schamane der Guahibo, der ebenfalls in dem Krankenhaus lag, um die Erlaubnis, eine traditionelle „Rauchblasbehandlung" anzuwenden. Er zündete ein wenig Tabak an, blies den Rauch auf die Gliedmaßen des Patienten und stimmte dabei einen monotonen Gesang an, der dem Lied eines Nachtvogels ähnelte. Innerhalb einer Stunde entspannte sich der Patient, und seine Körperfunktionen normalisierten sich, obwohl er sich, medizinisch gesehen, weiterhin im Zustand der Vergiftung befand. In den folgenden Tagen verbesserte sich sein Allgemeinzustand. Das Antiserum allein hätte nach den Erfahrungen des behandelnden Arztes niemals derart dramatische Wirkungen haben können; demnach lag die Vermutung nahe, daß die schulmedizinische und die traditionelle Behandlung einen synergistischen Effekt hatten. Magnus Zethelius und Michael Balick, die Autoren der Studie, gelangten zu dem Schluß, die Genesung des Patienten sei durch seinen starken Glauben an schamanistische Praktiken und sein Vertrauen in sie beschleunigt worden.

Heilmethoden sowohl aus westlicher Perspektive als auch aus der Sicht der Einheimischen analysieren.

Psychoaktive Pflanzen sind bei vielen Bevölkerungsgruppen in Teilen Afrikas und den tropischen Gebieten der Neuen Welt ein unverzichtbarer Bestandteil der traditionellen Heilkunst. Der Waiká-Schamane schnupft eine Mischung aus drei Pflanzen; die Wirkstoffe jeder einzelnen verstärken die biologische Wirkung der anderen. Eine dieser Pflanzen, *Virola theiodora* (Myristicaceae) wurde erstmals 1851 von Richard Spruce beschrieben, der damals den brasilianischen Regenwald in der Nähe von Manaus erkundete. Allerdings war ihm zu dieser Zeit nicht klar, daß es sich um einen Bestandteil des berauschenden Schnupfmittels handelte.

Da die aktiven Moleküle in solchen halluzinogenen Schnupfmitteln eine komplizierte Struktur haben und unter tropischen Bedingungen schnell zerfallen, kann man die chemischen Wirkstoffe der pflanzlichen Mischungen nur unter großen Schwierigkeiten identifizieren. Noch schwieriger läßt sich aufklären, wie der menschliche Stoffwechsel die

Inhaltsstoffe frischer psychoaktiver Pflanzen umsetzt. Forscher, die über einheimische psychoaktive Pflanzen arbeiten, haben sich schon oft gewünscht, sie könnten einen Schamanen mit seinen Pflanzen zur genauen Analyse in ein gut ausgestattetes Labor versetzen. Da das natürlich ein vergeblicher Wunsch war, tat Richard Evans Schultes das Zweitbeste: Er brachte ein gut ausgestattetes Labor zu den Schamanen.

Im Jahr 1977 fuhr das Forschungsschiff *Alpha Helix* mit Chemikern, Pharmakologen und Ethnobotanikern an Bord den Ampiyaku hinauf, einen Nebenfluß des Amazonas nicht weit von der Grenze zwischen Peru und Kolumbien. Unter den Teilnehmern waren die Ethnobotaniker Richard Evans Schultes und Timothy Plowman, die Pharmakologen Bo Holmstedt und Laurent Rivier sowie der Chemiker Neal Towers. Die Expedition, die von der National Science Foundation der USA finanziert wurde, sollte die pharmakologischen Eigenschaften von Gift- und Arzneipflanzen erforschen, die bei den Indianern des Amazonas- beckens in Gebrauch waren. Die Wissenschaftler sammelten eine Fülle von Pflanzen und brachten sie auf das Schiff; dort untersuchte man sie mit einem Instrument, von dem die meisten Ethnobotaniker im Frei- land nur träumen können: mit einem Gaschromatographen. Anhand der Kurven, die das Gerät ausspuckte, konnten die Wissenschaftler schnell erkennen, welche Verbindungen in ihren Proben enthalten waren. In einem Projekt wurde beispielsweise der Saft der *Virola*-Bäume analy- siert, der als Rauschmittel dient. In einem anderen sollte geklärt wer- den, in welchem Umfang Kokain nach dem Verzehr von Kokablättern im Blut vorhanden ist. Der Gaschromatograph, der auf dem Schiff nur wenige hundert Meter von den Pflanzen und den Menschen, die sie zu- bereiteten, entfernt war, bot unter anderem den Vorteil, daß man das Material genau in dem Zustand analysieren konnte, in dem es die ört- liche Bevölkerung zu sich nahm. Durch die sorgfältigen chemischen Analysen auf der *Alpha Helix* und durch die fachübergreifende Zusam- menarbeit mit anderen Labors werden heute allmählich die molekula- ren Grundlagen der pflanzlichen Rauschmittel deutlich.

Wie sich unter anderen herausstellte, enthält der Saft von *Virola* die Tryptamine, hochwirksame psychoaktive Verbindungen, insbesondere das N,N-Dimethyltryptamin (DMT), das N-Monomethyltryptamin (MMT) und das 5-Methoxy-N,N-Dimethyltryptamin (5-MeO-DMT), chemische Verwandte des 5-Hydroxytryptamins, das im menschlichen Gehirn vorkommt. Darüber hinaus enthält *Virola* verschiedene β-Carboline, Wirkstoffe, die den Effekt oral aufgenommener Trypt- amine verstärken und auch selbst psychoaktiv wirken. Selbst wenn die Waiká vermutlich nichts über die chemische Zusammensetzung ihrer *ebena*-Schnupfmittel wissen, haben sie gelernt, wie man die Mischung so zubereitet, daß sie die größtmögliche Wirkung entfaltet. Die Waiká verwenden nur frisches Material. Der Schamane entfernt die äußere

Rinde des Baumes, zieht dann den Bast in Stücken von 50 mal 5 Zentimeter ab und verpackt ihn für den Transport in Blättern. Im Dorf angekommen, erhitzt er die Baststreifen über dem Feuer, so daß sie einen roten Saft abgeben. Diesen mischt er mit zwei weiteren pflanzlichen Zutaten, der Asche des Baumes *Elizabetha princeps* (Caesalpiniaceae) und den getrockneten, pulverisierten Blättern des Krautes *Justicia pectoralis* (Acanthaceae). Der Ethnobotaniker Peter de Smet von der Royal Dutch Association for the Advancement of Pharmacy in Den Haag äußerte die Vermutung, die Calciumcarbonatkristalle in den Zellen von *J. pectoralis* könnten die Freisetzung verschiedener Tryptaminalkaloide aus *Virola* und ihre Resorption durch die Schleimhäute erleichtern. Die Auswahl dieser drei Pflanzen, die eine so gewaltige synergistische Wirkung entfalten, ist ein überzeugender Beleg für die Fähigkeiten des Schamanen, der die Mischung aus Gewächsen des Waldes herstellt, und sicher auch für die guten Kenntnisse seiner Vorgänger, die diese Mischung erfanden und zum ersten Mal zusammenstellten.

Das Schnupfmittel muß sehr gewissenhaft zubereitet werden, denn durch Fehler kann es entweder tödlich wirken oder an Wirksamkeit verlieren. *Ebena* ist so stark, daß ein älterer Schamane auch bei richtiger Herstellung daran sterben kann. Der Schamane knetet die drei Pflanzen zwischen den Beinen, bis sie die Konsistenz von Kitt haben. Dann röstet er die Mischung, und wenn sie hart ist, wird sie zu Pulver zermahlen. Dieses legt er sorgfältig auf ein Blatt der Palme *Geonoma* (Arecaceae), so daß es bis zur Zeremonie am folgenden Tag sauber und benutzbar bleibt.

Wie entdecken Naturvölker, daß bestimmte Pflanzen pharmazeutisch nützlich sind? Wie erfinden sie Methoden zur Gewinnung biologisch aktiver Inhaltsstoffe, die nicht nur Nutzen bringen, sondern auch keine Gefahren bergen? Die Antwort: Sie leben seit vielen Generationen in der natürlichen Umwelt und sind auf sie angewiesen; deshalb hatten sie unzählige Gelegenheiten zum Experimentieren. Die Wissenschaft ist bei den indigenen Kulturen genau wie bei uns ein Prozeß des Ausprobierens, bei dem es Fehlschläge und Erfolge gibt, und darauf baut man mit einer Beobachtung nach der anderen auf. Letztlich führt dieses immer neue Überprüfen von Hypothesen zu erstaunlichen Ergebnissen, wenn man bedenkt, daß es auf der Erde etwa 250 000 Blütenpflanzenarten gibt. Aber wir Menschen sind ausgezeichnete Experimentatoren, immer getrieben von Neugier und der Hoffnung, das Leben angenehmer, abwechslungsreicher oder sinnvoller zu gestalten. Die Fähigkeiten der Naturvölker im Amazonasbecken, die entdeckt haben, wie man komplizierte pflanzliche Mischungen mit starker psychoaktiver Wirkung einsetzt, sind in mancherlei Hinsicht mit denen eines Chemikers oder Pharmakologen vergleichbar.

5.6 Zur Herstellung des *ebena*-Schnupfpulvers erhitzt der Schamane zunächst die Baststreifen, die er von einem Baum der Gattung *Virola* abgeschält hat, vorsichtig über dem Feuer, so daß ein roter Saft austritt. Dann mahlt er in einem kleinen Gefäß getrocknete Blätter von *Justicia pectoralis*. Das Harz und die getrockneten Blätter werden mit der Asche von *Elizabetha princeps* verrührt, und das Gemisch wird geknetet, bis es eine kittähnliche Konsistenz hat. Anschließend wird das Gemisch erhitzt und zu Pulver gemahlen. Zuletzt schüttet man das Pulver auf ein Palmblatt, entfernt alle Verunreinigungen und bewahrt es bis zur Verwendung darin auf.

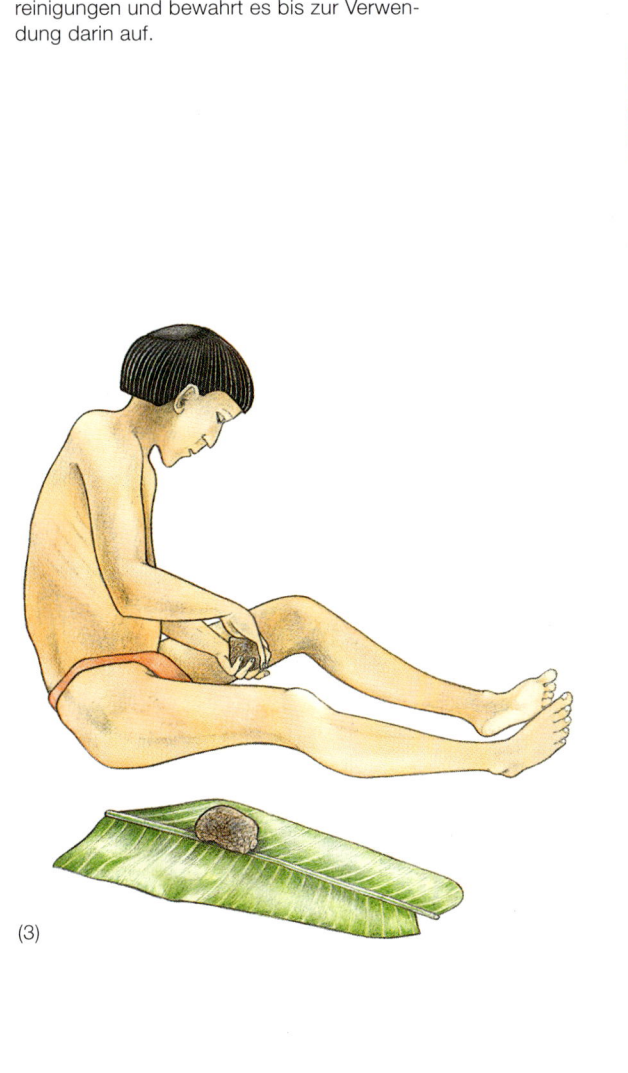

(1)

(3)

(4)

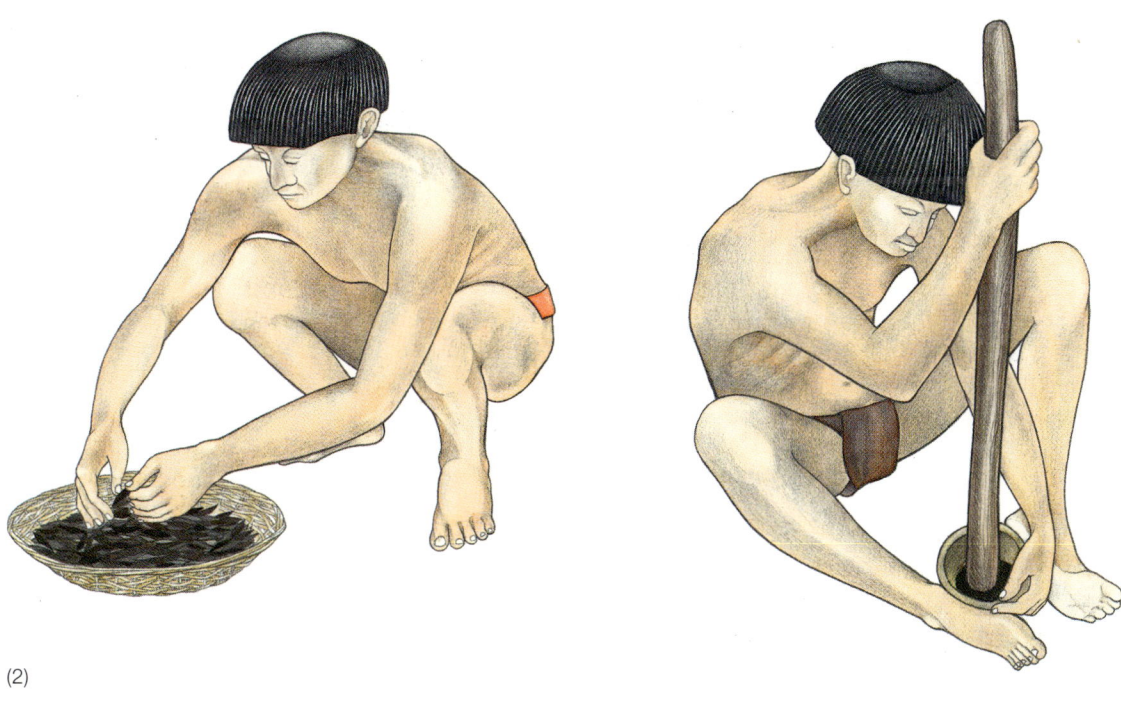

(2)

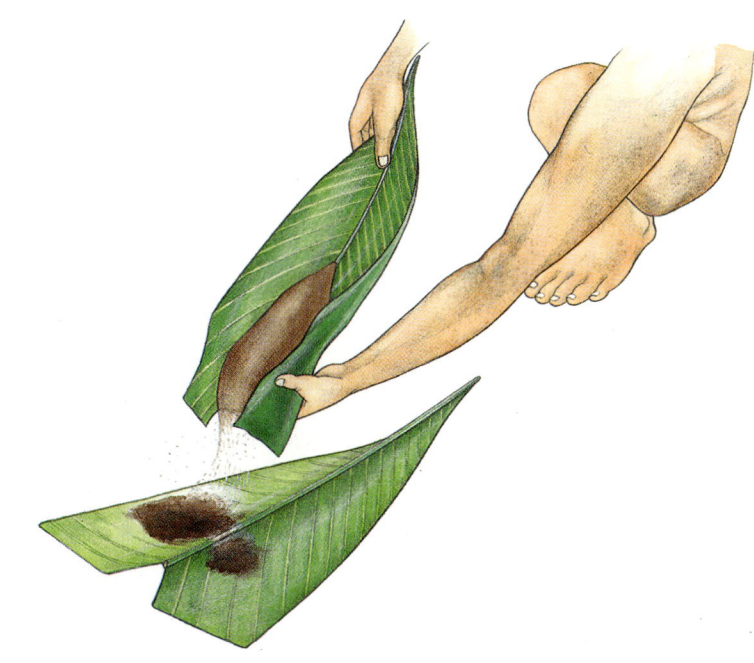

(5)

Als Leitfaden bei der Suche nach neuen Wirkstoffen dienen den Naturvölkern manchmal auch die von ihnen selbst entwickelten Klassifikationssysteme. So unterscheiden beispielsweise die Barasana-Indianer im nordwestlichen Amazonastal in Kolumbien zwischen verschiedenen Formen der psychoaktiven Pflanze *Banisteriopsis caapi* (Malpighiaceae) aufgrund der Farbwahrnehmungen oder Visionen, die sie hervorrufen. Eine Form läßt rote Visionen entstehen, bei einer anderen kommen in den Halluzinationen auch Menschen vor; wieder eine andere macht tapfer und stark. Auf ganz ähnliche Weise unterscheiden die Indianer in dieser Gegend nach den Berichten von Richard Evans Schultes auch zwischen etwa 14 Formen der aufputschenden Pflanze *Paullinia yoco* (Sapindaceae).

Solche ethnotaxonomischen Systeme bilden bei der Suche nach weiteren nützlichen Arten die Grundlage für Experimente. Man probiert es zum Beispiel mit einer Pflanze, die einer anderen mit bekanntem Nutzen – beispielsweise in der Ernährung – ähnelt, und hofft darauf, bei der neuen Art noch bessere Eigenschaften vorzufinden. Dieser Vorgang des Ausprobierens ist stärker auf Logik gegründet, als das Wort „Ausprobieren" vermuten läßt.

Besonders interessant ist die verblüffende chemische Ähnlichkeit zwischen Halluzinogenen, die von nur entfernt verwandten Pflanzen produziert und in weit auseinanderliegenden Kulturkreisen verwendet werden. Und noch aufschlußreicher sind die ähnlichen Molekülstrukturen bei manchen dieser pflanzlichen Wirkstoffe und Substanzen, die von Natur aus im menschlichen Gehirn vorkommen. Welch komplexe Auswirkungen das sowohl für die Pharmakologie als auch für die psychoaktive Wirkung hat, erkennt man besonders gut an der südamerikanischen Pflanze Ayahuasca.

5.7 *Banisteriopsis caapi*, die auch *caapi*, Ayahuasca oder *yajé* heißt, ist eine Liane aus dem Amazonasgebiet in Südamerika. Die Einheimischen der Region kochen die Ranken in Wasser und bereiten daraus ein halluzinogenes Getränk zu, das ihnen zur Hellseherei und Telepathie dient. Das Wort „Ayahuasca" kommt aus der Quechua-Sprache und bedeutet „Seelenranke"; es besagt, daß die Pflanze den Geist befreit, wenn man sie verzehrt.

Ayahuasca, die Seelenranke

Die Quechua-Indianer in Ecuador sagen, Ayahuasca (die „Seelenranke") könne den Geist befreien, so daß er allein herumwandert und erst später wieder in den Körper zurückkehrt. Den ersten Bericht über die psychoaktiven Eigenschaften dieser Liane schrieb M. Villavicencio 1858 in *Geografia de la República del Ecuador*. Nach seinen Feststellungen tranken die Stämme am Rio Napo ein Getränk aus Ayahuasca, um

»in schwierigen Fällen in die Zukunft zu sehen und richtig zu antworten, zum Beispiel um Botschaftern anderer Stämme bei Kriegsgefahr eine angemessene Erwiderung zu geben; um Pläne des Feindes durch das Medium dieses magischen Trankes zu entdecken und die richtigen Schritte zu Angriff und Verteidigung zu unternehmen; um festzustellen, welcher Zauberer einen Fluch gesprochen hat, wenn ein Angehöriger krank ist; um anderen Stämmen einen Freundschaftsbesuch abzustatten; um fremde Reisende willkommen zu heißen und schließlich um sich der Liebe ihrer Frauen zu versichern.«

Ayahuasca, auch *yajé* genannt, hat einen seltsamen Ruf; er gründet sich auf die angebliche Fähigkeit der Pflanze, Telepathie und Hellsehen möglich zu machen. Wichtig sind vor allem die beiden *Banisteriopsis*-Arten *B. caapi* und *B. inebrians*. Zur Zubereitung schneidet man vom Stengel frische Stücke ab und kocht die Rinde einige Stunden lang in Wasser. Der so entstehende Absud ist bitter und wird nur in kleinen Mengen getrunken. Bei vielen südamerikanischen Stämmen gehört er zu einem ausgedehnten Ritual, das auch Tänze, Gesänge und anderes umfaßt. Seine psychoaktiven Eigenschaften verdankt Ayahuasca den β-Carbolin-Alkaloiden Harmin und Harmalin sowie einigen weiteren, in geringerer Menge vorhandenen Alkaloiden. Die Zugabe weiterer Pflanzen, die Tryptaminderivate enthalten, wie *Banisteriopsis rusbyana* und *Psychotria viridis*, verstärkt die Wirkung, aber Ayahuasca ist so stark, daß man sie auch allein anwenden kann. Die Blätter von *P. viridis* enthalten 0,1 bis 0,5 Prozent DMT (N,N-Dimethyltryptamin), ein sehr wirksames Halluzinogen, das aber allein bei oraler Einnahme keine Rauschwirkung erzeugt, weil es von der Monoaminoxidase (MAO) in Magen und Leber inaktiviert wird. Die β-Carbolin-Alkaloide in der Rinde von *B. caapi* hemmen die Monoaminoxidase jedoch, so daß das DMT unversehrt die Blut-Hirn-Schranke überwinden kann. Ähnliche MAO-Inhibitoren wirken sich, wie man festgestellt hat, auch unmittelbar auf die chemischen Vorgänge im Gehirn aus und dienen zur Behandlung von Depressionen.

Eine verblüffende Strukturähnlichkeit findet man zwischen manchen Molekülen in berauschenden Pflanzenmischungen und dem 5-Hydroxytryptamin (Serotonin), einem wichtigen chemischen Botenstoff im Gehirn. Alle Molekülstrukturen auf Seite 176 – das N,N-Dimethyltryptamin aus dem *ebena*-Schnupfpulver oder Ayahuasca, die β-Carboline Harmin und Harmalin aus dem Ayahuasca, das Psilocin aus den halluzinogenen Pilzen *Psilocybe, Conocybe, Panaeolus* und *Stropharia* sowie das LSD-25, ein synthetisches Derivat eines Produktes des Mutterkornpilzes – haben das gleiche chemische Grundgerüst wie das Serotonin. Andere psychoaktive Substanzen ahmen die Seitenkette des Serotonins nach: Ganz ähnlich sieht zum Beispiel die Seitenkette des Meskalins (aus dem Peyote-Kaktus) aus. Aber trotz dieser Strukturähnlichkeit kennt man den Wirkungsmechanismus der psychoaktiven Substanzen nicht. Manchen Vermutungen zufolge trug die Verunreinigung des Getreides mit dem Mutterkornpilz (der LSD produziert) in Europa zum Beginn des „finsteren Mittelalters" bei.

5.8 Die traditionellen Kulturen in vielen Teilen der Welt nutzen Pflanzen wegen ihrer halluzinogenen Eigenschaften, aber in der westlichen Hemisphäre wurde eine erheblich größere Artenvielfalt zu diesem Zweck verwendet. Die Karte zeigt, in welchen Regionen die einzelnen Pflanzen als Halluzinogene dienten.

 Fliegenpilz (*Amanita muscaria*)

 Tollkirsche (*Atropa belladonna*)

Haschisch (*Cannabis sativa*)

 Stechapfel (*Datura* species)

 Iboga (*Tabernanthe iboga*)

 Yopo (*Anadenanthera peregrina*)

 Caapi (*Banisteriopsis caapi*)

 Engelstrompete (*Brugmansia* species)

Wie viele psychoaktive Mischungen, so läßt sich auch der Ayahuasca-Trunk auf unterschiedliche Weise zubereiten. Schultes berichtet über seine eigenen Erfahrungen mit Ayahuasca:

»Der Rausch beginnt mit einem Gefühl von Schwindel und Nervosität, kurz darauf gefolgt von Übelkeit, gelegentlichem Erbrechen und starken Schweißausbrüchen. Das Sehvermögen wurde hin und wieder durch Lichtblitze getrübt, und bei geschlossenen Augen wurde gelegentlich ein bläulicher Dunst sichtbar. Anschließend folgte eine Phase anormaler Mattigkeit, in der die Intensität der Farben zunahm. Früher oder später setzte ein tiefer, von traumartigen Sequenzen unterbrochener Schlaf ein. Die einzigen erkennbaren unangenehmen Nachwirkungen waren eine Darmverstimmung mit Durchfall am folgenden Tag. Die Bewegung der Gliedmaßen wurde zu keinem Zeitpunkt nachteilig beeinflußt. Bei vielen Indianern im Amazonasgebiet ist Tanz sogar ein Teil des caapi-Rituals.«

 Peyote (*Lophophora williamsii*)

 halluzinogene Pilze (*Psilocybe, Conocybe, Panaeolus, Stropharia* species)

 Prunkwinde (*Turbina corymbosa* und *Ipomoea violacea*)

 Ebena (*Virola theiodora*)

Ayahuasca gehört zu den wirkungsvollsten Hilfsmitteln der Schamanen im Amazonasbecken, aber sie sind nicht die einzigen, die es benutzen. Nach Schultes' Feststellungen trinken es auch viele andere Mitglieder der Stammesgemeinschaft, »um alle Götter, die ersten Menschen und Tiere zu sehen und um die Entstehung ihrer Gesellschaftsordnung zu verstehen.«

Heute dient die Pflanze manchen Bewohnern Perus dazu, die traditionelle Lebensweise zu bewahren. Pablo Amaringo, ein peruanischer Schamane, der in der Verwendung von Ayahuasca sehr bewandert ist, schuf Gemälde von den Visionen, die er unter dem Einfluß des Tran-

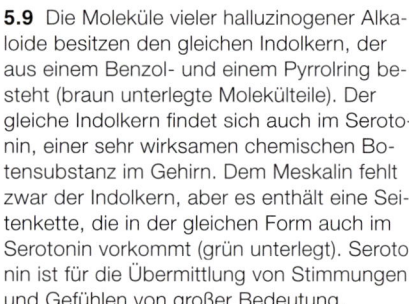

N,N-Dimethyltryptamin

Psilocin

Meskalin

Harmin

Lysergsäurediethylamid
(LSD)

Harmalin

Serotonin

5.9 Die Moleküle vieler halluzinogener Alkaloide besitzen den gleichen Indolkern, der aus einem Benzol- und einem Pyrrolring besteht (braun unterlegte Molekülteile). Der gleiche Indolkern findet sich auch im Serotonin, einer sehr wirksamen chemischen Botensubstanz im Gehirn. Dem Meskalin fehlt zwar der Indolkern, aber es enthält eine Seitenkette, die in der gleichen Form auch im Serotonin vorkommt (grün unterlegt). Serotonin ist für die Übermittlung von Stimmungen und Gefühlen von großer Bedeutung.

kes hatte. Seine Bilder sind bekannt für ihre üppigen, lebhaften Farben, ihre Symbolik und ihren Detailreichtum. Er gründete in der peruanischen Stadt Pucallpa die USKO-AYAR Amazonian School of Painting, eine Schule für Maler aus dem Amazonasgebiet, und bildet derzeit junge Künstler dazu aus, mit Hilfe dieses wirksamen Mediums ihr kulturelles Erbe zu bewahren und aufzuzeichnen. Die genau kontrollierte Verwendung von Ayahuasca steht im Zusammenhang mit der Stammesreligion, aber außerhalb dieses traditionellen Umfeldes kann sie gefährlich werden. In manchen Städten der Region ist Ayahuasca zu einer Modedroge geworden: Touristen lassen sich von der Aussicht auf schamanistische Erlebnisse anlocken, und Einheimische sagen mit ihrer Hilfe die Zukunft voraus oder richten ihr Privatleben danach aus (zum Beispiel indem sie die Treue eines möglichen Ehepartners überprüfen). Es gibt stichhaltige Gründe für die Annahme, daß halluzinogene Pflanzen, die außerhalb ihres traditionellen religiösen Zusammenhanges angewandt werden, nicht Übersinnliches, sondern Probleme, und nicht Erleuchtung, sondern Verwirrung erzeugen.

Lewins Kategorien

Die halluzinogenen Wirkungen von *ebena* und Ayahuasca sind typisch für eine Gruppe psychoaktiver Pflanzen; andere verändern die Stimmungslage oder Wahrnehmung auf sanftere Weise. Den Versuch, ein

System für die verschiedenen Arten psychoaktiver Pflanzen zu schaffen, unternahm der deutsche Toxikologe Louis Lewin; er veröffentlichte 1924 ein Buch mit dem Titel *Phantastica. Die betäubenden und erregenden Genußmittel.* Darin beschäftigt er sich mit Botanik, Ethnobotanik, Ethnologie, Chemie, Geschichte und Pharmakologie der psychoaktiven Wirkstoffe, und er beschreibt ihre Stellung in den indigenen Kulturen, aber auch in der modernen Medizin, Psychologie, Psychiatrie und Soziologie. Er erörtert 28 Pflanzen sowie eine Reihe synthetischer Verbindungen, die zu Veränderungen der Gehirnfunktion führen können und von den Menschen in verschiedenen Gegenden der Erde – von den europäischen Großstädten bis zu kleinen Dörfern im tropischen Regenwald – zum Erreichen angenehm aufregender oder friedlicher Empfindungen benutzt werden.

Lewin teilte die berauschenden und aufputschenden Pflanzen in fünf Kategorien ein. Die erste Gruppe nannte er „Euphorica" oder „Seelenberuhigungsmittel". Hierher gehören sowohl das Opium mit seinen Derivaten Morphium und Heroin als auch das Kokain. Es handelt sich um »Stoffe, die des Verwenders Gefühls- und Empfindungsleben im weitesten Sinne des Begriffes und in irgendeinem Umfange mit erhaltenem oder teilweis oder ganz geschwundenem Bewußtsein mindern bzw. aufheben und in ihm seelisches und körperliches Behagen, auch im Freisein von Affekten bewirken«. Die Stoffe der zweiten Gruppe, „Phantastica" oder „Sinnestäuschungsmittel" genannt, »rufen eine deutliche, auch in der Gestalt von Sinnestäuschungen, Halluzinationen, Illusionen und Visionen erkennbare Gehirnerregung hervor, die von Bewußtseinsstörungen von Gehirnfunktionen begleitet oder gefolgt sein können«. Die dritte Kategorie, die „Inebriantia" oder „Berauschungsmittel", umfaßt Verbindungen, die vorwiegend durch chemische Synthese oder eine andere Abwandlung von Rohstoffen (zum Beispiel Alkohol, Chloroform, Ether, Benzol) hergestellt werden. Sie verursachen »nach einer primären Erregung von Gehirnzentren eine Erregbarkeitsabnahme bis hin zum Versagen derselben«. In der vierten Gruppe mit dem Namen „Hypnotica" brachte Lewin diejenigen Wirkstoffe unter, die wie das auf den pazifischen Inseln verwendete Kava den Schlaf herbeiführen. Die letzte Gruppe schließlich, die „Exzitantia" oder „Erregungsmittel", besteht aus Substanzen, die »eine mehr oder minder in Erscheinung tretende bzw. subjektiv empfundene Erregung des Gehirns ohne Bewußtseinsstörung hervorrufen«. Solche Substanzen sind beispielsweise Kaffee, Tabak, Betel und Colanüsse.

Lewin hoffte, seine Arbeiten würden zu weiteren Forschungen Anlaß geben, und das geschah auch. Richard Evans Schultes schrieb später: »Wir können wirklich sagen, daß Lewins *Phantastica* das heutige Interesse an den Rauschmitteln geweckt haben, insbesondere an denen, die wir heute als Halluzinogene bezeichnen.« Lewins Klassifikation dient heute noch dazu, die Studenten der Ethnobotanik und Pharmakologie mit diesen nützlichen und schädlichen biologisch aktiven Wirkstoffen bekannt zu machen.

Kava und psychoaktive Drogen als Gemeinschaftserlebnis

Halluzinogene wie das *ebena*-Schnupfpulver oder Ayahuasca erzeugen so machtvolle Bilder, daß ihre indigenen Anwender glauben, die Seele gelange dabei ins Jenseits. Andere psychoaktive Pflanzen dagegen wirken eher unterschwellig: Sie erleichtern scheinbar den zwischenmenschlichen Umgang im Diesseits. In diese Gruppe gehören Pflanzen, aus denen Genußmittel wie Wein, Maté, Kaffee, Schokolade und Tee hergestellt werden, aber auch der Tabak für die Friedenspfeifen der nordamerikanischen Indianer. Auf den Inseln im Südpazifik braut man aus den Wurzelstöcken von *Piper methysticum* (Piperaceae) ein Getränk namens Kava; es wirkt beruhigend und ist deshalb zum Ein-

5.10 Wurzeln und Knollen der Kava-Pflanze *Piper methysticum* dienen überall auf den südpazifischen Inseln zur rituellen Herstellung eines Getränks, das bei den Dorfbewohnern die Entstehung von Freundschaft und Zusammengehörigkeitsgefühl fördert.

schlafen und zur Linderung von Krankheitsbeschwerden nützlich, aber seine wichtigste gesellschaftliche Funktion besteht darin, daß es Gemeinschaftsgefühle entstehen läßt und Konflikte verhindert. Die Polynesier trinken Kava in Zeremonien zur Begrüßung von Besuchern und um zwischen den Dorfbewohnern Einigkeit herbeizuführen, wenn im Zusammenhang mit der Gemeinschaft umstrittene Entscheidungen getroffen werden müssen.

Die Ethnobotaniker Vincent Lebot von der University of Hawaii und Pierre Cabalion vom Herbarium des Office de la Recherche Scientifique et Technique d'Outre Mer in Vanuatu fanden in Kava-Wurzeln 15 verschiedene Kava-Lactone; in den Molekülen dieser Verbindungen sind 13 Kohlenstoffatome an ein Lacton gekoppelt sind, einen Kohlenstoffring mit einem doppelt gebundenen Sauerstoffatom. Die wirksamsten dieser Substanzen, Kavain, Dihydrokavain (DHK) und Dihydromethysticin, sind mäßig starke Schmerzstiller (etwa doppelt so stark wie Aspirin) und wirken außerdem leicht narkotisierend und beruhigend. Die Effet von Kava sind wenig spektakulär, dabei jedoch sehr nuancenreich: Man fühlt sich ruhig, aber der Geist bleibt dabei außerordentlich klar. Lebot unterschied sechs Hauptgruppen von Kava-Klonen. Jeder davon enthält die sechs wichtigsten Kava-Lactone in etwas unterschiedlicher Zusammensetzung und erzeugt deshalb geringfügig andere psychoaktive Effekte. Ein Klon aus Samoa, „Freundschaft und Brüderlichkeit" genannt, sorgt für sehr freundliche Gefühle. Ein anderer mit dem Namen „weiße Taube" verschafft ein Gefühl geschärfter Wahrnehmung, als ob man wie eine Taube über den Regenwald fliegt. Nach Lebots Befunden selektionierten die Inselbewohner, die Kava von Melanesien nach Polynesien brachten, gezielt dihydrokavainarme und kavainreiche Pflanzen.

Wegen seiner leichten Beruhigungswirkung ist Kava das ideale Getränk, wenn strittige Fragen – beispielsweise die Landverteilung – erörtert werden müssen oder wenn besorgniserregende Ereignisse wie das Auftauchen von Fremden stattfinden. Sowohl die Zeremonie als auch das Getränk selbst zielen darauf ab, die freundlichen Gefühle zu verstärken und die Gefahr von Feindseligkeiten zu vermindern. Kava ist überall in Polynesien und auch auf vielen melanesischen Inseln das Symbol der Freundschaft. In den meisten polynesischen Kulturkreisen ist es für einen Besucher die höchste Ehre, wenn man ihm Kava reicht. Ein Neuankömmling, der mit dem Dorfhäuptling Kava getrunken hat, kann sich für die Dauer seines Aufenthalts der Freundschaft und Gastfreundlichkeit der Dorfbewohner sicher sein. Die eigentliche Wirkung von Kava erwächst aus dem kulturellen Zusammenhang, in dem es getrunken wird. Nimmt man es dagegen zu Hause zu sich, spürt man so gut wie keinen Effekt. Kava unter einem zehn Meter hohen Strohdach in Gegenwart sämtlicher Häuptlinge des Distrikts zu trinken, die sich

Kavain

7,8-Dihydrokavain

5.11 Kavain und DHK (Dihydrokavain) sind die beiden Kava-Lactone, die am leichtesten die Blut-Hirn-Schranke überwinden und ins Gehirn gelangen. Obwohl sich die beiden Substanzen nur in einer einzigen chemischen Bindung unterscheiden, haben sie unterschiedliche physiologische Effekte. Kavain wirkt im Mund als Lokalanästhetikum; seine Effekte ähneln denen des Kokains, aber es wird nicht so leicht resorbiert und umgesetzt wie DHK. Als die ersten Siedler das Kava in östlicher Richtung nach Polynesien brachten, wählten sie Pflanzen aus, die möglichst viel Kavain und wenig DHK enthielten.

5.12 Die Kava-Zeremonien können es mit ihrem komplizierten Handlungsablauf und den ausgefeilten Reden durchaus mit der japanischen Teezeremonie aufnehmen. In der samoanischen Tradition war die *taupou* (Dorfjungfrau) die einzige, die bei zeremoniellen Anlässen Kava zubereiten und den Häuptlingen servieren durfte. In vielen Dörfern lebt diese Sitte bis heute fort.

alle genau an die alten Redeformeln einhalten, ist dagegen ein unvergeßliches Erlebnis.

In Samoa ist die Kava-Zeremonie ein wirklich schönes, bewegendes Ereignis. In ihrer strengen Form kann man sie mit der japanischen Teezeremonie vergleichen. Ihr Wortreichtum übertrifft leicht die aufregendste Debatte in einem Parlament. Und in ihrem religiösen Gehalt steht sie auf einer Stufe mit der katholischen Messe; so wie die Messe lange Zeit auf lateinisch gelesen wurde, hält man auch die Kava-Zeremonie in der formellen samoanischen Sprache des Respekts ab. Der Fremde findet deshalb nicht ohne weiteres Zugang zu ihr, selbst wenn er die samoanische Umgangssprache beherrscht. Aber schon geringe Kenntnisse der Respektssprache zahlen sich reichlich aus, denn dann kann man die Schönheit der Kava-Zeremonie begreifen. »Unser Treffen ist wie die Spitzen zweier Wolken, die über den Himmel ziehen«, sagt der Häuptling zu Beginn:

Ua mamalu lo tatou taeao fesilasilafa'i e pe o le ta'otoga o i'a sa. Ua pa'ū le vao, ula liligo le taeao e pe o le ulua'i ave o le la ua fa'asuluina le fogā'ele'ele. Ua mamalu le taeao e pei ua fa'afesiligia le fogāmauga e le fogāsami pe aisea e tulu'i ai loimata e pei o le timuga mai le lagi. E fia fa'afoga mauga o Salafai; e fia fa'alogo galu o le sami, auā lenei taeao lalelei. Ua pa'ia le sami, ua pa'ia le fanua, ua pa'ia le malae, ua pa'ia le maota, ma ua matou tau pa'i malu atu i le pa'ia ma le mamalu o le au fa'afofoga mai…

Unser Treffen ist wie die Paarung der Meeresschildkröten, schweigend, bewegungslos, aber heilig. Unser Treffen ist heilig wie der erste Tau, heilig wie der erste Lichtstrahl, der die neu erschaffene Erde füllte. Unser Treffen ist heilig wie die Begegnung von Gebirge und Meer, die zur Sonne blickten und sie fragten, warum sie Tränen des Regens aus dem Himmel vergoß. Die gleichen Berge und die Wogen des Meeres sind heute morgen von unserem Treffen bewegt. Das Meer ist heilig, die Erde ist heilig, unser Versammlungshaus ist heilig, und mit Zittern richten wir unsere Worte an die Heiligkeit und Würde derer, die uns zuhören…

Durch das Trinken von Kava treten die heutigen Menschen mit früheren Generationen in Verbindung, bis zurück zum Anfang der Zeiten. In dem Dorf Fitiuta berichten Geschichtenerzähler noch heute von der allerersten Kava-Zeremonie. Tagaloalagi, der die Welt erschuf, hielt sie zusammen mit Pava ab, dem ersten Menschen. Der Raum zwischen den beiden Teilnehmern, die sich bei der Kava-Zeremonie gegenübersitzen, *alofi* genannt, ist das Allerheiligste. Hat die Zeremonie begonnen, darf niemand stehen, gehen oder in irgendeiner Form in das *alofi* eindringen. Während der Zeremonie mit Tagaloalagi betrat Pavas Sohn den heiligen Zwischenraum. Daraufhin befahl Tagaloalagi: »Verbiete es deinem Sohn. Er darf die Heiligkeit des *alofi* nicht verletzen.«

Aber der Junge rannte zwischen Tagaloalagi und Pava hin und her; also streckte Tagaloalagi den Arm aus, griff nach dem Kind und riß ihm nacheinander Arme und Beine aus. Pava weinte über den Tod seines einzigen Sohnes, der einzigen Hoffnung, die Erde zu bevölkern. »Dein Sohn hat das *alofi* verletzt, und deshalb mußte er sterben«, sagte Tagaloalagi, als er die Kava-Tasse hob. »Aber auch wenn durch diese Übertretung der Tod kam, kommt durch Kava das Leben.«

Tagaloalagi ließ ein paar Tropfen Kava auf den zerrissenen Leichnam fallen, und der Junge wurde sofort wieder lebendig. »Und das heilige Kava wird immer als Vertrag zwischen dir und mir gelten.« Überglücklich, seinen Sohn wieder lebend zu sehen, klatschte Pava in die Hände. Dann tranken er und Tagaloalagi das heilige Getränk.

Heute klatscht man überall im pazifischen Raum bei der Kava-Zeremonie vor Freude in die Hände, und vor dem Trinken läßt man einige Tropfen der Flüssigkeit auf die Matte fallen. Nur wenige alte, gelehrte Prediger wissen noch, warum man das tut, aber die Kraft und Schönheit der Allegorie von Tod und Wiederauferstehung bleiben bestehen.

Cannabis – eine Pflanze mit Geschichte

Nicht alle psychoaktiven Pflanzen dienten der sozialen Ruhigstellung. Sogar das Gemeinschaftsgefühl, das von psychoaktiven Pflanzen geschaffen wird, läßt sich zu bösartigeren Zwecken benutzen. Ein Beispiel ist die Verwendung von Marihuana im 11. Jahrhundert. Al-Hasan ibn al-Sabbah, ein gebürtiger Perser, gründete einen Kleinstaat, der eine strategisch wichtige Karawanenstraße nach Bagdad überblickte. Um 1090 hatte er mit der traditionellen islamischen Lehre seiner Zeit gebrochen und eine eigene Sekte gegründet, deren Anhänger man nach dem vollen Namen von al-Hasan als *hashishin* bezeichnete. Sie lebten von den Reichtümern, die sie bei Überfällen auf die nach Bagdad ziehenden Karawanen erbeuteten, und hinterließen ihren Nachfolgern wunderschöne Paläste und Gärten. Schon bald war die Zahl der *hashishin* auf über 12000 angewachsen, denn die Sekte zog viele junge Männer an, die dann zu Räubern und Mördern ausgebildet wurden (englisch und französisch *assassin,* eine Verballhornung von *hashishin*). Besucher, die an den Hof von al-Hasan kamen, beschrieben den Ort als Paradies auf Erden, wo viele junge Männer, von einem aus *Cannabis* (Cannabaceae) hergestellten Getränk eingelullt, glückselig lebten, ohne daß ein Wunsch offenblieb. Al-Hasan setzte diese Männer dazu ein, seine Lehre zu verbreiten, seinen Reichtum zu mehren und seine Gegner zu vernichten. Wenn sie bei der Ausführung eines solchen Auftrages starben, dann, so versicherte er ihnen, werde ihr Heldenmut mit dem Paradies belohnt, wo sie ganz ähnlich leben könnten wie jetzt in den Palästen al-Hassans. Seine Krieger waren wild, entschlossen und außerordentlich erfolgreich, denn nach ihrer Überzeugung wartete ewige Glückseligkeit auf sie. Aber die Verwendung von *Cannabis* läßt sich nicht nur bis ins 11. Jahrhundert, sondern noch viel weiter zurückverfolgen.

In einem chinesischen Kräuterbuch, dessen Erkenntnisse auf den sagenhaften Kaiser Shen Nung zurückgehen (der im 3. Jahrtausend vor unserer Zeitrechnung gelebt haben soll), wird *Cannabis* als wichtige Arzneipflanze für die Behandlung verschiedener Krankheiten, darunter Beriberi, Malaria und Vergeßlichkeit aufgeführt. Außerdem beschreibt das Buch *Cannabis* als Pflanze, die den Geist befreie: »Wenn man sie über längere Zeit nimmt, kann man mit Geistern in Verbindung treten, und der Körper wird leichter.« Spätere chinesische Autoren warnten jedoch, sie sei eine »Befreierin der Sünde«. Im *Rh-Ya*, das 1500 v. Chr. zusammengestellt wurde, wird die Pflanze unter dem Namen *ma* erstmals im Zusammenhang mit schamanistischen Anwendungen erwähnt. Im zweiten Jahrhundert n. Chr. mischten chinesische Ärzte *Cannabis* mit Wein und gaben es Patienten vor Operationen als Betäubungsmittel zu trinken, denn es machte angeblich schmerzunempfindlich. Das beliebteste Mittel für diesen Zweck war allerdings das Opium.

Spekulationen über die Verwendung der Droge im Nahen Osten in antiker Zeit wurden laut, nachdem man in den Skelettresten einer jungen Frau, die offensichtlich im 4. Jahrhundert v. Chr. während einer Entbindung gestorben war, *Cannabis* in der Bauchhöhle gefunden hatte. Die Autoren dieser Untersuchungen gelangten zu dem Schluß, man habe den Wirkstoff durch Inhalation verabreicht, um die Schmerzen zu lindern und die Kontraktionen der Gebärmutter zu verstärken. Weitere ähnliche archäologische Funde gibt es bisher nicht, und deshalb läßt sich nur schwer abschätzen, ob es sich hier um eine allgemein verbreitete Praxis handelte.

5.13 In Gräbern der Skythen im Altaigebirge fanden die Archäologen verschiedene Gegenstände, die bei *Cannabis*-Ritualen verwendet wurden. Die *Cannabis*-Samen bewahrten die Skythen in Töpfen wie dem unten rechts dargestellten auf, und in Kupfergefäßen (oben rechts) verbrannte man die Pflanze, so daß ein berauschender Rauch entstand. Das Gefäß mit dem glimmenden *Cannabis* stellte man in ein kleines, etwa 45 Zentimeter hohes Zelt aus mehreren Stangen (links), über die man Tierhäute legte; in seinem Inneren konnte man die Dämpfe der psychoaktiven Pflanze einatmen.

Eher zu rituellen Zwecken wurde *Cannabis* als Psychodroge offenbar bei den alten Skythen in Kleinasien verwendet. Bei Ausgrabungen entdeckte man Gefäße und Holzkohle mit Resten von *Cannabis*-Blättern und -Früchten, die aus der Zeit von 500 bis 300 v. Chr. stammen. Nach den Berichten des griechischen Historikers Herodot schätzten die Skythen Dampfbäder, die durch auf heiße Steine gelegte *Cannabis*-Samen einen besonderen Duft erhielten. Und der Ethnobotaniker William Emboden gelangte zu dem Schluß, bei den Skythen und anderen Völkern dieser Gegend hätten schamanistische Rituale mit *Cannabis* eine große Rolle gespielt, wenn man Kranke heilen oder die Verstorbenen ins Jenseits schicken wollte.

Viel später flammte das Interesse an *Cannabis* bei fortschrittlichen Gruppen in Paris wieder auf. Als Napoleon um 1800 von seinem Ägyptenfeldzug zurückkehrte, brachten seine Soldaten eine neue Sitte mit: die Verwendung von *Cannabis*-Harz. Zunächst behandelte man Geisteskranke damit, aber später verlagerte sich das Schwergewicht von der Therapie zum Genuß: Manche Pariser Trendsetter nahmen es bei ihren Zusammenkünften. Diese Gruppe genoß die gemeinsamen Visionen so gründlich, daß die Treffen 1844 eine feste Form bekamen: Man gründete den Club des „Haschischins", der sich einmal mit Monat im Hôtel Pinodan auf der Île Saint-Louis traf. Nachdem die Teilnehmer das berauschende Harz zu sich genommen hatten, ließen sie sich eine elegante Mahlzeit servieren, und dabei zeigten sich die Wirkungen der halluzinogenen Substanz. Auf diese Weise wurde *Cannabis* in Europa populär.

Trotz aller Versuche zu seiner Ausrottung verbreitete sich die Verwendung der verschiedenen Formen von *Cannabis* über die ganze Welt. Sein Harz enthält das Delta-1-tetrahydrocannabinol, das wirksamste der über 30 Cannabinoide, die in der Pflanze vorkommen. Die Droge übt starken Einfluß auf das Zentralnervensystem aus: Zu seinen Wirkungen zählen Euphorie, Veränderungen der Raum-, Zeit- und Geschmackswahrnehmung und anderes. Die Blätter und Blüten der Pflanze werden gesammelt, getrocknet und in Zigaretten oder Pfeifen geraucht. Eine viel stärkere Droge ist das Harz, das aus weiblichen Blüten gewonnen wird. Es wird im Nahen Osten, in Afrika und anderen Gebieten von vielen Millionen Menschen benutzt. Die Pflanze und ihre Produkte kann man auf vielerlei Weise ernten; in Nepal liefen die Männer früher nackt durch die *Cannabis*-Felder und kratzten sich anschließend das klebrige Harz von der Haut.

In Europa, wo man – angeregt vielleicht durch erste Erfahrungen mit *Cannabis* – von psychoaktiven Drogen fasziniert war, experimentierte man auch mit verschiedenen anderen Pflanzen. Arten, die früher im Mittelpunkt religiöser Riten standen, dienen heute zur Erzeugung von

5.14 Die *Cannabis*-Blätter in diesem Sack wurden in Nepal zu medizinischen Zwecken gesammelt. *Cannabis sativa* wird in einer ganzen Reihe traditioneller Medizinsysteme therapeutisch verwendet, so auch im Ayurveda, das in Nepal und auf dem ganzen indischen Subkontinent praktiziert wird. *Ganja* oder *bhang*, wie die Pflanze auf Hindi heißt, dient traditionell als Krampflöser, Schmerzstiller und Beruhigungsmittel.

Wirkstoffen, die respektlos als Genußmittel verwendet werden. Den kulturellen und religiösen Zusammenhang, in dem solche Pflanzen benutzt wurden, nahm man im Westen meist nicht zur Kenntnis, und das führte dazu, daß sowohl die Pflanzen als auch ihr Gebrauch immer wieder verteufelt wurden, unter anderem von abendländischen Wissenschaftlern, denen die ethnobotanischen Kenntnisse fehlten. In den neunziger Jahren des 19. Jahrhunderts setzte zum Beispiel der deutsche Psychiater Emil Kraepelin die Praxis der Indianer in den Anden, Kokablätter zu kauen, mit dem Kokainmißbrauch gleich und äußerte die Ansicht, beides hätte gleichermaßen tragische Folgen. Die Geschichte der Kokapflanze ist eines der eindringlichsten Beispiele dafür, wie psychoaktive Pflanzen, die für traditionelle Kulturen so wichtig sind, verächtlich gemacht wurden.

Koka und Kokain

Der in Südamerika beheimatete Kokastrauch liefert sowohl das Alkaloid Kokain als auch sein Derivat Kokainhydrochlorid. Wichtig ist, daß man die Kokablätter vom Kokain unterscheidet. Die Pflanze, welche die Blätter liefert, genießt hohes Ansehen und wird von den Völkern der Anden und des Amazonasgebietes seit Jahrhunderten gegen Hunger und Müdigkeit, als Arznei und als Nährstofflieferant verwendet. Kokain dagegen, eine sehr wirksame, suchterzeugende Droge, wird aus den Blättern durch chemische Weiterverarbeitung gewonnen; es stimuliert das Gehirn und erzeugt Euphorie. Kokain kann sowohl Schmerzen lindern als auch Leiden erzeugen, je nachdem, in welcher Dosierung und Form es genommen wird und ob es zur Behandlung von Krankheiten oder zu Genußzwecken dient. Kokainhydrochlorid wird in der modernen Medizin als äußerliches Lokalanästhetikum für die Schleimhäute eingesetzt und ist auch in Medikamentenmischungen enthalten, die bei Krebs im Endstadium gegen die Schmerzen gegeben werden.

Der Kokastrauch gehört zur Gattung *Erythroxylum* (Erythroxylaceae). Der verstorbene Timothy Plowman, zweifellos der begabteste Schüler von Richard Evans Schultes, fand in über zehnjähriger Feldarbeit vier Varietäten, aus denen alle kultivierten Koka-Sorten hervorgegangen sind: *Erythroxylum coca* var. *coca* (Huanuco oder bolivianischer Koka), *E. coca* var. *ipadu* (Amazonas-Koka), *E. novogranatense* var. *novogranatense* (kolumbianischer Koka) und *E. novogranatense* var. *truxillense* (Truxillo-Koka).

Der Kokastrauch wurde schon in präkolumbianischer Zeit domestiziert und ist seither in seinem Verbreitungsgebiet untrennbar mit den indigenen Kulturen verbunden. Den ersten spanischen Geschichtsschreibern fiel bei ihren Reisen in den Anden auf, daß die Indianer die getrockneten grünen Blätter zusammen mit Kalk kauten, einer Substanz, die dafür sorgt, daß die Mundschleimhaut die Alkaloide aus den Blättern besser resorbiert. Diese Praxis hat sich bis heute erhalten. Die Archäologen fanden Keramikgefäße, die Menschen mit einer „dicken Backe" zeigen, ein eindeutiger Hinweis, daß sie einen Klumpen der Koka-Kalk-Mischung im Mund haben. Nach Plowmans Vermutung

5.15 Keramikgefäß mit der Darstellung eines Kokakauers aus La Libertad (Peru), ca. 400–600 n. Chr. Solche archäologischen Funde zeigen, wie alt die Sitte des Kokakauens ist und wie wichtig es für die Kultur der südamerikanischen Indianer war.

186

wurde *Erythroxylum coca* var. *coca* vor etwa 7000 Jahren im Osten der Anden erstmals angebaut. Der Amazonas-Koka dagegen, der im Westen des Amazonasgebietes wächst, wurde seiner Ansicht nach erst in sehr viel jüngerer Zeit domestiziert.

An einer archäologischen Ausgrabungsstelle in Ecuador fand man kleine Keramikgefäße, in denen sich Kalk und in der Regel auch gekaute Kokablätter befanden – ein Hinweis, daß die Pflanze dort schon seit mindestens 5000 Jahren in Gebrauch ist. Heute sieht man auf den Straßen der bolivianischen Hauptstadt La Paz häufig Händler, die aus riesigen Ballen Kokablätter verkaufen. In dieser Gegend kaut man zunächst die ganzen Blätter und anschließend den Kalk aus einem besonderen Kürbisbehälter. Wer als Besucher nicht an die großen Höhen in den Anden gewöhnt ist, braucht nur eine Tasse Kokatee zu trinken, und schon verschwinden Kopfschmerzen, Übelkeit und Schwächegefühle der *soroche* (Höhenkrankheit) sowie die Reisemüdigkeit. Kokablätter enthalten auch eine ganze Reihe von Vitaminen und Mineralstoffen, so daß sie eine wertvolle Bereicherung der ansonsten oft ärmlichen Ernährung darstellen. 100 Gramm bolivianischer Koka enthalten mehr Calcium, Eisen, Phosphor, Vitamin A, Vitamin B_2 und Vitamin E, als es der in den USA empfohlenen Tagesdosis entspricht. Der Calciumgehalt liegt bei 1540 Milligramm je 100 Gramm Blätter, und damit ist er in einer Gegend, wo man häufig nur wenig Milchprodukte zu sich nimmt, eine wichtige Nahrungsergänzung. Heute propagieren viele bolivianische Unternehmen Produkte mit Extrakten aus Kokablättern, beispielsweise Zahnpasta, Kaugummi sowie verschiedene Tinkturen, Weine und Spirituosen. Auch in Europa stellte man verschiedene kokahaltige alkoholische Getränke her.

Angelo Mariani, ein in Frankreich lebender italienischer Arzt, vertrieb von 1844 bis 1913 einen roten Bordeauxwein, der mit einem Extrakt aus Kokablättern versetzt war. Dieses Getränk, „Vin Mariani" genannt, wurde in Paris produziert, auf Rezept abgegeben und in der ganzen Welt verkauft. Papst Leo XIII. verlieh Mariani als Zeichen seiner hohen Wertschätzung für den Wein einen goldenen Orden. Mariani war auf die vielen Dank- und Empfehlungsschreiben so stolz, daß er sie in Buchform herausbrachte. Sie füllten 13 Bände.

Aber Koka wurde nicht nur dem Wein zugesetzt. Der amerikanische Apotheker John Styth Pemberton aromatisierte mit Kokablättern ein selbstgebrautes Getränk, das er „Coca-Cola" nannte. Nach Pembertons ursprünglichem Rezept von 1886 sollte Coca-Cola ein »Gehirntonikum und intellektuelles Getränk« sein; neben dem Kokain enthielt es Koffein aus afrikanischen Kolanüssen. Nach einem amerikanischen Bundesgesetz von 1904 durfte Coca-Cola kein Kokain mehr enthalten, aber der Blattextrakt versteckt sich nach wie vor unter dem Sammelbe-

5.16 Dieses Plakat aus dem Jahr 1894 preist die Vorzüge des „Vin Mariani" an, eines damals beliebten Weins aus Kokablättern.

griff „natürliche Aromastoffe". Die Stepan Company in Marywood (New Jersey) importierte in den achtziger Jahren jährlich zwischen 56 und 588 Tonnen der Blätter als Zutat für Coca-Cola. Der kokainhaltige Rückstand wird an die Firma Mallinckrodt Inc. weiterverkauft; dort reinigt man daraus das Kokainhydrochlorid, das in der pharmazeutischen Industrie als Lokalanästhetikum dient.

Der Handel mit Kokablättern hat aber auch eine große Schattenseite. Auf dem bolivianischen oder peruanischen Binnenmarkt kann jedermann 100 Kilogramm Kokablätter für etwa 66 Dollar kaufen. Mit sehr einfachen Methoden lassen sich daraus zwei Kilogramm Kokain-Roh-

---

Exkurs 5.2: Lobeshymnen auf den Mariani-Wein

»Ich bin völlig bekehrt. Ein Hoch auf den Mariani-Wein!« (Zadoc Kahn, französischer Oberrabbiner)

»Ihr amerikanisches Koka gab meinen europäischen Priestern die Kraft, Asien und Afrika zu zivilisieren.« (Kardinal Lavigerie)

»Mariani, deine süßen Flaschen entzücken meinen Gaumen.« (Alexandre Dumas fils)

»Da eine Flasche von Marianis außergewöhnlichem Wein ein hundertjähriges Leben garantiert, muß ich bis zum Jahr 2700 leben!« (Jules Verne)

»Für Mariani, der das Koka verbreitet.« (Auguste Rodin)

Dankschreiben erhielt Mariani auch von vielen hundert anderen Personen, darunter der US-Präsident William McKinley, Prinz Albert von Monaco und König Alfons III. von Spanien.

---

paste gewinnen, die nach weiterer Verarbeitung etwa 1,5 Kilogramm reines Kokain ergibt. Das Kilo reines Kokain ist in Bolivien, Peru oder Kolumbien – allerdings illegal – für 1 500 bis 2 500 Dollar zu haben. Sein Wert nimmt erheblich zu, wenn es nach New York transportiert wird – dort liegt der Großhandelspreis bei 25 000 bis 35 000 Dollar. Teilt der Dealer das Kilogramm dann in kleine Portionen auf, schießt der Einzelhandelspreis auf 100 000 Dollar in die Höhe – das ist mehr als das 1 500fache des Preises für die unverarbeiteten Blätter. Um dieser gewaltigen Gewinne willen nehmen die Schmuggler fast jedes Risiko auf sich, oder sie werden auf alle möglichen Arten gewalttätig. Der Politikwissenschaftler Lamond Tullis von der Brigham Young University äußert in seinem neuen Buch *Unintended Consequences* („Unbeabsichtigte Folgen") sogar die Ansicht, eine Regierung, die den Kokainschmuggel an der Quelle abwürgen wolle, sorge nur für einen Preisanstieg der Droge, so daß die Schmuggler durch die höheren Gewinne einen noch größeren Anreiz hätten und deshalb immer risiko- und gewaltbereiter würden. Solange es in den USA einen unersättlichen Kokainmarkt gibt, werden die Schmuggler nach Tullis' Befürchtungen immer wieder Wege finden, um diesen Markt auch zu bedienen.

Der Mißbrauch des Kokains in kristalliner und anderer Form ist in den USA und vielen anderen Ländern seit den sechziger Jahren zu einem großen gesellschaftlichen Problem geworden. Verkauf und Verwendung dieser Droge haben nicht nur offenkundige Auswirkungen auf

5.17 Kokablätter auf einem Markt in der bolivianischen Hauptstadt La Paz. Die Blätter werden hier traditionell zum Kauen und als Arznei verwendet.

die Volksgesundheit, sondern sie hat auch Familien auseinandergerissen, Regierungen gestürzt und zu Gewalttätigkeit und Schäden geführt, deren Überwindung Generationen dauern kann. In dieser Hinsicht wiederholt sich mit dem Kokainmißbrauch ein Phänomen, das man eine Generation zuvor schon bei einem anderen, letztlich ebenfalls aus psychoaktiven Pflanzen stammenden Wirkstoff beobachten konnte: beim Heroin.

Opium und die Heroinproduktion

Der Schlafmohn *Papaver somniferum* (Papaveraceae), aus dem das Opium gewonnen wird, kommt, soweit man weiß, wild nicht vor; er wurde wegen seiner Samen domestiziert, die Öl liefern und als Nahrung dienen, sowie wegen seines Saftes, aus dem man das Opium herstellt. Jahrhundertelang züchtete man den Mohn, so daß die Kapseln, die die nahrhaften Samen und den Opiumsaft enthalten, immer größer wurden. Außerdem sammelte man die weichen, eßbaren Blätter.

Der Schlafmohn war vermutlich schon in der griechischen und ägyptischen Antike in Gebrauch. Eine Statue, die man auf Kreta fand und die wahrscheinlich 3 500 Jahre alt ist, zeigt eine lächelnde weibliche Figur mit geschlossenen Augen, in deren Kopfschmuck sich offenbar drei

Mohnkapseln befinden. Man vermutet, daß sie eine Göttin im Opium-rausch darstellt. Der Papyrus Ebers, eine ägyptische Zusammenstellung medizinischen Wissens aus der Zeit um 1500 v. Chr., erwähnt den Schlafmohn als Arznei gegen Kopfschmerzen und als Beruhigungsmittel. Auch in anderen antiken Zivilisationen, beispielsweise in Thailand, wurde die Pflanze vermutlich verwendet. Allerdings sind diese Interpretationen nicht gesichert, denn Darstellungen von Granatäpfeln (*Punica granatum*, Punicaceae) und Seerosen (*Nymphaea caerulea*, Nymphaceae) sehen denen des Schlafmohns manchmal sehr ähnlich.

Das Opium in den grünen Kapseln wird geerntet, wenn die Blütenblätter des Mohns abgefallen sind. Man ritzt die Kapsel waagerecht ein, meist mit einem Messer, das mehrere Klingen hat. Dabei achtet man darauf, daß die Kapsel nicht ganz durchgeschnitten wird, denn sonst sammelt sich der Saft in ihrem Inneren, und man kann die Samen nicht ernten. Sofort tritt an der Oberfläche der Kapsel der weißliche Saft aus, den man nun mit einem gebogenen Schaber abkratzt. Beim Trocknen wird der Saft braun oder schwarz; man formt ihn zu Kugeln, die in der Sonne getrocknet werden, so daß der Wassergehalt von 30 auf zehn Prozent sinkt. Das so entstandene Rohopium entfaltet beim Rauchen bereits seine Wirkung; der legale und illegale Handel konzentriert sich aber auf die weiterverarbeiteten Alkaloide.

Opium enthält über 30 Alkaloidverbindungen, darunter Codein, Morphin, Noscapin und Papaverin. Codein ist ein schmerz- und hustenstillender Wirkstoff, der in Hustensäften verwendet wird. Das hochwirksame Schlaf- und Betäubungsmittel Morphin hat auch schmerzstillende Eigenschaften. Es ist mit einem Gewichtsanteil von vier bis 21 Prozent der Hauptinhaltsstoff des Opiums. Noscapin, ein Alkaloid ohne betäubende Eigenschaften, dient ebenfalls zur Hustenbehandlung. Papaverin wirkt krampflösend und erweitert die Blutgefäße im Gehirn. Mit Opiumtinkturen behandelt man Durchfälle. Heroin ist ein synthetisches Derivat, das durch die Acetylierung von Morphin entsteht – bei dieser Reaktion werden die Wasserstoffatome an der Hydroxyl- und an der Phenolgruppe durch Acetylgruppen ersetzt. Das Heroin, das anfangs als willkommene Arznei gegen die Opiumsucht galt, erwies sich als wesentlich wirkungsvoller und viel stärker suchterzeugend.

Wegen seiner starken Wirkung und weil es süchtig macht, ist Heroin in den USA und den meisten anderen Ländern verboten. Gesetze, die den Handel mit psychoaktiven Wirkstoffen verbieten, sind notwendig, um die Gesellschaft vor den katastrophalen Folgen des Drogenmißbrauchs zu schützen, aber sie ignorieren die tiefreligiöse Bedeutung, die solche Pflanzen für die indigenen Kulturen haben. Am deutlichsten zeigt sich dieser Konflikt zwischen einheimischen Religionen und moderner

5.18 Diese 3500 Jahre alte Terrakottastatue aus Knossos (Kreta) stellt vermutlich eine Mohngöttin dar; in der Krone erkennt man drei Schlafmohnkapseln.

5.19 Links: Heroin, ein synthetisches Derivat des Morphins mit zwei zusätzlichen Acetylgruppen (CH₃CO), wurde anfangs als Medikament gegen die Morphiumsucht angepriesen. Es erzeugt zwar weniger Nebenwirkungen (Übelkeit und Verstopfung) als Morphin, ruft jedoch eine weitaus stärkere Sucht hervor. Rechts: eine Blüte des Schlafmohns *Papaver somniferum*. Die Samenkapsel über der Blüte wurde eingeritzt; der austretende Saft wird gesammelt und für die Opiumherstellung getrocknet.

Morphin

Heroin

Drogengesetzgebung an der Kontroverse um die Benutzung von Peyote durch manche amerikanischen Ureinwohner.

Peyote und die Native American Church

Lophophora williamsii (Cactaceae), für Schultes ein „Prototyp" für die halluzinogenen Pflanzen der Neuen Welt, war vermutlich schon vor 2000 Jahren in Gebrauch. Die spanischen Eroberer waren verblüfft, welch eindringliche Visionen dieser „magische" Kaktus erzeugt und wie die Indianer mit seiner Hilfe scheinbar in die Zukunft blicken konnten. Nach den Berichten von Fray Bernardo de Sahagún, der im 16. Jahrhundert das Leben der mexikanischen Indianer beschrieb, »sieht jeder, der es ißt oder trinkt, beängstigende oder lächerliche Visionen. Der Rausch dauert ungefähr zwei bis drei Tage und hört dann auf. Es ist bei den Chichimeca ein gewöhnliches Lebensmittel, denn es bildet ihren Lebensunterhalt und gibt ihnen den Mut, zu kämpfen und weder Durst noch Hunger zu fürchten. Und sie sagen, es schütze sie vor allen Gefahren.« Die Spanier sahen im Peyote ein Hindernis für ihre Bemühungen, die Bewohner der Neuen Welt zu „zivilisieren", denn die Indianer benutzten es, wenn sie ihre eigene Religion praktizierten. Durch die Versuche, diese Religion auszulöschen, wurden die spirituellen Überzeugungen und Praktiken der Ureinwohner in abgelegene Gegenden verdrängt, aber dort findet man sie bis heute.

Der Peyote-Kaktus ist in Zentral- und Nordmexiko sowie im Tal des Rio Grande im Südwesten der USA zu Hause. Er ist eine kleine, oft in Gruppen wachsende graugrüne Pflanze ohne Stacheln und mit einer langen Pfahlwurzel. Wenn man den oberirdischen Teil abschneidet, wachsen aus der Pfahlwurzel oft neue Sprosse, so daß Exemplare mit mehreren Köpfen entstehen. Zu den Völkern, die den Peyote-Kaktus nutzen, gehören unter anderem die Huichol- und Tarahumara-Indianer in der mexikanischen Sierra Madre Occidental. Diese Stämme unternehmen – häufig im November – regelrechte Peyote-Sammelzüge: Sie reisen in Gebiete, wo der Kaktus vorkommt, und ernten ihn zur Eigenverwendung und zum Verkauf an andere Stämme. Durch Trocknen der Kronen entstehen „Knöpfe", die ihre Wirkung jahrelang behalten. Man nimmt einen solchen Knopf in den Mund, feuchtet ihn mit Speichel an und schluckt ihn herunter.

Für die halluzinogene Wirkung des Peyote-Kaktus ist das Meskalin verantwortlich, ein Alkaloid, das 30 Prozent seines gesamten Alkaloidgehalts ausmacht; daneben findet man aber über ein Dutzend weitere

5.20 Ein blühender Peyote-Kaktus. Aus einer einzigen Wurzel haben sich mehrere „Köpfe" entwickelt. Diese Köpfe schneidet man ab und trocknet sie; die so entstehenden „Knöpfe" dienen als Halluzinogen.

5.21 Der Peyote-Kaktus in einem Textilgemälde der Huichol-Indianer. Der Farbenreichtum des Bildes vermittelt einen Eindruck von den Visionen, die beim Genuß von Peyote auftreten.

Alkaloide. Wer nur Meskalin einnimmt, erlebt nicht die gleichen vielgestaltigen Reaktionen wie beim Verzehr des ganzen Kaktus, das heißt, von anderen biologisch aktiven Inhaltsstoffen der Pflanze geht offenbar eine synergistische Wirkung aus. Die Dosis des Peyote-Kaktus liegt traditionell zwischen vier und 30 getrockneten Knöpfen, und die intensiven visuellen Halluzinationen setzen ungefähr drei Stunden später ein. Sie sind häufig von Halluzinationen des Hör-, Geruchs- und Tastsinnes begleitet, aber auch von einem Gefühl der Gewichtslosigkeit und einer veränderten Zeitwahrnehmung. Viele Einheimische halten Peyote für eine Arznei, weil es den Kontakt mit den Geistern erleichtert, die bestimmte Krankheiten hervorrufen.

Im Juni 1887 schickte John R. Briggs, ein praktischer Arzt aus Texas, den Peyote-Kaktus an die Firma Parke Davis & Co. in Detroit. Dort entdeckten die Chemiker größere Mengen von Alkaloiden; es war das erste Mal, daß bei dieser Pflanzenfamilie über das Vorkommen solcher Verbindungen berichtet wurde. Louis Lewin veröffentlichte 1888 ebenfalls einen Artikel über die Alkaloide im Peyote-Kaktus, und Parke Davis & Co. brachte 1889 eine Peyote-Tinktur auf den Markt, die angeblich das Herz anregen und gegen Angina pectoris helfen sollte. Das Produkt setzte sich nie durch und wurde später von wirksameren Medikamenten verdrängt, aber in der experimentellen Psychiatrie wurde das Meskalin neben anderen Alkaloiden wie Psilocin und Lysergsäurediethylamid (LSD) durchaus eingesetzt.

Die amerikanischen Ureinwohner benutzten Peyote für religiöse Rituale, lange bevor die ersten Drogengesetze erlassen wurden. Dennoch urteilte das Oberste Bundesgericht der USA 1990, diese Verwendung der Pflanze sei durch die Verfassung nicht geschützt. Zwei Indianer waren aus dem Staatsdienst entlassen worden, weil sie einen „gesetzlich kontrollierten Stoff" benutzt hatten. Die Indianer argumentierten, Peyote sei eine heilige Pflanze, und seine Verwendung sei durch das Recht auf freie Religionsausübung geschützt, das im ersten Zusatz zur Verfassung verbrieft ist. Der Oberste Gerichtshof dagegen entschied, die religiöse Verwendung des Kaktus sei unerheblich, weil das entsprechende gesetzliche Verbot „nicht versucht, religiöse Überzeugungen vorzuschreiben". Der Juraprofessor Stephen Carter von der Yale University meint dazu:

»Man kann verstehen, daß sich das Gericht darum bemühte, nicht auf schwankenden Boden zu geraten – wenn Peyote, warum dann nicht auch Kokain? Wenn die „Kirche der amerikanischen Ureinwohner", warum dann nicht auch die Streichholzheftchenkirche der Heiligen Peyote-Pflanze? –, aber aus der Entscheidung ergeben sich beunruhigende Konsequenzen. Wenn der Staat keine Hemmungen hat, sein Eingreifen in religiöse Handlungen zu rechtfertigen, solange die in Frage gestellte Vorschrift neutral ist, genießt eine religiöse Gruppe ausschließlich Schutz vor Gesetzen, die sich gegen diese Gruppe richten… Das Urteil gegen die Native American Church zeigt jedoch, daß der politische Prozeß nur die großen Religionsgemeinschaften schützt, nicht aber die vielen kleineren Gruppen an ihren Rändern.«

Sollten die Behörden den amerikanischen Ureinwohnern die Verwendung von Peyote verbieten? Viele große Religionsgemeinschaften – Baptisten, Katholiken, Episkopale, Juden, Mormonen, Methodisten und Moslems –, aber auch die American Civil Liberties Union und verschiedene andere weltliche Organisationen waren wegen dieses staatlichen Eingriffs in religiöse Angelegenheiten so beunruhigt, daß sie sich beim Gericht in schriftlicher Form für die amerikanischen Ureinwohner einsetzten. Nachdem das Verfahren vor dem Obersten Gerichtshof verloren war, drängten die Kirchen den Kongreß heftig dazu, den Religious Freedom Restoration Act („Gesetz zur Wiederherstellung der Religionsfreiheit", RFRA) zu verabschieden. Dieses Gesetz, das 1993 in Repräsentantenhaus und Senat mit überwältigender Mehrheit angenommen wurde, verlangt von den Behörden den überzeugenden Nachweis einer Notwendigkeit, wenn sie in religiöse Handlungen eingreifen.

Mit dem RFRA hat der Kongreß einen Freiraum für das Heilige im Leben der Amerikaner geschaffen, und dieser Freiraum ist tatsächlich so groß, daß Angehörige der Native American Church das Peyote-Sakrament ungestört empfangen können. Die Bedenken der Indianer und anderer Ureinwohner haben aber nicht nur mit dem Wunsch zu tun, die heiligen psychoaktiven Pflanzen zu schützen. In dem Gerichtsverfahren *Lyng* gegen *Northwest Indian Protective Cemetery Association* versuchte ein Indianerstamm zu verhindern, daß die Forstverwaltung eine Straße durch ein Gebiet baute, das seit alters religiösen Ritualen diente. Der Fall wurde zwar vor der Verabschiedung der RFRA verhandelt – und verloren –, aber allein daß es ihn gab, zeigt eine wichtige Grundlage für die Glaubensüberzeugungen indigener Völker: Das Religiöse im Leben geht weit über den Einzelnen hinaus und erstreckt sich bis in den Bereich ganzer Ökosysteme.

In Thailand wollten Priester das Abholzen der Wälder verhindern, indem sie den Bäumen gelbe Gewänder anzogen und sie zu buddhistischen Mönchen weihten. Im Südwesten der USA protestierte das Volk der Navajo gegen den Bau von Hochspannungsleitungen durch ihre heiligen Berge. Und in Afrika versuchten Stammesälteste, Gehölze (dort *kayas* genannt) vor dem Bau von Ferienanlagen zu schützen. Politiker äußerten in vielen Fällen offene Zweifel, ob es sich um religiöse Motive oder um eine reine Verhinderungstaktik handelte. Aber die Ethnobotaniker stießen auf der ganzen Welt immer wieder auf ein einziges Motiv, das fast allen untersuchten Gruppen gemeinsam ist: Für indigene Kulturen ist die ganze Erde heilig.

Naturschutz und Ethnobotanik

6

6.1 Botanische Gärten pflegen vielfältige Sammlungen lebender Pflanzen und sind deshalb von großer Bedeutung für die Bewahrung der Artenvielfalt. Diese Betreuerin eines Heilpflanzengartens im indischen Kerala pflegt *Rauvolfia serpentina*, eine wertvolle Pflanze, die sowohl in der traditionellen als auch in der modernen Medizin verwendet wird.

Verglichen mit dem Amazonasgebiet, ist der Wald von Tafua auf der Insel Savaii in Westsamoa mit etwa 5 000 Hektar recht klein. Er ist aber besonders wertvoll, weil er eine einzigartige Fülle von Lebensformen beherbergt. Über 25 Prozent seiner Pflanzen findet man nirgends sonst auf der Erde. Rund um den Mount Tofua, einen kleinen vulkanischen Aschekegel an der Ostspitze der Halbinsel Tafua, gibt es 132 einheimische Pflanzenarten, neun Echsen- und Skink-Arten, zwei Arten von Flughunden (eine davon ist der vom Aussterben bedrohte samoanische Flughund *Pteropus samoensis*) und 24 Vogelarten. In dem Krater des erloschenen Vulkans lebt ein Brutpaar der samoanischen Zahntaube (*Didunculus strigirostris*).

Auch die Lebensräume im Meer um die Tofua-Halbinsel sind einzigartig. Zwei Arten von Seeschildkröten kommen hier häufig vor. Delphine, Wale und eine atemberaubende Vielfalt von Riff-Fischen und Korallen leben nur einen Steinwurf weit von dem Regenwald entfernt; er erstreckt sich bis zur Kante der zerklüfteten schwarzen Vulkanklippen, die steil ins Meer abfallen. Zwischen die Klippen sind kleine Buchten mit weißen Sandstränden eingestreut. An der größten von ihnen liegt das Dorf Tafua.

Jahrhundertelang war Savaii wie alle übrigen Inseln Samoas, um es mit den Worten von Somerset Maugham auszudrücken, »liebreizend,

6.2 Das winzige Dorf Tafua auf der Insel Savaii beherrscht eine Halbinsel mit bemerkenswerten Korallenriffen, Regenwäldern, Flughunden und den seltenen Zahntauben. Ulu Taufa'asisina, der maßgebliche Häuptling und Sprecher der Dorfbewohner, lehnte zahlreiche Geldangebote von Holzfirmen für den kostbaren Regenwald ab und verdammte damit sowohl seine eigene Familie als auch das ganze Dorf zu bitterer Armut.

einsam und eine halbe Welt weit weg«. Aber Anfang der siebziger Jahre stiegen die Preise für tropische Hölzer, und seitdem war es mit der Einsamkeit vorbei. Eine amerikanische Holzfirma baute in Asau auf Savaii ein großes Sägewerk. Mangelnde Erfahrung sowohl mit dem Regenwald als auch mit der samoanischen Kultur zwangen das Unternehmen schließlich, das Projekt fallenzulassen, aber das Sägewerk blieb unter wechselnden Eigentümern in Betrieb, und der Regenwald auf Savaii schrumpfte weiter. Heute sind auf der Insel mehr als 80 Prozent der Waldflächen für immer dahin;.geblieben sind nur zwei große Regenwaldstücke in den Niederungen, eines davon der Wald von Tafua. Da er so nah an den Kaianlagen lag, bot er die gewinnträchtigste Gelegenheit zum Abholzen in ganz Samoa. Die Holzfirmen hatten dabei nur ein kleines Problem: den einflußreichen Redner und Häuptling Ulu Taufa'asisina.

Die Samoaner sind sanfte und dennoch willensstarke Menschen. Aber Ulu war selbst nach samoanischen Maßstäben resolut. Obwohl Tafua ein armes Dorf ist, in dem es weder fließendes Wasser noch Elektrizität oder planierte Straßen und nur wenig Arbeitsplätze gibt, schlug Ulu hartnäckig alle Geldangebote der Holzfirmen aus. Sie konnten keinen einzigen Baum fällen. Die Dorfbewohner bettelten, Ulu möge die großzügigen Angebote der Konzerne annehmen. Wie hätte das Dorf sonst eine richtige Schule für die Kinder oder eine Klinik für Alte und Kranke finanzieren sollen? Außerdem hätten die Holzfirmen wahrscheinlich auch einem Teil der Bewohner Arbeitsplätze angeboten. Den Vertretern der Unternehmen war Ulus harte Haltung ebenfalls ein Rätsel: Immerhin boten sie dem Dorf die vermutlich einzige Chance zu wirtschaftlicher Entwicklung. Sie begriffen nicht, daß man Ulu Tafau'asisina durch nichts auf der Welt dazu bewegen konnte, das Abholzen zu gestatten; denn er hatte seinem Vater auf dem Sterbebett versprochen, seinen letzten Wunsch zu erfüllen: den Regenwald mit seinem Leben zu verteidigen.

Ulu Tafau'asisina hatte für den Naturschutz einen Preis bezahlt, den in westlichen Industrieländern kaum jemand begreifen kann: Er hatte Angehörige, Freunde und das ganze Dorf zu Armut verurteilt, statt Geld von den Holzfirmen anzunehmen. »Fünfmal waren die Unternehmen hier und haben nach unserem Wald gefragt«, erklärte Ulu.

»Ich war zutiefst deprimiert, denn sie setzten uns alle gewaltig unter Druck und wollten die Leute in meinem Dorf überreden, den Wald für eine Handvoll Dollar zu verkaufen. Ich war dagegen, denn ich liebe mein Volk und mein Land mehr als das Geld.

Das Land ist unser Leben. Das Land ist auch unsere Mutter. Das Land ist heilig. Nach meiner Überzeugung hat das Land meinem Volk die Kultur, die Lebensmittel, das Wasser und alle anderen lebensnotwendigen Dinge geliefert. Ich respektiere zutiefst die Ehre, die es für mich als Sprecher und Häuptling bedeutet, wenn ich für das Land sorgen kann.

6.3 Ula Taufa'asisina, ein freundlicher, aber entschlossener Mann, gelobte, den Regenwald unter Einsatz seines Lebens zu schützen. Kürzlich wurde er von der Seacology Foundation zum Naturschützer des Jahres ernannt.

Meine Vorväter hatten einen Traum. Sie träumten, eines Tages würden das Land und der Regenwald für alle Ewigkeit gerettet sein. Sie träumten, Land und Meer würden für immer gut gepflegt, nicht zerstört und an andere Menschen verteilt. Ich teile diesen Traum. Ich glaube, wir können zu Herren unseres Schicksals werden, wenn wir uns um unsere Umwelt kümmern.«

Zu diesem Schicksal gehören Zahntauben, Flughunde und Delphine – und weitgehender Verzicht auf wirtschaftliche Entwicklung. Aber Ulu Tafau'asisina und viele andere Sprecher der Einheimischen betrachten den Naturschutz unter Gesichtspunkten, die über wirtschaftliche oder politische Fragen hinausgehen.

Naturschutz aus der Sicht der Einheimischen

In europäischen Mythen ist der Urwald oftmals die Heimat der Hexen und Drachen, und deshalb muß man ihn unter allen Umständen meiden. Das englische Wort *savage* („wild") kommt von dem lateinischen *sylvaticus* („aus dem Wald"). Vielleicht war diese Angst vor dem Wald der Grund, daß man den Wert des Naturschutzes erst in neuerer Zeit erkannte. Obwohl beispielsweise England in großem Umfang entwaldet wurde, versuchte erst König Charles I. im 17. Jahrhundert, Schutzmaßnahmen zu ergreifen. In der westlichen Tradition können natürliche Ressourcen jemandem gehören, das heißt, sie unterliegen den Entscheidungen ihrer privaten oder staatlichen Eigentümer. Deshalb hat der abendländische Naturschutz seine Wurzeln in der pragmatischen Nutzung von Eigentum; nach dieser Sichtweise soll man nichts unternehmen, was den Wert der Ressourcen langfristig schmälert.

Nach der Überzeugung vieler indigener Kulturen dagegen gehört die Erde nicht in den Bereich des Weltlichen, sondern sie ist heilig. Diese Weltanschauung steht im Gegensatz zu vielen westlichen Traditionen. Die Legenden der Einheimischen betonen, man müsse die Erde nicht deshalb schützen, weil sie den Menschen nützt, sondern weil sie heilig ist. Und diese Überzeugung, daß Naturschutz eine religiöse Pflicht ist, dient natürlich auch ökologischen und kulturellen Zwecken.

Die Rechtssysteme, in denen sich die polynesischen Kulturen entwickelten, sahen für Umweltzerstörung harte, rigorose Strafen vor. Anfangs sorgten die Polynesier zwar dafür, daß manche Tier- und Pflanzenarten auf den Inseln ausstarben (zum Beispiel die neuseeländischen Moas), aber mit der Zeit entstanden in vielen dieser Kulturkreise genaue Vorschriften gegen die übermäßige Ausbeutung und Zerstörung der Ressourcen. Die ökologischen Gründe für diese kulturellen Vorschriften liegen auf der Hand. Im Gegensatz zu Festlandbewohnern,

die immer wieder weiterwandern können, sind die Inselvölker auf das
kleine Gebiet ihrer Heimat beschränkt. Dort hätte die Zerstörung der
Ressourcen sehr schnell zu einem Ökosystem geführt, das immer weniger Menschen eine Lebensgrundlage bot.

Die polynesischen Kulturen entwickelten eine strenge Ethik des Naturschutzes und der klugen Landnutzung. Sie sahen in dem Land einschließlich der darin beheimateten Pflanzen und Tiere ein heiliges Gut,
das sie von ihren Vorfahren geerbt hatten. Privates Grundeigentum gab
es nicht; statt dessen entwickelte sich ein System der gemeinschaftlichen Bewirtschaftung. Wald und Meer galten nicht als persönlicher
Besitz; die Polynesier betrachteten sich als Verwalter und nicht als
Eigentümer. Die Häuptlinge handelten als Ressourcenverwalter, die
nicht nur ihren Zeitgenossen gegenüber Verantwortung trugen,
sondern auch gegenüber den verstorbenen Vorfahren und zukünftigen
Generationen. *Tapu*, das religiöse System, diente zum Schutz von
Ressourcen, die man für besonders gefährdet hielt. Die Polynesier
wären lieber gestorben, als das *tapu* zu brechen, und deshalb galt jede
Ressource, die durch das *tapu* geschützt war, als unverletzlich. Überreste dieses Systems der Landvergabe kann man noch heute im Südpazifik beobachten. Auf den Samoa-, Tonga- und Fidschi-Inseln kann
man Gemeindeland weder kaufen noch verkaufen; dem Land einen
Geldwert beizumessen, gilt als unvereinbar mit seiner heiligen Stellung.

Obwohl westliche Naturschützer und viele indigene Völker also von
sehr unterschiedlichen Voraussetzungen ausgehen, erkennen beide
gleichermaßen die Notwendigkeit, schwindende natürliche Lebensräume zu schützen. Als die Stammesältesten der Maori sich zum Beispiel Sorgen machten, weil die zum Weben benötigten Faserpflanzen
verschwanden, organisierten sie zusammen mit der New Zealand Division of Scientific and Industrial Research (DSIR) eine traditionelle
Konferenz (*hui*). Sie luden sowohl Wissenschaftler als auch in der Tradition stehende Häuptlinge ein, damit sie über das Vorgehen beim
Naturschutz diskutierten. Diese Art der Zusammenarbeit wird zwar
durch die kulturellen Unterschiede erschwert, aber sie lieferte starke
Unterstützung für drei Standpunkte, welche die indigenen Völker
schon immer vertreten hatten: Alle Pflanzen des Waldes haben einen
Zweck und einen Wert; der wirkliche wirtschaftliche Wert des Regenwaldes und der ursprünglichen Lebensräume wurde kaum jemals ermittelt und weit unterschätzt, von ihrem kulturellen und spirituellen
Wert ganz zu schweigen; und wenn der Regenwald zerstört wird, verschwinden mit ihm auch ganze Kulturen und Lebensweisen. Ethnobotanische Untersuchungen aus jüngster Zeit haben Belege zutage gefördert, die diesen Ansichten der Einheimischen erhebliches Gewicht
verleihen.

Quantitative Ethnobotanik in Südamerika

Die Bewohner der Regenwälder behaupten oft, die meisten oder vielleicht sogar alle Pflanzen in ihrer Umwelt hätten einen Nutzen. Diese Hypothese untersuchte der Ethnobotaniker Brian Boom vom New York Botanical Garden mit neuen Methoden zur quantitativen Erfassung von Pflanzen. Er arbeitete längere Zeit im bolivianischen Amazonasgebiet und stellte dabei fest, daß die Chácabo-Indianer im Umkreis ihres Dorfes Alto Ivón 360 Gefäßpflanzenarten kannten und für 305 davon eine Verwendung hatten. Sie sammelten beispielsweise Paranüsse (*Bertholletia excelsa*, Lecythidaceae) zum Eigenverbrauch und zum Verkauf, und mit der Pflanze *Anthurium gracile* (Araceae), die sie *maichaca* nannten, heilten sie Blinddarmentzündungen. Nun machte Boom auf einer Fläche von einem Hektar eine Bestandsaufnahme; dabei zeigte sich, daß die Chácabo mit 82 Prozent der dort wachsenden Baumarten etwas anfangen konnten. Und als er die Dichte der Pflanzen auf der untersuchten Fläche ermittelte, fand Boom heraus, daß die Chácabo für 95 Prozent der Bäume eine Verwendung hatten.

Ähnliche Untersuchungen machten William Balée bei den Ka'apor- und Tembé-Indianern in Brasilien und Boom bei den Panare-Indianern in Venezuela. Der Anteil der genutzten Baumarten lag bei den Ka'apor bei 76,8, bei den Tembé bei 61,3 und bei den Panare bei 48,6 Prozent. Diese Befunde sind zwar kein Beweis, daß alle Pflanzen des Regenwaldes genutzt werden können, aber zumindest bestätigen sie die Behauptungen der Einheimischen, wonach es weit mehr Nutzungsmöglichkeiten gibt, als westliche Forscher bis dahin wußten. Nach den Schlußfolgerungen von Balée und Boom sind manche Pflanzenfamilien in diesen tropischen Gebieten der Neuen Welt so wichtig, daß sie unbedingt erhalten werden müssen, wenn der Regenwald den Einheimischen weiterhin eine Lebensgrundlage bieten soll.

Zu diesen wertvollen Pflanzenfamilien gehören die Palmen (Arecaceae), die Familie der Paranüsse (Lecythidaceae), eine tropische Verwandte der Rosenfamilie (Chrysobalanaceae) und die Familie der Malpighiaceae, die auch die halluzinogene *caapi*-Liane umfaßt. In diesen Untersuchungen wurde erstmals mit quantitativen Methoden nachgewiesen, welchen Wert der Wald für die indigenen Völker besitzt, und dieser Beweis seines Nutzens war eine große Unterstützung für den Naturschutz.

Oliver Phillips und der verstorbene Alwyn Gentry vom Missouri Botanical Garden arbeiteten im peruanischen Tambopata bei Mestizenvölkern. Sie katalogisierten die Pflanzen auf abgegrenzten Flächen in sieben verschiedenen Waldtypen mit noch genaueren quantitativen

Verfahren. So konnten sie berechnen, wie wichtig die einzelnen Pflanzenfamilien als Baumaterial, im Handel, als Lebensmittel, in der Technik und in der Medizin sind. Durch Befragung von 29 einheimischen Pflanzenkundigen erfuhren sie für die 605 Pflanzenarten, die sie auf ihren Versuchsflächen bestimmt hatten, 1885 Verwendungszwecke. Als sie durch Vergleich der Ergebnisse herausfinden wollten, ob das Alter der befragten Person etwas mit ihren Kenntnissen über die Nutzung der Pflanzen zu tun hat, bemerkten sie, daß in manchen Bereichen, so bei den Arzneipflanzen, der größte Teil des Wissens bei älteren Menschen angesiedelt war. Diese Personen, so die Schlußfolgerung von Phillips und Gentry, sollten im Mittelpunkt der ethnobotanischen Untersuchungen und der Naturschutzanstrengungen stehen. Mit statistischen Methoden erhärteten sie die intuitive Beurteilung anderer Wissenschaftler, wonach die lange Kette der ethnomedizinischen Überlieferung in der jungen Generation abreißt. Wenn man die besten Informationsquellen in einer Gemeinschaft oder einer einheimischen Kultur kennt, können örtliche Bevölkerung und Forscher gemeinsam besser versuchen, diese Information zu bewahren.

Wald ist nicht nur Holz: ethnobotanische Studien zur Wertermittlung

Bisher holzte man die Regenwälder ab, weil man sie am einfachsten und schnellsten zu Geld machen kann, wenn man das Holz schlägt, alles andere abbrennt und ein paar Jahre lang einjährige Nutzpflanzen anbaut, bis die Nährstoffe im Boden zum größten Teil ausgelaugt sind. Da sich die meisten Nährstoffe eines Regenwaldes nicht im Boden, sondern im Gewebe von Pflanzen und Tieren befinden, verhindert man durch das Abräumen dieser Biomasse, daß der Regenwald jemals nachwachsen kann. Die Ethnobotaniker analysierten mit wirtschaftswissenschaftlichen Methoden den Wert unterschiedlich genutzter Landflächen, und stellten dabei fest, daß es in manchen Gegenden lohnende Alternativen zum Abholzen gibt.

Die erste derartige Studie, in der die außer dem Holz vorhandenen Ressourcen in einem Hektar Regenwald bewertet wurden, führte ein interdisziplinäres Forscherteam mit dem Ökologen Charles Peters, dem Botaniker Alwyn Gentry und dem Wirtschaftswissenschaftler Robert Mendelsohn Ende der achtziger Jahre durch. Sie waren beunruhigt darüber, daß der Wert tropischer Regenwälder nur in Brettern und Zellstoff gemessen wurde, und berücksichtigten deshalb in ihrer Untersuchung auch eßbare Früchte, Öle, Latex und Fasern. An ihrer einen

6.4 Jedes Jahr werden in den tropischen Wäldern riesige Mengen von Tropenholz geschlagen, beispielsweise Mahagoni (*Swietenia macrophylla*, Meliaceae). In den meisten Gebieten denkt niemand an nachhaltige Bewirtschaftung.

Tabelle 6.1: Jahresertrag und Marktwert (US-Dollar) für die Früchte- und Latexproduktion auf einem Hektar Wald in Mishana, Rio Nanay, Peru

Trivialname	Art	Familie	Zahl der Bäume	Produktion je Baum	Preis je Einheit	gesamter Marktwert
Aguaje	*Mauritia flexuosa*	Arecaceae	8	88,8 kg	10,00/40 kg	177,60
Aguajillo	*Mauritiella peruviana*	Arecaceae	25	30,0 kg	4,00/40 kg	75,00
Charichuelo	*Rheedia* spp.	Clusiaceae	2	100 Früchte	0,15/20 Früchte	1,50
Leche huayo	*Couma macrocarpa*	Apocynaceae	2	1060 Früchte	0,10/3 Früchte	70,67
Masaranduba	*Manilkara guianensis*	Sapotaceae	1	500 Früchte	0,15/20 Früchte	3,75
Naranjo podrido	*Parahancornea peruviana*	Apocynaceae	3	150 Früchte	0,25/Frucht	112,50
Sacha cacao	*Theobroma subincana*	Sterculiaceae	3	50 Früchte	0,15/Frucht	22,50
Shimbillo	*Inga* spp.	Mimosaceae	9	200 Früchte	1,50/100 Früchte	27,00
Shiringa	*Heva guianensis*	Euphorbiaceae	24	2,0 kg	1,20/kg	57,60
Sinamillo	*Oenocarpus mapora*	Arecaceae	1	3000 Früchte	0,15/20 Früchte	22,50
Tamamuri	*Brosimum rubescens*	Moraceae	3	500 Früchte	0,15/20 Früchte	11,25
Ungurahui	*Jessenia bataua*	Arecaceae	36	36,8 kg	3,50/40 kg	115,92
gesamt			**117**			**697,79**

Die Erträge für *M. flexuosa*, *J. bataua*, *P. peruviana* und *C. macrocarpa* wurden gemessen. Bei allen anderen Obstbäumen handelt es sich um Schätzungen aufgrund einer Befragung der örtlichen Erntearbeiter.

Hektar großen Versuchsfläche im peruanischen Amazonas-Regenwald berechneten sie die jährliche Ausbeute und den Marktwert der dort produzierten Früchte und der Latexmilch (Näheres in Tabelle 6.1). Mit einem einfachen wirtschaftswissenschaftlichen Modell schätzten sie den Nettogewinn (der nach Abzug aller anfallenden Kosten übrigbleibt) ab, der sich ergeben würde, wenn man in Zukunft all diese Früchte und den Latex erntete. Nach ihrer Schätzung sollten jedes Jahr 25 Prozent der Früchte im Wald verbleiben, um die Samen zu liefern, aus denen neue früchte- und latexproduzierende Bäume heranwachsen konnten. Ausgehend von diesen Annahmen, schätzten sie den derzeitigen Nettowert (das heißt den zukünftigen Gesamtwert in heutigem Geld) der auf einem Hektar produzierten Früchte und Latex auf 6 330 Dollar. Ein nachhaltiger Holzeinschlag hat einen derzeitigen Nettowert von 490 Dollar je Hektar, so daß sich insgesamt ein Nettowert von 6 820 Dollar ergibt.

Eine vergleichbare Analyse der Baumanpflanzungen in Brasilien ergab einen Ertrag von 3 184 Dollar je Hektar, und für die Umwandlung des tropischen Regenwaldes in Rinderweiden errechnete sich ein derzeitiger Nettowert von nur 2 960 Dollar unter der Annahme eines Netto-Gesamtgewinns von 148 Dollar im Jahr. Demnach, so die Schlußfolgerung der Wissenschaftler, liefern Waldprodukte, die kein Holz sind, »einen höheren Hektarertrag als das Holz, und man kann sie außerdem mit wesentlich geringerem Schaden für das Ökosystem ernten. Die nachhaltige Ausbeutung der anderen Ressourcen des Waldes außer dem Holz stellt sicher die unmittelbarste und gewinnträchtigste Methode dar, um Nutzung und Erhaltung des Amazonas-Regenwaldes zu verbinden«.

In einer ähnlichen Studie bewerteten Balick und Mendelsohn die einheimischen Arzneipflanzenarten, welche die einheimische Bevölkerung aus einem Wald in Belize gewann. Auf zwei getrennten, jeweils einen Hektar großen Waldstücken, die 30 beziehungsweise 50 Jahre alt waren, wurden Arzneipflanzen mit einer Gesamtbiomasse von 308,6 und 1433,6 Kilogramm Trockengewicht gesammelt. Den Annahmen zufolge sollte die Arzneipflanzenernte aus einem Hektar Wald dem Sammler nach Abzug aller Kosten für Ernte, Weiterverarbeitung und Transport auf den örtlichen Märkten 564 beziehungsweise 3054 Dollar einbringen. Für das 30 Jahre alte Waldstück errechnete sich daraus ein gegenwärtiger Gesamtwert von 726 Dollar je Hektar, für die 50 Jahre alte Fläche lag dieser Wert bei 3 327 Dollar je Hektar.

Durch diese Studie wuchs das Verständnis dafür, was der tropische Regenwald für die einheimische Bevölkerung und ihre Wirtschaft wert ist. Sie führte letztlich zur Entstehung mehrerer Firmen, die Arzneipflanzen aus dem Wald gewinnen und zu Tinkturen, Extrakten und Salben weiterverarbeiten. Heute trägt die Herstellung traditioneller Arzneimittel – Agapi, Regenwaldarznei, Triple Moon – an Ort und Stelle dazu bei, daß viele Bewohner dieser Gegend einen Arbeitsplatz haben.

Auch andere Studien zur Feststellung des derzeitigen Nettowertes in anderen tropischen Gebieten der Neuen Welt bestätigten den relativ hohen Wert (oft mehrere tausend Dollar) der Produkte, die man auf einem Hektar ernten kann, und zwar in Gegenden, wo die Bodenpreise

6.5 Cacique Romão, der Häuptling eines Dorfes der brasilianischen Apinaye-Indianer, zeigt die Ernte von Jaborandi-Blättern (*Pilocarpus microphyllus*, Rutaceae). Die Einheimischen in den Wäldern Nordbrasiliens ernten diese Pflanze schon seit langem und gewinnen daraus das Pilocarpinhydrochlorid, ein wichtiges Mittel gegen Glaukome und Mundtrockenheit. In den letzten Jahren hat man die Pflanze domestiziert und in Plantagen angebaut; einige hundert Hektar decken jetzt den kommerziellen Bedarf, so daß der Marktpreis für die wild gesammelten Blätter zurückgegangen ist.

recht niedrig sind und sich nach Hunderten von Dollar oder noch weniger bemessen. Die Kritiker dieser Methode zur Wertermittlung bei Wäldern weisen darauf hin, daß sich das Land in der Nähe eines Marktes oder Verkehrsweges befinden muß, damit sich der wirtschaftliche Nutzen realisieren läßt. Sie sagen, für Waren, die nach solchen Verwaltungsprinzipien erzeugt werden, gebe es nur einen begrenzten Markt. Beide Argumente haben ihre Berechtigung, aber eines ist klar: In den bisher untersuchten Gebieten ist das Einkommen der einheimischen Bevölkerung durch die Ernte anderer Produkte als Holz gestiegen, und es kam zur Ansiedlung neuer Industriezweige, deren örtliches Wertsteigerungspotential die Gewinne des Herkunftslandes oder der Region vermehrt. Außerdem bestätigt sich in solchen Studien meist auch die Überzeugung der Einheimischen, daß die tropischen Wälder bei richtiger Bewirtschaftung einen weit größeren Wert haben, als es der Ausbeute an Bau- und Kleinholz entspricht. Warum aber geschieht angesichts der nachgewiesenen Gewinnmöglichkeiten der anderen Waldprodukte außer Holz so wenig, um die Vermarktung, Weiterverarbeitung und Entwicklung dieser wertvollen Ressourcen zu fördern? Nach unserer Überzeugung liegt das Problem nicht im tatsächlichen Wert der Ressourcen, sondern in der Tatsache, daß Öffentlichkeit und Politik ihn kaum zur Kenntnis nehmen.

Die Ökobranche propagiert mittlerweile den Verkauf von Produkten aus dem Regenwald: Knöpfe aus Palmensamen zieren die Kleidung von Paris bis Hongkong, Speiseeis wird mit exotischen Nüssen und Früchten aromatisiert, und seltene tropische Essenzen werden in Parfüms, Shampoos und Hautcremes verarbeitet. Wir können uns mit

6.6 Ein wichtiges Waldprodukt neben dem Holz ist der Chicle, ein Pflanzengummi, der in Mittelamerika und Mexiko aus Bäumen der Spezies *Manilkara zapota* gewonnen wird. Die frische Latexmilch wird nach der Ernte durch Erhitzen zu geronnenen Blöcken verarbeitet, die dann zur Herstellung verschiedener Produkte dienen. Unter anderem ist Chicle ein Grundstoff für Kaugummi.

Seife aus tropischen Ölen und Nektaren waschen, Produkte aus Getreidesorten essen, die schon die alten Azteken ernährten, und zur Arbeit auf Reifen fahren, die aus wildem, im Amazonasbecken gewachsenen Gummi bestehen. Wie alle anderen Lösungen für das Dilemma aus Entwaldung und wirtschaftlicher Entwicklung, so ist auch der „grüne Handel" kein Allheilmittel. Wer solche Produkte ständig verwenden will, ist auf verläßliche Versorgung, Vermarktung und Verteilung angewiesen. Und der Schlüssel zu einer verläßlichen Versorgung ist eine nachhaltige Produktion der Ressourcen.

Waren aus dem Wald: nachhaltige Produktion

Wenn man Produkte auf der Grundlage der Pflanzen in tropischen Regenwäldern entwickeln will, muß man für Nachhaltigkeit sorgen. Aber der Begriff der Nachhaltigkeit wird heute recht großzügig benutzt. In Wirklichkeit wissen wir über die Nachhaltigkeit jeder Produktion bisher kaum etwas, insbesondere wenn es um Produkte der tropischen Regenwälder geht. Als sich die „organische Lebensmittelproduktion" entwickelte, bemerkte anfangs jemand, daß mehr organische Produkte verkauft als produziert wurden; das gleiche kann man auch über „nachhaltig erzeugte Produkte" aus dem Regenwald sagen. Der Ökologe Charles Peters vom New York Botanical Garden stellte viele detaillierte Studien an Bäumen aus tropischen Wäldern an, um herauszufinden, wieviel Produktion oder Ernte bei den einzelnen Arten nachhaltig möglich ist. Nach seiner Ansicht »ist ein System zur Ausbeutung anderer Waldprodukte als Holz dann nachhaltig, wenn man Früchte, Nüsse, Latex und andere Erzeugnisse in einem begrenzten Waldgebiet über unbegrenzte Zeit hinweg ernten kann, ohne daß das auf die ausgebeuteten Pflanzenpopulationen nennenswerte Auswirkungen hat«. Eine Pflanze wie der in Mittel- und Südamerika heimische Brotnußbaum *Brosimum alicastrum* (Moraceae), der wegen seiner proteinreichen Früchte genutzt wird, muß über 1,5 Millionen Samen produzieren, damit *ein* daraus hervorgehender Baum so lange lebt, daß er sich fortpflanzen kann. Würde man die meisten von dieser Spezies produzierten Früchte ernten, statt sie im Wald anwachsen zu lassen, wäre die Population nach einer Generation ausgestorben.

Für viele international wichtige Produkte des Regenwaldes ist nicht bekannt, in welchem Umfang man nachhaltig ernten kann. Das gilt auch für die Paranuß; sie wird in den 20 Millionen Hektar des Amazonas-Regenwaldes, in denen sie gedeiht, von etwa 200 000 Menschen geerntet. Auf diese Weise gelangt eine Jahresproduktion von 42 000 Tonnen im Wert von annähernd 35 Millionen Dollar auf den

Markt, das sind 1,5 Prozent des gesamten Weltmarktes für Nüsse. Für viele Menschen in dieser Gegend sind die Nüsse die wichtigste Einnahmequelle, und nachdem die staatlichen Subventionen für Gummi und andere Produkte des Regenwaldes zurückgefahren wurden, erntete man noch mehr Paranüsse. Wie wird es wohl in 50 oder 100 Jahren aussehen, wenn die meisten Samen, die heute von der großen Population der Nußbäume produziert werden, aus dem Wald entnommen und verkauft sind? Ganz einfach: Die ausgewachsenen, samenproduzierenden Bäume, die das Kernstück der Population darstellen, werden ersatzlos sterben, und damit wird die Ressource verschwinden, auf die sich die ganze Branche gründet.

Produkte des Regenwaldes sind in vielen Teilen der Erde ein wichtiger Teil der regionalen Wirtschaft. Palmenherzen zum Beispiel, die als Delikatesse verkauft werden, stammen oft von Bäumen aus dem brasilianischen Mündungsgebiet des Amazonas, wo sie unter dem Namen *açai* (*Euterpe oleracea*, Arecaceae) gehandelt werden. Dort sichern Ernte, Verpackung und Verkauf der Palmenherzen 30 000 Arbeitsplätze und einen Gewinn von 300 Millionen Dollar im Jahr. Darüber hinaus liefert die Palme, wie man in Abbildung 6.7 erkennt, eine ganze Reihe weiterer Lebensmittel und landwirtschaftlicher Produkte. Die *açai*-Palme ist die erfolgreichste Baumart auf einer Waldfläche von 25 000 Quadratkilometern, die jahreszeitlichen Überschwemmungen ausgesetzt ist. Auf jedem Hektar stehen bis zu 7 500 Palmen unterschiedlichen Alters. Diese zeitweise überschwemmten brasilianischen Wälder produzieren jährlich 200 000 Tonnen Palmenherzen, die zu über 95 Prozent im Land selbst verbraucht werden. Der Export geht zum größten Teil nach Europa. Geerntet wird meist mit destruktiven Methoden: Man entfernt von den vielstämmigen Bäumen möglichst viele Stämme und kümmert sich kaum um die Regeneration.

Ökologen wie Anthony Anderson haben sich mit der Frage beschäftigt, wie die örtliche Bevölkerung die Palmen bewirtschaftet, und den wirtschaftlichen Gewinn berechnet. Eine Familie, mit der Anderson zusammenarbeitete, erntete von ihren *açai*-Palmen in einem einzigen Jahr den Gegenwert von 3 000 Dollar an Palmenherzen und eßbare Früchte im Wert von 15 532 Dollar. Die Familie war in der nachhaltigen Bewirtschaftung der Palmen bewandert. Anderswo wird die Ernte nach der Stückzahl bezahlt, und deshalb sammelt man das Produkt, ohne sich um zukünftige Erntemöglichkeiten zu kümmern. Ein einziger Erntearbeiter kann angeblich 150 bis 200 Palmen täglich abholzen, um die Herzen herauszuholen. Wie sich in einer Umfrage über die Produktion in jüngster Zeit gezeigt hat, werden immer kleinere Stämme abgeerntet, ein Hinweis, daß die Zeiträume zwischen den einzelnen Ernten immer kürzer werden. Solange also *açai*-Palmen nicht in den Wäldern oder in Plantagen neu angepflanzt werden, und solange man

6.7 Palmen werden in der Regel vielfältig genutzt. Die verschiedenen Teile der *açaí*-Palme (*Euterpe oleracea*) zum Beispiel werden sowohl für den Eigenbedarf als auch für kommerzielle Zwecke verwendet.

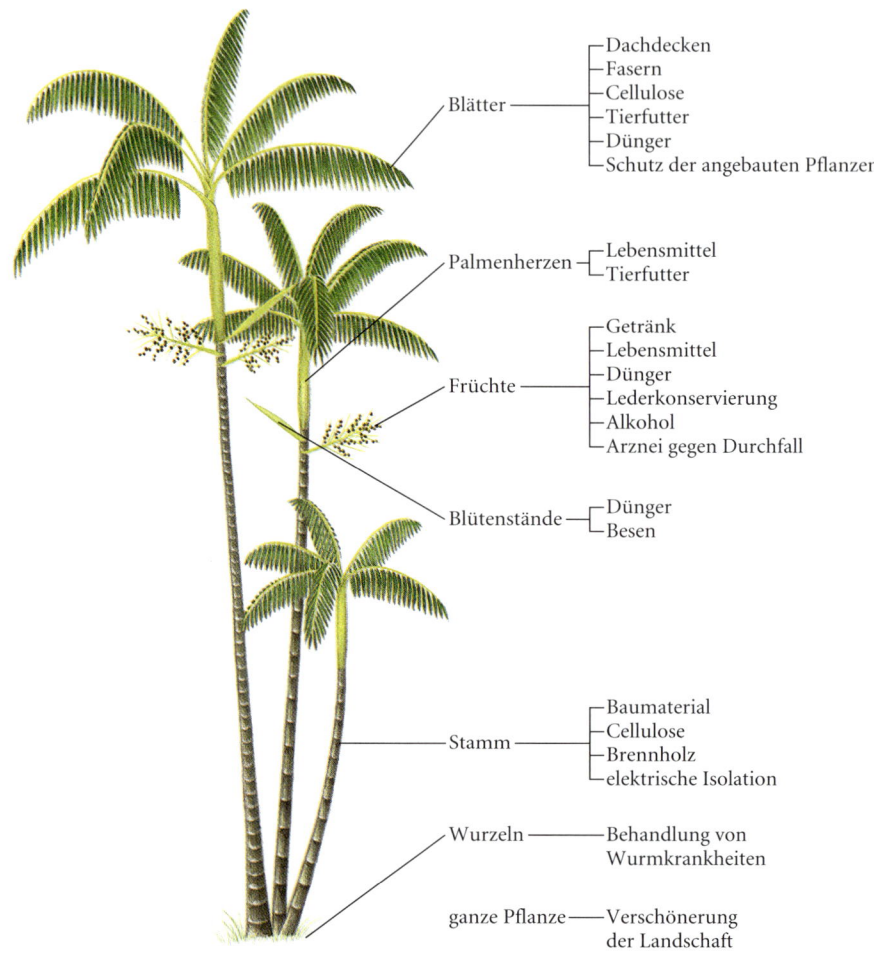

Blätter
— Dachdecken
— Fasern
— Cellulose
— Tierfutter
— Dünger
— Schutz der angebauten Pflanzen

Palmenherzen
— Lebensmittel
— Tierfutter

Früchte
— Getränk
— Lebensmittel
— Dünger
— Lederkonservierung
— Alkohol
— Arznei gegen Durchfall

Blütenstände
— Dünger
— Besen

Stamm
— Baumaterial
— Cellulose
— Brennholz
— elektrische Isolation

Wurzeln — Behandlung von Wurmkrankheiten

ganze Pflanze — Verschönerung der Landschaft

die Erntemethoden nicht ändert, werden die Bäume seltener werden. Zum Leidwesen des Waldes, seiner Bewohner und der Verbraucher seiner Produkte geschieht so etwas mit den Regenwaldprodukten häufig. Verschwindet eine Arzneipflanze, leiden die Patienten. Die gutartige Prostatavergrößerung zum Beispiel, eine quälende Krankheit vieler Männer im mittleren und höheren Alter, läßt sich gut mit einer Arznei aus der Rinde von *Prunus africana* (Rosaceae) behandeln, einem Baum, der in den Wäldern Kameruns, Zaires, Kenias und Madagaskars vorkommt. Man hat zwar Methoden zu einer nachhaltigen Nutzung entwickelt, aber sie werden nicht immer angewandt, und deshalb ist auch diese wichtige Ressource samt der sie unterstützenden Tierwelt im Niedergang begriffen.

Welche Möglichkeiten gibt es also, wenn man die Produkte des Regenwaldes sowohl zur wirtschaftlichen Entwicklung als auch zur zukünftigen Bewahrung der biologischen Vielfalt nutzen will? Charles Peters schlägt für die nachhaltige Ausbeutung solcher Produkte sechs Schritte vor. Erstens sollte man die Art, die man nutzen will, sorgfältig auswählen, beispielsweise danach, wie einfach man sie ernten kann und wie widerstandsfähig die natürliche Population gegenüber Störungen ist. Bei einem Baum, den man wegen seiner Wurzeln schätzt, ist die Ernte schwieriger als bei einem, dessen Früchte man nutzen will, und wenn eine Art einmal im Jahr Riesenmengen von Früchten produziert, ist die Ernte einfacher als wenn ständig wenige Früchte reifen. Hat man sich für eine Art entschieden, sollte man durch eine Waldbestandsaufnahme feststellen, wo die Ressource am häufigsten vorkommt und wieviele produktive Bäume auf einem Hektar stehen. Anschließend sollten die Wissenschaftler klären, welche Mengen die Art in ihren verschiedenen Lebensräumen produziert und welcher Anteil auf die einzelnen Größenklassen der Bäume entfällt, damit man entscheiden kann, welchen Baum in welchem Lebensraum man am besten aberntet.

Nach diesen drei Vorbereitungsmaßnahmen kann die Ernte beginnen, aber dabei sollte man weiterhin sorgfältige Messungen vornehmen. Der Zustand der Population muß ständig daraufhin untersucht werden, ob man zuviel erntet. An den ausgewachsenen Bäumen sollte man dabei überwachen, ob die Blüten bestäubt werden, ob natürliche Feinde einen großen Teil der Früchte fressen und so weiter. Treten Probleme auf, muß die Erntemenge verringert werden, so daß sie unterhalb der Schwelle bleibt, von der an die Nachhaltigkeit gefährdet ist.

Gebiete, die sich offenbar nicht von selbst regenerieren, kann man aufforsten und dabei konkurrierende Arten entfernen, oder man öffnet das Kronendach des Waldes, so daß die jungen Bäume mehr Licht bekommen und schneller wachsen. Die von Peters empfohlenen genauen Messungen sind teuer und zeitaufwendig, und bisher hat man nur sehr wenige Arten unter solchen Gesichtspunkten untersucht. Wird die Erntemenge aber nicht von den Bedürfnissen des Ökosystems, sondern von den Erfordernissen des Marktes bestimmt, sind die Pflanzenpopulationen unter Umständen in Gefahr. Oder, wie Peters es formuliert: »Die Natur läßt sich nicht alles gefallen.« In unserer Begeisterung, den Naturschutz durch Betonung seines wirtschaftlichen Nutzens voranzubringen, rotten wir vielleicht unabsichtlich manche Teile der Natur aus. Nur wenn wir für die Ausbeutung der Ressourcen ökologisch einwandfreie, wissenschaftlich begründete Bewirtschaftungsmethoden entwickeln, wird die Nutzung dieser Ressourcen zur Bewahrung der biologischen Vielfalt beitragen.

Kulturelle Bande zum Regenwald: die Palmen, die Menschen und der Fortschritt

Weltweit wurden mehr als 200 Gattungen der Palmen (Familie Arecaceae) beschrieben. Überall, wo sie gedeihen, sei es in der Wüste, in feuchten Wäldern oder an kühlen Berghängen, tragen die Palmen viel zu Lebensunterhalt und Kultur der Menschen bei. Mit ihrer Fähigkeit, zerstörte oder geschädigte Ökosysteme zu besiedeln, können sie als Lieferanten für Nahrung, Baumaterial und Einkommen eine einzigartige Stellung erlangen. In vielen traditionellen Kulturen gilt die Kokospalme als Geschenk der Götter; als eine andere Art von Geschenk können sich die Palmen erweisen, weil sie in der Lage sind, für die Bewohner tropischer Gebiete die Folgen der Umweltzerstörung zu mildern.

Da Palmen sich einerseits an Standorte anpassen können, die für andere Arten unbewohnbar sind, und andererseits der einheimischen Bevölkerung eine breite Palette von Produkten für Handel und Lebensunterhalt liefern, rücken sie in Studien zur Bewirtschaftung tropischer Ökosysteme immer mehr in den Mittelpunkt des Interesses. »Palmen sind in der Hand des Menschen erstaunlich vielseitig«, bemerkte der verstorbene Harold E. Moore Jr., der in Sachen Palmen die größte Autorität des 20. Jahrhunderts war.

»Häuser, Körbe, Matten, Hängematten, Kinderwiegen, Köcher, Lastenkörbe, improvisierte Unterstände, Blasrohre, Bögen, Stärke, Arzneien, Magie, Parfüm – alles wird aus Palmen gemacht... Wie stark auch der Mensch in die tropischen Ökosysteme eingebunden sein mag, mit Sicherheit waren die Palmen ein wichtiger Faktor, der diese Einbindung möglich machte, und selbst heute sind sie trotz Wellblechdach und Feuerwaffen für viele amerikanische Naturvölker von zentraler Bedeutung.«

Viele tropische Landschaften sind durch Regenwälder charakterisiert, in denen nur wenige Arten vorherrschen; das gilt besonders für sumpfige, zerstörte oder jahreszeitlich überschwemmte Lebensräume, in denen viele Arten nur schwer Fuß fassen. Tropische Niederungen werden oft von Palmenarten beherrscht, die die einheimische Bevölkerung nutzen kann. So verkaufen zum Beispiel die Bewohner in Australien und Südostasien den eßbaren Saft der Nipapalme (*Nypa fruticans*), die in den Sümpfen entlang der Küsten gedeiht. Die Süßwassersümpfe im Pazifik und in Südostasien sind die Heimat der Sagopalme (*Metroxylon sagu*) aus der die einheimische Bevölkerung eßbare Stärke gewinnt. Eine wichtige stärkeliefernde Palme der tropischen Gebiete Amerikas ist die „moriche" (*Maritia flexuosa*), die in den Süßwassersümpfen des nördlichen Südamerika Gehölze bildet.

6.8 Die Nipapalme, die verbreitet an Fluß-
ufern und in Sümpfen gedeiht, liefert einen
Palmensaft, der gerne getrunken wird. Die
Blätter eignen sich gut zum Dachdecken; angeblich sind sie haltbarer als Kokosblätter.

In den tropischen Niederungswäldern Südamerikas, beispielsweise in
Brasilien, findet man in geringer Dichte die Babassupalme (*Orbignya
phalerata*), deren Früchte ein eßbares Öl und Holzkohle zum Kochen
liefern. Werden diese Wälder jedoch zu landwirtschaftlichen Zwecken
abgeholzt, beherrschen Babassupalmen sehr schnell die Landschaft.
Diese Babassu-Bestände nutzen die Menschen als Lieferanten für
Früchte und einige Dutzend andere Produkte. Die ausgelaugten Böden
im Nordosten Brasiliens, vielfach aufgegebene landwirtschaftliche
Flächen, sind mit riesigen Beständen von Babassupalmen bedeckt; sie
bilden die Grundlage für die größte Ölmühlenindustrie der Welt, die
völlig von einer wilden pflanzlichen Ressource abhängig ist. Ernte und
Verarbeitung der ölreichen Früchte beschäftigen über eine Million
Menschen. Nur wenige andere wirtschaftlich wichtige Pflanzenarten
vertragen die sengende Sonne, die lange Trockenzeit und die heftigen
Überflutungen nach den sintflutartigen Regenfällen, die für den Nordosten Brasiliens charakteristisch sind.

Um die Kraft und Dauerhaftigkeit der Bindung zwischen Palmen und
Menschen in vollem Umfang zu verstehen, muß man langwierige Feld-
forschung betreiben. In mehreren Studien hat sich gezeigt, wie die
Bewirtschaftung der Palmen durch die einheimische Bevölkerung zur
Erhaltung ihrer Ökosysteme beitragen kann.

6.9 Links: Die Früchte der Babassupalme (*Orbignya phalerata*) werden überall in dem großen Verbreitungsgebiet der Pflanze in Nordostbrasilien und anderen Ländern in wildwachsenden Wäldern geerntet. In Körben oder Säcken bringen die Sammler die Früchte, die jeweils bis zu 250 Gramm oder mehr wiegen, zur Weiterverarbeitung nach Hause. Rechts: Die Früchte werden auf einer umgedrehten Axt geöffnet, und man entnimmt dem holzigen Mittelteil (Endokarp) die fetthaltigen Kerne. Diese werden dann zur Speiseölherstellung an eine Fabrik verkauft.

Auf der mexikanischen Halbinsel Yucatan und in den umliegenden Gebieten wird die Palmengattung *Sabal* in großem Umfang genutzt. Sie dient den Nachkommen der Maya als Lieferant für Baumaterial, Brennholz, Lebensmittel, Arzneien und Magie. Der Ethnobotaniker Javier Caballero vom Jardín Botánico de la Universidad Nacional Autónoma de México untersuchte die Nutzung der *Sabal*-Arten in dieser Region und stellte dabei fest, daß manche Anwendungsgebiete (Magie und Medizin) ausgestorben sind; andere (Besen, Pfähle, Zäune) sind im Niedergang begriffen, wieder andere (Dächer, Brennstoff) haben sich erhalten oder nehmen sogar zu (Kunsthandwerk). Er dokumentierte, wie die Ressource durch den Bedarf an Dachdeckermaterial unter Druck geriet. Um die 3 500 bis 5 000 *Sabal*-Blätter zu beschaffen, die zum Decken eines einzigen Hauses notwendig sind, muß man 250 bis 1 250 Bäume abernten (je nachdem, ob es sich um alte oder junge Exemplare handelt). Caballeros Studien zeigte, wie wichtig die Ressourcenbewirtschaftung ist, wenn man die Gefahren einer übermäßigen Ausbeutung vermeiden will, so daß die Versorgung mit Palmblättern auch in Zukunft gesichert ist.

Wie die schamanistischen Lehren und die Kräuterheilkunde, so wurden auch die Methoden der Ressourcenbewirtschaftung in Gebieten, wo westliche Verfahren versagen, über Generationen hinweg immer weiter verfeinert. Ethnobotanische Untersuchungen über die traditionelle Bewirtschaftung der Ressourcen aus dem Regenwald liefern unter Umständen praktikable Alternativen für Gebiete, in denen ungeeignete Flächen zunehmend für die herkömmliche Landwirtschaft genutzt werden. Eine – allerdings noch umstrittene – Naturschutzstrategie, die aus den ethnobotanischen Studien erwachsen ist, besteht in der Schaffung genutzter und selbstkontrollierter Reservate.

Naturschutzgebiete und indigene Völker

Die ersten Naturschutzgebiete wurden in den Tropen während der Kolonialzeit eingerichtet. Sie dienten vorwiegend den Interessen der Großwildjäger oder dem Schutz von Grundwasser- und Holzreserven. Die Kolonialverwaltungen schufen die meisten heutigen Regenwald-Schutzgebiete, indem sie einfach staatliche Landflächen zu Nationalparks erklärten oder Flächen von Privateigentümern aufkauften. Es war das gleiche Schema, nach dem auch die europäischen und nordamerikanischen Nationalparks entstanden.

Die 528 000 Hektar Regenwald, Feuchtgebiete und Korallenriffe, die heute das Sian-Ka'an-Biosphären-Reservat auf der Halbinsel Yucatan bilden, gehörten zu über 99 Prozent dem mexikanischen Staat; der 100 000 Hektar große Guanacaste-Nationalpark in Costa Rica dagegen mit seinem trockenen tropischen Niederungswald wurde zum größten Teil von privaten Landbesitzern angekauft; die dafür notwendigen neun Millionen Dollar hatten verschiedene Naturschutzorganisationen, Stiftungen, private Spender und staatliche Institutionen aufgebracht.

Wieder anders lagen die Verhältnisse beim Monteverde Cloud Forest Reserve in Costa Rica. Dieses Naturschutzgebiet entstand teilweise durch ein Tauschgeschäft nach dem Prinzip „Schulden gegen Natur": Naturschutzorganisationen übernahmen einen Teil der internationalen Schulden des Landes und akzeptierten als Gegenleistung den Schutz einer bestimmten Regenwaldfläche. Mit solchen Strategien konnten zwar natürliche Flächen bewahrt werden, aber sie orientierten sich vorwiegend an den Interessen der Staaten und nicht an den Bedürfnissen der Einheimischen.

Das staatliche Enteignungsrecht, mit dessen Hilfe unter anderem Teile des Grand Teton National Park in den USA entstanden, kann für indi-

215

6.10 Der Milchsaft des Gummibaumes wird geerntet, indem man den Stamm verletzt und den austretenden Saft in einem kleinen Gefäß auffängt. Die so gesammelte Latexmilch wird dann in größere Gefäße umgefüllt und zu festen Blöcken oder Kugeln verarbeitet.

gene Völker schwerwiegende kulturelle Auswirkungen haben. Werden solche Gruppen oder langjährige Bewohner von ihren angestammten Ländereien verdrängt, wird häufig die Wilderei zum Problem.

Mit diesen herkömmlichen Vorgehensweisen schafft man Schutzgebiete, in denen es keine nennenswerten menschlichen Störungen mehr gibt. Die neueren Strategien sind anders: Sie konzentrieren sich darauf, die Ressourcen zu nutzen und gleichzeitig vor Zerstörung zu bewahren. Brasilien richtete Ende der achtziger Jahre eine Kategorie von Reservaten ein, die als „nutzbare Schutzgebiete" bezeichnet wurden; dort kann die einheimische Bevölkerung in kleinem Maßstab Produkte gewinnen, wobei das Ökosystem im wesentlichen intakt bleibt. Diese Schutzgebiete sind eng mit einer gesellschaftlichen Bewegung verbunden, die von dem brasilianischen Bundesstaat Acre ausging und das Ziel hat, die soziale Situation der Ureinwohner des Landes zu verbessern. Die ersten Schutzgebiete wurden für die Gewinnung von Gummi und Paranüssen eingerichtet. Das im Amazonasbecken geerntete Gummi wird zum größten Teil mit Methoden gewonnen, bei denen die Bäume nicht zerstört werden, und deshalb sind die Menschen, die es sammeln, entschiedene Gegner des Abholzens. Chico Mendes, der bekannteste Sprecher der Organisation und Gründer der Gummisammlergewerkschaft, wurde von Ranchern, die den Wald roden wollten, umgebracht; daraufhin gab es einen derartigen Aufschrei, daß die Regierung reagieren mußte und die ersten größeren nutzbaren Schutzgebiete einrichtete. Sie machen heute etwa zehn Prozent der Fläche von Acre aus. In den letzten Jahren sind aber die Preise sowohl für Wildlatex als auch für Paranüsse gesunken. Mittlerweile versuchen Ethnobotaniker wie Douglas Daly vom New York Botanical Garden in Zusammenarbeit mit den Bewohnern der Schutzgebiete, andere Pflanzenarten für den regionalen und internationalen Handel nutzbar zu machen und denen, die diese tropischen Regenwaldgebiete schützen, neue Einkommensquellen zu erschließen. Auch Menschen in den nördlichen, gemäßigten Gebieten tragen zur Schaffung nutzbarer Schutzgebiete bei. Organisationen wie Conservation International und Cultural Survival organisierten die Vermarktung der Produkte aus den Schutzgebieten.

Die Aufrechterhaltung nutzbarer Schutzgebiete bringt durchaus Probleme mit sich. Werden wirtschaftlich wichtige Produkte in zu großem Umfang geerntet, kann das Ökosystem des Waldes Schaden nehmen. Wie wir an der Ernte der *açai*-Palme auf dem Land einer Familie in Brasilien gesehen haben, gibt es auf Privatgrund genügend Anreize, sich nachhaltiger Gewinnungsmethoden zu bedienen, aber wie sieht es mit Flächen in Gemeineigentum aus? Werden Einzelpersonen bei Ressourcen, die als Gemeineigentum ausgewiesen sind, das eigene Interesse über das der Allgemeinheit stellen und übermäßig ernten? Zwi-

---

Exkurs 6.1: Regeln für die Entnahme von Produkten aus dem kommunalen Schutzgebiet in San Rafael, Loreto, Peru

1. Es ist Einzelpersonen, Familien und Gruppen verboten, Holz aus dem kommunalen Schutzgebiet zu entnehmen. Die Holzgewinnung ist nur auf Gemeindeebene gestattet. Die Holzgewinnung ist nur dann gestattet, wenn die Gemeinde Geld für kommunale Zwecke braucht, zum Beispiel für eine neue Schule oder für Arzneien, die im Dorf verwendet werden.
2. Andere Produkte als Holz können von allen Einzelpersonen, Familien und Gruppen entnommen werden.
3. Pfähle und andere ortsübliche Baumaterialien kann jeder Angehörige der Gemeinde entnehmen. Die Gewinnung zu kommerziellen Zwecken ist auf kleine Mengen und bestimmte Zeiten im Jahr beschränkt, beispielsweise auf die Zeit, wenn Reis geerntet wird.
4. Die Entnahme von Früchten und Arzneipflanzen ist jedermann gestattet. Personen aus der Gemeinde und aus Nachbargemeinden können diese Produkte für den Eigenbedarf oder für den Marktverkauf entnehmen.
5. Beim Sammeln von Früchten, Blättern, Blüten, Rinde, Harz, Wurzeln und Zweigen ist es verboten, Bäume zu fällen. Die Entnahme besonders wertvoller Arten wird durch besondere Vorschriften geregelt.
6. Die Holzgewinnung durch Personen, die nicht zur Gemeinde gehören, bedarf einer besonderen Genehmigung durch die Gemeinde.
7. Genehmigungen zur Holzgewinnung in dem gemeindeeigenen Schutzgebiet müssen beim Landwirtschaftsministerium im Namen des *Teniente Gobernador* beantragt und jedes Jahr in Iquitos verlängert werden.
8. Es ist verboten, die Fläche des Schutzgebietes landwirtschaftlich zu nutzen. Die Gemeinde erkennt jedoch die Rechte ihrer Mitglieder an alten Brachflächen auf unbegrenzte Zeit an.

---

schen einem nutzbaren Schutzgebiet und einem Stück Land, das einfach öffentliches Eigentum darstellt, besteht ein wichtiger Unterschied: In dem Schutzgebiet ist die Sozialstruktur ein Schlüsselelement. Im Idealfall kann man dazu Richtlinien formulieren, und die Regeln und Vorschriften lassen sich durchsetzen. In San Rafael im peruanischen Loreto half ein regionaler Bauernverband den Dorfbewohnern bei der Einrichtung eines Schutzgebietes und bei der Entwicklung von Regeln für seine gemeinschaftliche Nutzung; allerdings stand das Land noch unter der Hoheit des Landwirtschaftsministeriums. Anderswo gibt es solche Regeln nicht, oder sie werden nicht nachdrücklich durchgesetzt, aber es sieht dennoch so aus, als würden die meisten Schutzgebiete von der einheimischen Bevölkerung respektiert, insbesondere wenn sie unter Berücksichtigung der lokalen Kultur und ihrer Bedürfnisse eingerichtet werden.

Manchmal kann man das Ökosystem eines Waldschutzgebietes verändern, indem man wirtschaftlich wichtige Pflanzen schützt (oder sie sogar durch strategisch angelegte Aufforstung vermehrt), während andere Arten mit ungeklärtem Wert nicht mit dem gleichen Nachdruck erhalten werden. Deshalb, so ein Argument mancher Kritiker, bleibt in nutzbaren Schutzgebieten nur ein Teil der biologischen Vielfalt bestehen. Letztlich lautet die Erkenntnis: Es gibt für den Schutz von Wildgebieten, insbesondere in abgelegenen tropischen Gebieten, kein Idealrezept. Aber in dem weltweiten Bemühen, ein Puzzle aus Schutzgebieten zusammenzusetzen, kann die ethnobotanische Forschung eine wichtige Rolle spielen, weil sie dazu beiträgt, das traditionelle Wissen zu erhalten und weiterzuvermitteln. Wenn dieses Wissen angewandt wird, fallen die wirtschaftlichen Gewinne an diejenigen zurück, die dem Regenwald ihren Lebensunterhalt verdanken und ihn gleichzeitig schützen.

Indigene Völker und Naturschutz im Konflikt

Da die einheimischen Völker nur selten an den Planungen beteiligt wurden, gerieten sie häufig in Konflikt mit den westlich ausgebildeten Verwaltern der Schutzgebiete. Besonders heftig waren solche Auseinandersetzungen im kenianischen Amboseli-Nationalpark, der heute zu stark abgegrast wird und deshalb nur einer viel kleineren Tierpopulation als früher eine Lebensgrundlage bietet. »Der Niedergang des Amboseli-Parks hat kaum etwas mit den vielen Touristen zu tun, die ihn besuchten, und ebenso wenig mit der zunehmenden Elefantenpopulation – diese Ausreden werden häufig von den Behörden angeführt, aber es gibt eine Menge Befunde, die sie widerlegen«, schreibt David Lovett Smith, ein früherer Wärter im Amboseli-Park. Und weiter:

>»Nach meiner Überzeugung hat der Niedergang seine Ursache in ungeeigneter Bewirtschaftung und der völlig fehlenden Kommunikation mit der einheimischen Bevölkerung… Denn die Massai selbst waren es, die sich um das Wild kümmerten, bis Regierung und Naturschutzbehörden die Verwaltung übernahmen und den Park seit den siebziger Jahren immer schlechter bewirtschafteten.«

Die offizielle Begründung für den Niedergang des Amboseli-Parks enthält die unausgesprochene Ansicht, die Massai und ihre Herden seien für die Bemühungen zum Schutz des Ökosystems schädlich und kein Teil der Lösung. Um aber eine solche Sichtweise zu ändern, muß man einige abendländische Grundprinzipien für Besitz und Bewirtschaftung von Landflächen neu überdenken.

Sehr deutlich werden die Unterschiede zwischen westlichem und indigenem Eigentumsbegriff zum Beispiel bei den Turkana, einem afrikanischen Bauernvolk, das im Rift-Tal im Nordwesten Kenias etwa

250 Kilometer nordwestlich des Amboseli-Nationalparks zu Hause ist. Wie viele andere indigene Völker, so kennen auch die Turkana kein Privateigentum an natürlichen Ressourcen. Die Bäume der Gattung *Acacia* (Mimosaceae), von denen sich ihre Ziegen ernähren, gelten als Gemeinschaftsvermögen. Die Dorfältesten teilen die Weiderechte zu und vertreiben die Ziegen, die sie verletzen, mit Stöcken. Aus westlicher Sicht sind solche gemeinschaftlichen Vermögenswerte von sich aus instabil. Nach dieser Vorstellung müssen derartige Ressourcen zwangsläufig zerstört werden, und die Folge ist dann das, was der Bioethiker Garrett Hardin als „Tragödie des Gemeineigentums" bezeichnet hat.

Um den angeblich „unvermeidlichen" Zusammenbruch des Weidesystems bei den Turkana zu verhindern, teilte eine Kommission im Auftrag der Vereinten Nationen die Weidegebiete des Stammes in Parzellen auf, die dann Einzelpersonen zugesprochen wurden. Die Stöcke der Dorfältesten wurden überflüssig. Aber schon kurze Zeit später waren alle *Acacia*-Bäume kahl. Nach Ansicht von George Monbiot wäre das System des Gemeineigentums an den Bäumen zwar in einer westlichen Gesellschaft nicht tragfähig gewesen, aber bei den Turkana funktionierte es.

Ein neues, sehr wichtiges Teilgebiet der Ethnobotanik könnte man als „Ethnonaturschutz" bezeichnen; sein Gegenstand ist die Einbeziehung einheimischer Vorstellungen vom Naturschutz in die Bewirtschaftung der Wildnis. Mittlerweile bemüht man sich darum, die Vorgehensweise der Einheimischen im Naturschutz überall auf der Welt zu dokumentieren. Ein weiteres Beispiel aus Kenia sind die *kayas*, die heiligen Gehölze im Osten des Landes. Diese kleinen Wälder dienten der einheimischen Bevölkerung jahrhundertelang als Schauplatz religiöser Zeremonien und Begräbnisfeierlichkeiten. Kontrolliert und verwaltet werden sie von den jeweiligen Dorfältesten. Die 30 *kayas* im Distrikt Kalifi bilden, um den Begriff von Alison Wilson zu gebrauchen, „Inseln der biologischen Vielfalt" in einem Meer von Landwirtschaft. »Es ist schon ein seltsames Paradox«, schreibt Wilson, »daß die *kayas* in der Geschichte nicht trotz, sondern gerade wegen der menschlichen Siedlungen erhalten blieben.« Und weiter heißt es dort:

»Die *kayas* sind zwar klein (ihre Gesamtfläche beträgt etwa 2000 Hektar) und in vielen Fällen isoliert, aber unter dem Gesichtspunkt der biologischen Vielfalt ist ihr Wert viel höher, als es ihrer Größe entspricht. Der Schutz durch die Dorfältesten war ein wichtiges Vermächtnis, denn in diesen winzigen Wäldern kommen Baumarten vor, die anderswo ausgestorben oder stark gefährdet sind. Aber so bedeutsam dieser biologische Wert auch ist – der Schlüssel für das Überleben der *kayas* dürfte in ihrer kulturellen und historischen Bedeutung liegen.«

Die Regierung Kenias wollte den *kayas* kürzlich den Status von Nationalparks verleihen. Die örtliche Bevölkerung war jedoch dagegen: Die

Menschen fürchteten, man werden ihnen dann den Zugang zu den Gehölzen verwehren. Schließlich gelangte man zu einem Kompromiß, und die *kayas* wurden nicht zu Nationalparks, sondern zu Nationaldenkmälern erklärt. Dennoch hatten die Dorfältesten mit ihrer Besorgnis recht: Auf der Insel Chale wurde ein *kaya* von einer ausländischen Immobilienfirma erworben. Das galt vor Ort als spirituelle Katastrophe:

»Die Geister unserer Vorfahren haben uns vor Unheil gewarnt, falls unsere heiligen Haine zerstört werden. Schon ist Dürre über unser Land gekommen, und wir haben seltsame Vorzeichen erlebt, nämlich ziegenfressende Paviane und eierfressende Affen. Wir appellieren an Präsident Moi, er möge uns helfen, unser Land zurückzugewinnen.«

Manche westlichen Umweltorganisationen oktroyieren den indigenen Kulturen, deren Naturschutzethik Jahrtausende älter ist als die der Europäer, westliche Lösungen ohne Zögern auf. Obwohl die westliche Zivilisation zahlreiche Umweltkatastrophen verursacht hat, neigen wir dazu, die Kulturen, die der unseren vorausgegangen sind, zu ignorieren, verächtlich zu machen oder zu untergraben. Selbst Organisationen, die sich selbst als Fürsprecher der Einheimischen bezeichnen, tun sich sehr schwer, wenn sie Entscheidungen über die Mittelverwendung und anderes an die Turkana oder Samoaner übertragen sollen. Wie die Kolonialmächte früherer Zeiten, so treffen auch die Leute aus dem Westen manchmal Entscheidungen „zum Wohle" der Einheimischen, ohne auf den Gedanken zu kommen, sie könnten die Entscheidungen auch diesen selbst überlassen. Dieser „Ökokolonialismus" kann indigene Kulturen genauso untergraben wie seine politischen Vorläufer.

Die Alternative besteht in dem Versuch, ethnobotanische Untersuchungen in aktiven Naturschutz umzumünzen. Solche Programme haben Erfolge und auch Mißerfolge erlebt, und sie zeigen, wie kompliziert es ist, wenn man im Naturschutz sehr unterschiedliche Kulturen unter einen Hut zu bringen versucht.

Ein ethno-biomedizinisches Waldschutzgebiet in Belize

Belize ist ein kleines Land mit etwa 200 000 Einwohnern, das bis heute zu einem großen Teil von riesigen Wäldern bedeckt ist. Nach einem neueren Umweltgutachten kann man schätzungsweise über 93 Prozent des Staatsgebietes als Wald einordnen; diese Schätzung war allerdings zu optimistisch, denn sie bezog städtische Gebiete und große landwirtschaftliche Unternehmen nicht mit ein. Im Jahr 1988 setzte man das

Belize Ethnobotany Project in Gang; es hatte das Ziel, möglichst viele ethnobotanische Daten zusammenzutragen, auszuwerten und zu bewahren, denn das Land unterliegt raschem Wandel, der mit dem Verlust natürlicher Lebensräume und dem Zerfall vorhandener Kulturen verbunden sind. Es handelt sich um ein Gemeinschaftsprojekt, an dem das Institute of Economic Botany des New York Botanical Garden, die Ix Chel Tropical Research Foundation des Distrikts Cayo, das Belize Center for Environmental Studies, das Belize Zoo and Tropical Education Center, das Belize College of Agriculture sowie zahlreiche weitere staatliche und nichtstaatliche Institutionen beteiligt sind. In diesem vielschichtigen Vorhaben verbinden sich die Interessen und Tätigkeiten der örtlichen Heiler, Bauern, Studenten, Ethnobotaniker und Pharmaforscher zum Schutz ihrer wichtigsten Quelle für Material und Ideen: des tropischen Regenwaldes dieser Region. Diese Wälder dienen sowohl als Anschauungsmaterial als auch als Quelle neuer Rohstoffe für die traditionellen Heiler. Die derzeit laufende Bestandsaufnahme der Arten und ihrer Verwendungen konzentriert sich auf das Sammeln, Dokumentieren und Studieren der traditionellen Arzneien. Das Pflanzensammeln in kleinen Dörfern und isolierten Waldgebieten ist an das Developmental Therapeutics Program des National Cancer Institute in den USA gekoppelt: Dorthin wurden über 2000 große Pflanzenproben geschickt, die dann auf eine mögliche Wirkung gegen Krebs oder AIDS getestet werden.

Als Ergänzung zu der bekannteren Dokumentationstätigkeit der Ethnobotanik versucht man im Rahmen des Projekts auch, das Interesse an kulturellen Kenntnissen und ihrer Überlieferung neu zu beleben, insbesondere im Bereich der Heilkunde. Dazu arbeitet man vorwiegend mit älteren Heilern zusammen, die meist keine Schüler haben, so daß ihr gesammeltes Wissen verlorenzugehen droht. Da es sich um ein langfristiges, fachübergreifendes Projekt handelt, konnte man sich sehr eingehend mit den Heilern befassen und so ihre Krankheitsbegriffe, ihre Heiltraditionen und die Art, wie sie Pflanzen benutzen, besser verstehen. Diese Wiederbelebung von Wissen wurde auch als „bewahrende Ethnobotanik" bezeichnet.

Das Projekt trug dazu bei, daß lokale Organisationen vier landesweite Treffen der traditionellen Heiler einberufen konnten. Diese Veranstaltungen boten ein zwangloses Forum, auf dem die Heiler aus verschiedenen Kulturkreisen und geographischen Regionen Belizes zum ersten Mal Informationen über die medizinische Nutzung einheimischer und ausländischer Pflanzen austauschen konnten. Sie erörterten die Bedeutung der traditionellen Heilkunst, die zentrale Rolle der Heiler als Träger der allgemeinen medizinischen Versorgung und die wachsenden Schwierigkeiten, bestimmte nützliche Pflanzenarten zu finden.

Im Jahr 1992 wurde die Belize Association of Traditional Healers gegründet, und als Präsidentin wählte man Rosita Arvigo von der Ix Chel Tropical Research Foundation. Aber ohne Pflanzen können die Heiler nicht arbeiten. Oder, wie es die Heilerin Hortense Robinson ausdrückte: »Ohne Pflanzen können wir unsere Arbeit nicht tun – wie ein Mechaniker ohne Werkzeuge. Nur den Namen der Pflanze zu kennen, hilft nicht – mit einem Namen kann man niemanden heilen.« Um die Arten zu erhalten, die für die Arbeit der traditionellen Heiler wichtig sind, verlieh man im Juni 1993 einer Parzelle von 2400 Hektar tropischem Niederungswald den Status eines Waldschutzgebietes; die Anregung dazu war von Daniel Silva gekommen, einem Minister, der festgestellt hatte, welch reiche Naturschutztradition Belize besitzt. In dem Land gab es Reservate für Jaguare, Affen und Schmetterlinge, warum also nicht auch für Arzneipflanzen? Das Schutzgebiet sollte sowohl eine Quelle für Arzneipflanzen als auch ein Ort zur Ausbildung von Schülern sein. Gelder zur Begutachtung und Markierung des Gebietes kamen von der Healing Forest Conservancy und von der Rex Foundation. Der Wald in der Region Yalbakin beherbergt eine höchst vielfältige Tierwelt und viele nützliche Arzneipflanzenarten. Nach der ursprünglichen Konzeption sollte dieses „ethno-biomedizinische Waldschutzgebiet" als Ort zur Förderung ethnobotanischer und ökologischer Forschung dienen, mit der man Erntemethoden für eine nachhaltige Nutzung entwickeln wollte. Zu diesem Zweck macht ein Wissenschaftlerteam ökologische Bestandsaufnahmen, und mit speziell gestalteten Experimenten möchte man herausfinden, wie schnell sich Rinde oder Wurzeln nach der Entnahme wieder regenerieren. Leider wechselte ein Jahr nach der Gründung des Schutzgebietes die Regierung, und nun gab es Meinungsverschiedenheiten darüber, welche Gruppe der lokalen Heiler für den Betrieb verantwortlich sein sollte. Es wurden verschiedene Pflanzen an das Forstwirtschaftsministerium eingereicht, und die wissenschaftlichen Experimente gehen weiter, aber die Entwicklung der Ausbildungs- und Sozialbestandteile im Programm des Reservats liegt derzeit auf Eis. Trotz bester Absichten gelingen Naturschutzbemühungen nicht immer sofort.

Da die Versorgung mit Arzneipflanzen in den Wäldern Belizes durch Zerstörung der Lebensräume und übermäßiges Ernten zurückgeht, haben Rosita Arvigo und Gregory Shropshire von der Ix Chel Tropical Research Foundation in Zusammenarbeit mit Hugh O'Brien vom Belize College of Agriculture ein Programm zur Entwicklung von Baumschulen in Gang gesetzt. Zu dem Programm gehörte auch, daß Heilpflanzenkunde in den Lehrplan des College aufgenommen wurde. Das wichtigste Ziel des Gemeinschaftsprogramms besteht in der Entwicklung von Methoden, mit denen man die wertvollen, derzeit in der Wildnis gesammelten Pflanzen künstlich vermehren kann. Die Arten unterscheiden sich stark in Morphologie und biologischen Eigenschaf-

ten – manche sind leicht zu züchtende Kräuter, andere langlebige Bäume –, und deshalb ist das keine einfache Aufgabe. Von den in den Gärtnereien entwickelten Methoden werden letztlich die lokalen und regionalen Firmen profitieren, die von den einheimischen Pflanzen abhängig sind. Außerdem werden durch das Projekt Pflanzen gerettet, die aufgrund der wirtschaftlichen Entwicklung gefährdet sind. Eine Gruppe der Ix Chel Foundation und des Belize College of Agriculture sammelt Setzlinge seltener oder langsam wachsender Bäume aus Bereichen, die bald abgeholzt und zu Bauland gemacht werden sollen, und verpflanzt sie in sicherere Gegenden, beispielsweise in Waldschutzgebiete und auf Privatgelände.

6.11 Links: Rosita Arvigo war mehr als zehn Jahre lang die Schülerin des verstorbenen Don Elijio Panti, eines bekannten Maya-Heilers aus Belize. Hier sieht man die beiden beim Kräutersammeln auf einem Weg in der Nähe seines Hauses in dem Dorf San Antonio. Rechts: Leopoldo Romero, ein anerkannter Kräuterkundiger und Buschmeister (so nennt man in Belize die Personen, die sich im „Busch" auskennen) erklärt Michael Balick und Rosita Arvigo die medizinischen Eigenschaften des Mahagonibaumes; die beiden führten im Rahmen des Belize Ethnobotany Project Studien mit über zwei Dutzend traditionellen Heilern durch.

Selbstverwaltete Schutzgebiete in Samoa

Das Dorf Falealupo an der Westspitze der Insel Savaii widersetzte sich viele Jahre lang allen Versuchen der Holzfirmen, die den 10000 Hektar großen Niederungsregenwald abholzen wollten. Im Jahr 1988 mußte man jedoch das Bäumefällen zulassen, um eine von Staat vorgeschriebene Schule zu bezahlen. Das Pro-Kopf-Einkommen lag in Falealupo bei noch nicht einmal 100 Dollar im Jahr, so daß die Einkünfte aus dem Holzgeschäft die einzige Geldquelle für den Bau der Schule darstellte. Nach umfangreichen Diskussionen entschlossen sich die Dorfbewohner, den Holzeinschlag auf einer „Lizenzgrundlage" zuzulassen: Die Holzfirma sollte jeden entnommenen Baum bezahlen, und sobald die 65 000 Dollar für die Schule zusammengekommen waren, sollte das Abholzen beendet werden.

Als 1988 die Arbeiten begannen, weinten die Dorfbewohner, wenn Bulldozer einen Baum umstürzten. Zu jener Zeit betrieb Paul Cox zusammen mit Thomas Elmquist von der Universität Umeå in Schweden sowie mit William Rainey und Elizabeth Pierson von der University of California in Berkeley Feldforschung in der Gegend von Falealupo. Die Wissenschaftler teilten die Beunruhigung und Verzweiflung der Dorfbewohner über die Zerstörung des Waldes. Cox stellte der Dorfversammlung eine Frage: Konnte man dem Abholzen ein Ende machen, wenn die Forscher im Ausland genügend Geld für die Schule auftrieben?

Die Dorfbewohner berieten stundenlang, denn sie fürchteten, dies sei nur das Vorspiel für einen weiteren Versuch der Fremden, ihren Wald zu vereinnahmen. Schließlich entschlossen sie sich aber, den Wissenschaftlern zu vertrauen, und schickten zwei hochgestellte Personen los, die dem Bäumefällen ein Ende machen sollten. In den folgenden Wochen sammelten die Forscher Spenden bei ihren Angehörigen, Freunden und Studenten, bei zwei Herstellern pflanzlicher Produkte – den Firmen Forever Living Products in Phoenix in Arizona und Murdock

6.12 Das Regenwald-Schutzgebiet von Falealupo beherbergt eines der größten zusammenhängenden Stücke des Niederungsregenwaldes, die es in Samoa noch gibt. Die Dorfbewohner von Falealupo richteten das Schutzgebiet in Zusammenarbeit mit ausländischen Spendern ein, und zwar als Gegenleistung für die Unterstützung beim Bau einer dringend benötigten Schule.

International in Springville in Utah – sowie von James McCewan in London, einem Unternehmen, das mit alten botanischen Stichen handelt. Im Januar 1989 reiste eine Delegation der Spender nach Samoa, um das Abkommen von Falealupo zu unterzeichnen. Die Spender verzichteten auf alle Rechte und Einflußmöglichkeiten an dem Land und versprachen den Bau der Schule, wenn die Dorfbewohner den Wald weitere 50 Jahre lang schützten. Das Abkommen erlaubt den Einheimischen weiterhin die Ernte von Arzneipflanzen und Holz für Kava-Schalen, Kanus und andere kulturelle Zwecke, verbietet aber alle anderen Tätigkeiten, die den Wald nennenswert schädigen könnten. Außerdem gestattet es, daß Ethnobotaniker die Arzneipflanzen in dem Wald studieren, aber 33 Prozent aller Erlöse, die durch die wirtschaftliche Verwertung solcher Entdeckungen entstehen, müssen in das Dorf zurückfließen. Diese Bestimmung wurde zur Grundlage für den Versuch des National Cancer Institute und der Brigham Young University, die Gewinne aus einer möglichen kommerziellen Nutzung des HIV-hemmenden Wirkstoffes Prostratin zu verteilen.

Die Vorteile des Abkommens von Falealupo liegen auf der Hand. Zur Rettung des Schutzgebietes war nur eine relativ geringe Summe erforderlich, viel weniger, als man zum Ankauf des Landes gebraucht hätte. Die Spenden wurden zum Bau einer dringend benötigten öffentlichen Einrichtung verwendet. Auf diese Weise erreichten die Spender zwei erstrebenswerte Ziele: den Bau einer Schule und die Erhaltung des Regenwaldes. Probleme mit der Durchsetzung und Überwachung des Vertrages gibt es kaum: Die Dorfbewohner, die der Abmachung zufolge für den Schutz des Waldes verantwortlich sind, verfügen über ein sehr wirksames Aufsichts- und Gerichtswesen. Und nicht zuletzt liegen Bewirtschaftung und Verwaltung des Schutzgebietes völlig in den Händen der Einheimischen, die auf eine jahrtausendealte Tradition der Waldbewirtschaftung zurückblicken können. Deshalb steht die Verwaltung des Schutzgebietes im Einklang mit ihren eigenen naturschützerischen und spirituellen Werten.

Dennoch ging auch die Einrichtung des Falealupo-Schutzgebietes nicht ohne Schwierigkeiten ab. Der Vertragsabschluß erforderte ein umfassendes Verständnis für Sprache und Kultur der Einheimischen. Besiegelt wurde das Abkommen durch traditionelle Reden und den Verzehr von Kava, wie es in Samoa bei Abmachungen immer üblich war. Die langwierigen Verhandlungen im Vorfeld des Abschlusses wurden ausschließlich auf samoanisch und nach samoanischer Sitte geführt, so daß alle Beteiligten diese Sprache fließend sprechen mußten. Die Klausel, wonach die Spender auf alle Rechte an dem Land verzichteten, ist umstritten, denn sie widerspricht sowohl dem gegenwärtigen Umweltschutzbegriff als auch der abendländischen juristischen Praxis. Und schließlich erfordert die Einrichtung eines Schutzgebietes aufgrund eines Abkommens, daß Dorfbewohner und Spender einander trauen. In Falealupo fürchteten die Einheimischen, die Spender könnten ihr Land vereinnahmen, und die Spender hatten Angst, die Dorfbewohner könnten ihrem Versprechen, den Wald zu schützen, irgendwann untreu werden.

Auch von außen kam Kritik. Manche westlichen Umweltschützer waren dagegen, weil die anhaltende Nutzung der Ressourcen aus dem Wald abendländischen Naturschutzbegriffen widerspricht. Andere Leute aus den Industrieländern verdächtigen alle Ethnobotaniker als „Biopiraten" oder Ausbeuter indigener Völker und waren der Ansicht, man habe das Abkommen nicht nach dem Diktat der Einheimischen, sondern nach westlicher Rechtspraxis schließen sollen. Aber wenn solche Kritiker einen nennenswerten Teil ihrer eigenen Mittel für Schutzgebiete zur Verfügung stellen sollen, sind sie merkwürdig schweigsam.

In Samoa erntete das Abkommen von Falealupo jedoch großen Beifall, und zwar sowohl in den Dörfern als auch bei höchsten Regierungsstellen, denn es erkennt ausdrücklich die Verfügungsgewalt der Einheimischen über die Ressourcen in den Wäldern an und zeigt unausgesprochen den Respekt vor den Kenntnissen der Dorfbewohner. Das Regenwald-Schutzgebiet von Falealupo gedeiht bemerkenswert gut. Dorfbewohner und Spender halten sich peinlich genau an die Abmachungen, und das Schutzgebiet hat überall auf den pazifischen Inseln große Bekanntheit erlangt.

6.13 In Falealupo und Tafua auf der Insel Savaii richtete man in jüngster Zeit zwei Regenwald-Schutzgebiete ein, die vollständig im Besitz der Einheimischen sind und von diesen überwacht und verwaltet werden. Solche Schutzgebiete sind eine gute Ergänzung zu einem staatlich verwalteten Reservat auf der Insel Upolu.

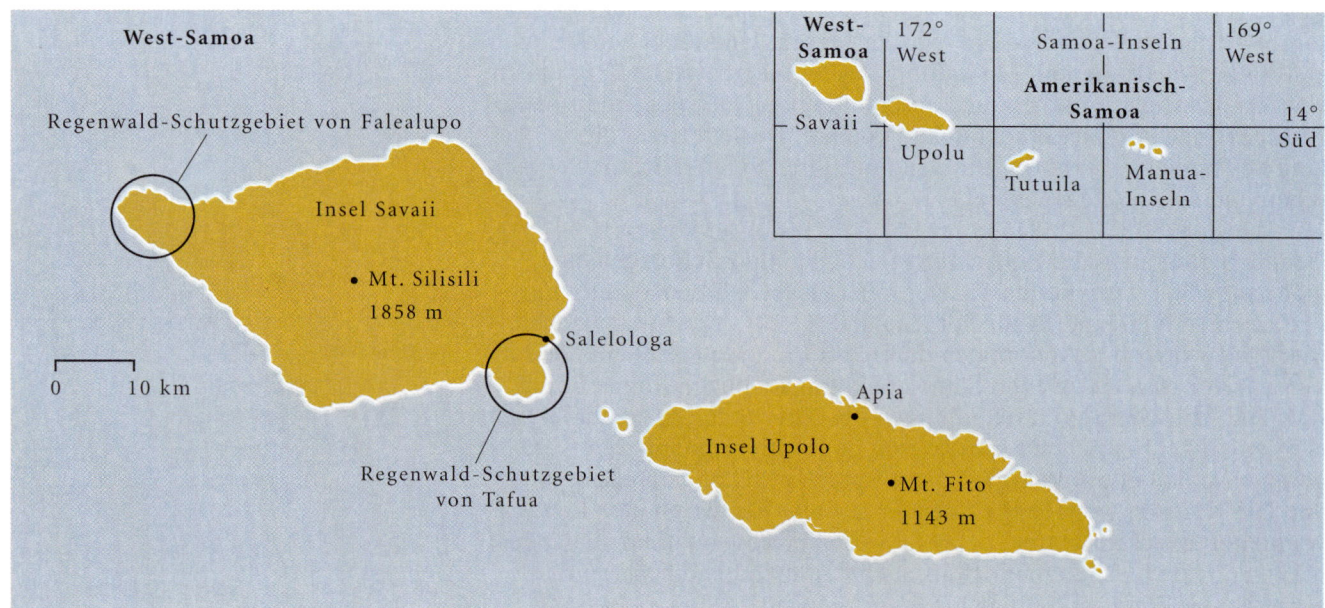

Die Nachrichten über das Abkommen von Falealupo gelangten auch nach Tafua auf der anderen Seite der Insel Savaii. Angeregt durch das Experiment von Falealupo gründete man in Springville im US-Bundesstaat Utah eine neue Stiftung namens Seacology, die Regenwälder und Kultur auf den pazifischen Inseln erhalten soll. Ein Film des schwedischen Regisseurs Bo Landin über Falealupo, der mit Unterstützung der Swedish Nature Foundation und des World Wildlife Fund gedreht wurde, half in Schweden beim Spendensammeln. Bald darauf errichtete man in Tafua mit den Spenden eine Schule und andere Neubauten, und das Tafua Rain Forest Reserve entstand. Der Traum von Ulu Taufa'asisina, den Wald für alle Zeiten zu schützen, war in Erfüllung gegangen.

Ethnobotanischer Naturschutz in der Zukunft

In den kommenden Jahren steht die Ethnobotanik vielen Herausforderungen gegenüber, insbesondere dem schnellen Verlust der biologischen Vielfalt und dem damit einhergehenden Verschwinden des traditionellen Wissens. Der Anthropologe Johannes Wilbert von der University of California in Los Angeles erzählte uns, wie sich die Warao in Venezuela vor vielen Jahren darüber amüsierten, daß er ihre traditionellen Tänze so sorgfältig dokumentierte. Warum, so fragten sie, kommt dieser Mann von so weit her, um etwas zu studieren, das ohnehin jeder kennt? Als aber ihre Enkelkinder 30 Jahre später die gleichen Tänze ausprobieren wollten, wandten sie sich an Wilbert und fragten ihn, wie man sie richtig ausführt. Ähnliches berichtet auch Maurice Zigmont, der in Kalifornien in den vierziger Jahren die Sprache der Kawaiisu untersuchte. In den siebziger Jahren schrieben die Enkel derer, mit denen er gearbeitet hatte, an Zigmond und fragten an, ob er noch einmal zu ihnen kommen könne, um ihnen die richtige Aussprache und Grammatik ihrer Muttersprache beizubringen. Manchmal bewahren Ethnobotaniker also Traditionen, die sonst verlorengehen würden.

Manche zeitgenössischen Kritiker fürchten, die Untersuchung traditionellen Wissens durch Außenstehende könne auch Gefahren bergen. Berichte über die Verwendung einer Arzneipflanze könnten zu einer Nachfrage für die betreffende Spezies führen, und der Gewinn fließt dann unter Umständen in die Taschen aller Beteiligten mit Ausnahme derer, die das Wissen darüber ursprünglich besaßen. Andere meinen, man werde vielleicht nur die sensationellsten Informationen festhalten, und alle unspektakulären Kenntnisse – beispielsweise über Nahrungspflanzen – würden verlorengehen. Ein vorrangiges Ziel für die Zukunft muß eindeutig darin bestehen, einheimische Kollegen und insbesondere die Heiler als Mitarbeiter stärker in die ethnobotanische Forschung einzubinden und eine neue Generation von Forschern aus verschiedenen Kulturen heranzubilden, die dann Studien in ihren eigenen Kulturkreisen in Gang setzen.

Obwohl manche Kollegen über die Idee spotten, werden die an ethnobotanischen Untersuchungen beteiligten Einheimischen und vor allem die Heiler immer häufiger als Koautoren wissenschaftlicher Veröffentlichungen genannt, und sie erhalten auch Patentschutz für Entdeckungen, die aus den von ihnen gelieferten Informationen hervorgehen. In der ethnobotanischen Forschung sollte jede Art der Ungleichbehandlung als nicht hinnehmbar gelten.

Angesichts der Kluft zwischen der traditionellen Lebensweise und der modernen Industriegesellschaft könnte man, was den Schutz indigener Kulturen und Lebensräume angeht, leicht in Pessimismus verfallen. Das gewaltige wirtschaftliche und politische Ungleichgewicht zwischen indigenen Völkern und westlichen Organisationen führt mit ziemlicher Sicherheit dazu, daß die Bedenken der Einheimischen in den Naturschutzbemühungen nur an zweiter Stelle stehen. Wir beide bleiben jedoch zuversichtlich, daß man Lösungen finden kann, die alle Beteiligten zufriedenstellen. Ermutigt waren wir, als der US-Kongreß ein Gesetz verabschiedete, wonach in Amerikanisch-Samoa der fünfzigste Nationalpark der USA eingerichtet werden sollte – ein Park, in

6.14 Durch ein vom Kongreß verabschiedetes Gesetz wurde in Amerikanisch-Samoa 1989 ein Nationalpark eingerichtet. Das Gelände mit Regenwald und den benachbarten Korallenriffen der Inseln Tutuila, Ta'ü und Ofu wurde 1993 langfristig von den Dorfbewohnern gepachtet. Die Seacology Foundation ernannte den Gebietsgouverneur A. P. Lutali zum Naturschützer des Jahres, weil man unter seiner Leitung eine Satzung für den Park ausgehandelt hatte, die sowohl für die Dorfhäuptlinge als auch für die Politiker im US-Kongreß annehmbar war.

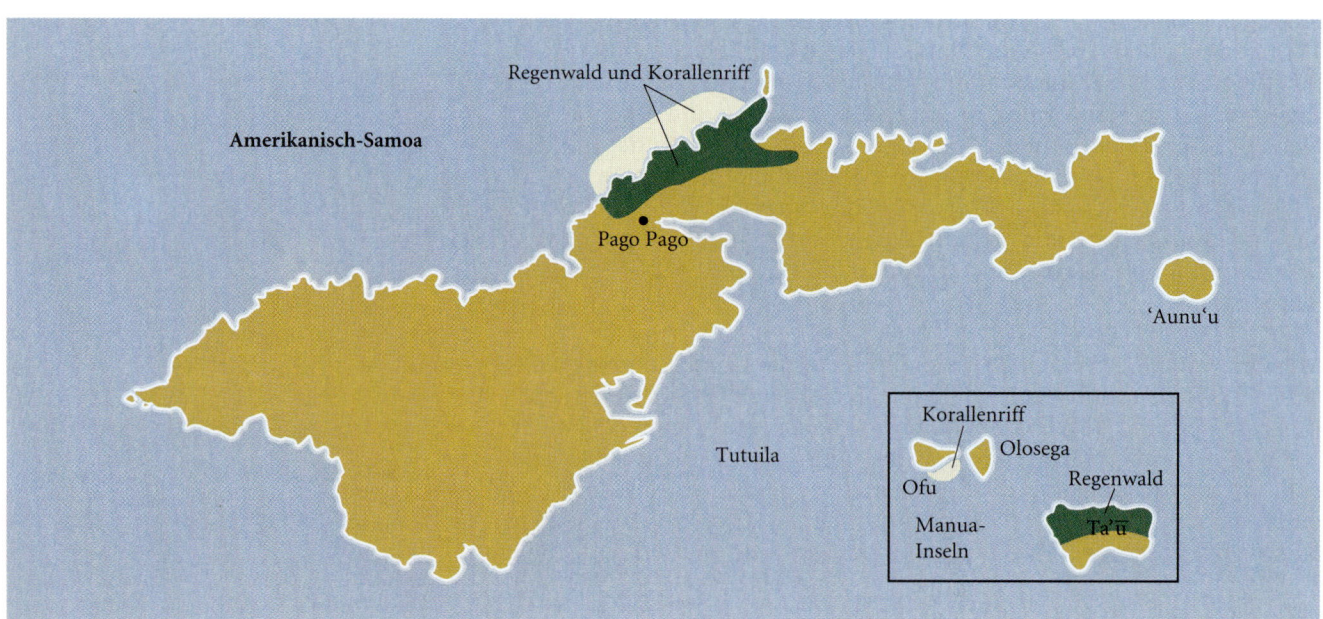

dem der Staat keinen Quadratzentimeter Boden besitzt. Die samoanischen Häuptlinge zögerten, weil sie Gemeinschaftsrechte an einem Wald abgeben sollten, der ihnen heilig war, und der Kongreß wollte kein Geld in Wanderwege, Informationszentren und andere Einrichtungen für die Besucher investieren, solange das Land dem Staat nicht gehörte. Aber eine Verhandlungskommission, die auf samoanischer Seite von dem Gebietsgouverneur A. P. Lutali und auf seiten des Kongresses von dem Abgeordneten Bruce Vento aus Minnesota geleitet wurde, gelangte zu einem bemerkenswerten Kompromiß: Der Staat sollte die Regenwälder und die nahegelegenen Korallenriffe in Form eines langfristigen Pachtvertrages erhalten. Die Nutzungsrechte der Samoaner bleiben in dem Abkommen erhalten, ebenso das Recht zur Ernte der Arzneipflanzen und anderer Ressourcen mit traditionellen Methoden und Werkzeugen; gleichzeitig erhält der Staat aber für 55 Jahre das Zugangsrecht – länger als die voraussichtliche Lebensdauer aller geplanten Gebäude. Wenn der Mietvertrag ausläuft, haben beide Seiten die Option auf eine Verlängerung.

Haben die indigenen Kulturen also im 21. Jahrhundert noch einen Platz? Wir haben zwar nicht die Absicht, ihnen die moderne Technik zu verweigern, aber ebensowenig haben wir den Wunsch, sie unnötigerweise in die Probleme des modernen Lebens hineinzustoßen. In dieser Frage verlassen wir uns wie in so vielem anderen auf die Weisheit der Einheimischen. Nach unserer Überzeugung können die indigenen Völker ihre Zukunft selbst in die Hand nehmen, wenn man ihnen die richtigen Informationen gibt und sie als gleichwertige Partner behandelt. Und auch wenn zu dieser Zukunft wohl Satellitenbodenstationen, künstliche Nieren und Personalcomputer gehören werden, sind wir überzeugt, daß der Informationsfluß keine Einbahnstraße von den Industrieländern zu den indigenen Kulturen sein sollte. Eine der wichtigsten Lektionen, die wir als Ethnobotaniker gelernt haben, lautet: Pflanzen haben das Leben der Menschen zutiefst beeinflußt. Und es ist unsere größte Hoffnung, daß die vielfältige Verwendung der Pflanzen durch Einheimische und der Schatz des dort vorhandenen Wissens nicht nur weiterhin ein Teil der Kultur bleiben, in der sie sich entwickelt haben, sondern daß sie zunehmend auch unser eigenes Leben bereichern.

Weiterführende Literatur

Allgemein

Baker, H. G. *Plants and Civilization,* 2. Auflage. Belmont, CA (Wadsworth Publishing Company) 1970.

Boom, B. M. *Ethnobotany of the Chácobo Indians, Beni, Bolivia.* In: *Advances in Economic Botany,* Bd. 4 (1987).

Ford, R. I. *Ethnobotany: Historical diversity and synthesis.* In: Ford, R. I.; Brown, M. F.; Hodge M.; Merrill, W. L. (Hrsg.) *The Nature and Status of Ethnobotany,* S. 33–49, Nr. 67. Ann Arbor (Museum of Anthropology, University of Michigan) 1978.

Heiser, C. B. Jr. *Of Plants and People.* Norman, OK (University of Oklahoma Press) 1985.

Hill, A. F. *Economic Botany: A Textbook of Useful Plants and Plant Products,* 2. Auflage. New York (McGraw-Hill) 1952.

Kreig, M. C. *Green Medicine.* New York (Rand McNally) 1964.

Langenheim, J. H.; Thimann, K. V. *Botany: Plant Biology and its Relation to Human Affairs.* New York (John Wiley & Sons) 1982.

Lewington, A. *Plants for People.* London (The Natural History Museum) 1990.

Martin, G. J. *Ethnobotany: A Methods Manual.* London (Chapman & Hall) 1995.

Simpson, B. B.; Conner-Ogorzaly, M. *Economic Botany: Plants in Our World,* 2. Auflage. New York (McGraw-Hill) 1995.

Tippo, O.; Stern, W. L. *Humanistic Botany.* New York (W. W. Norton) 1977.

Kapitel 1: Menschen und Pflanzen

Anderson, F. J. *An Illustrated History of the Herbals.* New York (Columbia University Press) 1977.

Anon *The Rauwolfia Story.* Summit, NJ (Ciba Pharmaceutical Products, Inc.) 1954.

Arber, A. *Herbals, Their Origin and Evolution,* 2. Auflage. Cambridge (Cambridge University Press) 1938.

Chadwick, J.; Marsh, J. (Hrsg.) *Bioactive Compounds from Plants.* Ciba Foundation Symposium 154. Chichester, England (John Wiley & Sons) 1990.

Connolly, B.; Anderson, R. *First Contact.* New York (Penguin) 1988.

Davis, W. *One River.* New York (Simon & Schuster) 1996.

Harshberger, J. W. *The purposes of ethno-botany.* In: *The American Antiquarian* 17/2 (1896) S. 73–81.

Kanny Lall Dev, R. B. *The Indigenous Drugs of India.* Calcutta, India (Thacker & Spink) 1896.

Mabberly, D. J. *The Plant Book: A Portable Dictionary of the Higher Plants.* Cambridge (Cambridge University Press) 1987.

Spradley, J. P. *Participant Observation.* New York (Holt, Rinehart, and Winston) 1980.

Kapitel 2: Heilende Pflanzen

Arvigo, R.; Balick, M. *Rainforest Remedies: One Hundred Healing Herbs of Belize.* Twin Lakes, WI (Lotus Press) 1993.

Balick, M. J.; Elisabetsky, E.; Laird, S. (Hrsg.) *Medicinal Resources of the Tropical Forest: Biodiversity and Its Impor-*

tance to Human Health. New York (Columbia University Press) 1995.

Boyd, M. R.; Paull, K. D. *Some practical considerations and applications of the National Cancer Institute in vitro anticancer drug discovery screen.* In: *Drug Development Research* 34 (1995) S. 91–109.

Brooker, S. G.; Cambie, R. C.; Cooper, R. C. *New Zealand Medicinal Plants.* Auckland, New Zealand (Reed Books) 1987.

Bye, R. A. Jr. *Voucher specimens in ethnobiological studies and publications.* In: *Journal of Ethnobiology* 6/1 (1986) S. 1–8.

Chadwick, D. J.; Marsh, J. (Hrsg.) *Ethnobotany and the Search for New Drugs.* Ciba Foundation Symposium 185. Chichester, England (John Wiley & Sons) 1994.

Cox, P. A.; Balick ,M. J. *Neue Medikamente durch ethnobotanische Forschung.* In: *Spektrum der Wissenschaft* 8 (1994) S. 40–47.

Cox, P. A.; Sperry, L. R.; Tuominen, M.; Bohlin, L. *Pharmacological activity of the Samoan ethnopharmacopoeia.* In: *Economic Botany* 43 (1989) S. 487–497.

Davis, E. W.; Yost, I. A. *The ethnomedicine of the Waorani of Amazonian Ecuador.* In: *Journal of Ethnopharmacology* 9 (1983) S. 273–297

De Smet, P. A. G. M. *Is there any danger in using traditional medicine?* In: *Journal of Ethnopharmacology* 31 (1991) S. 181–192.

Duke, J. A. *CRC Handbook of Medicinal Herbs.* Boca Raton, FL (CRC Press) 1985.

Elisabetsky, E. *New directions in ethnopharmacology.* In: *Journal of Ethnobiology* 6/1 (1986) S.121–128.

Elisabetsky, E.; Castilhos, Z. C. *Plants used as analgesics by Amazonian Caboclos as a basis for selecting plants for investigation.* In: *International Journal of Crude Drug Research* 28/4 (1990) S. 309–320.

Etkin, N. L. *Anthropological methods in ethnopharmacology.* In: *Journal of Ethnopharmacology* 38 (1993) S. 93–104.

Evans, F. J. *Naturally Occurring Phorbol Esters.* Boca Raton, FL (CRC Press) 1986.

Farnsworth, N. R.; Soejarto, D. D. *Global importance of medicinal plants.* In: Akerele, O.; Heywood, V.; Synge, H. (Hrsg.) *Conservation of Medicinal Plants.* Cambridge (Cambridge University Press) 1991.

Gerson, S. *Ayurveda: Eine Einführung in die indische Gesundheitslehre.* Frankfurt a. M. (Fischer Taschenbuch Verlag) 1996.

Gilman, A. G.; Goodman, L. S.; Gilman, A. (Hrsg.) *The Pharmacological Basis of Therapeutics,* 6. Auflage. New York (Macmillan) 1980.

Griggs, B. *Green Pharmacy.* Rochester, VT (Healing Arts Press) 1991.

Gustafson, K. R.; Cardellina, J. B.; McMahon, I. B. et al. *A non-promoting phorbol from the Samoan medicinal plant Homalanthus nutans inhibits cell killing by HIV-1.* In: *Journal of Medicinal Chemistry* 35 (1992) S. 1978–1986.

Hartwell, J. L. *Plants Used Against Cancer.* Lawrence, MA (Quarterman Publications) 1982.

Hiepko, P.; Schiefenhövel, W. *Mensch und Pflanze.* Berlin (Dietrich Reimers Verlag) 1987.

Hodge, W. H. *Wartime cinchona procurement in Latin America.* In: *Economic Botany* 2/3 (1948) S. 229–257.

Holmstedt, B.; Wassen, S. H.; Schultes, R. E. *Jaborandi: An interdisciplinary appraisal.* In: *Journal of Ethnopharmacology* 1 (1979) S. 3–21.

Hostettmann, K.; Marston, A.; Maillard, M.; Hamburger, M. *Phytochemistry of Plants Used in Traditional Medicine.* Oxford (Clarendon Press) 1995.

Iwu, M. M. *Handbook of African Medicinal Plants.* Boca Raton, FL (CRC Press) 1993.

Jaramillo-Arango, J. *The Conquest of Malaria.* London (William Heinemann Medical Books Ltd.) 1950.

King, S. R.; Carlson, T. J. *Biocultural diversity, biomedicine and ethnobotany: The experience of Shaman Pharmaceuticals.* In: *Interciencia* 20/3 (1995) S. 134–139.

Kreig, M. B. *Green Medicine.* Chicago (Rand McNally) 1964.

Lewis, W. H.; Elvin-Lewis, M. P. F. *Medical Botany: Plants Affecting Man's Health.* New York (John Wiley & Sons) 1977.

Lewis, W. H.; Elvin-Lewis, M. P. F. *Medicinal plants as sources of new therapeutics.* Annals of the Missouri Botanical Garden 82 (1995) S. 16–24.

Li, D.; Owen N. L.; Perera, P. et al. 1994. *Structure elucidation of three triterpenoid saponins from Alphitonia zizyphoides using 2D NMR techniques.* In: *Journal of Natural Products* 57/2 (1994) S. 218–224.

Moerman, D. F. *Medicinal Plants of Native America,* Bde. I & II. Technical Reports, Number 19. Ann Arbor (Museum of Anthropology, University of Michigan) 1986.

Nigg, H. N.; Seigler, D. (Hrsg.) *Phytochemical Resources for Medicine and Agriculture.* New York (Plenum Press) 1992.

Oliver-Bever, B. *Medicinal Plants in Tropical West Africa.* Cambridge (Cambridge University Press) 1986.

Samuelsson, G. *Drugs of Natural Origin.* Stockholm (Swedish Pharmaceutical Press) 1992.

Stetter, C. 1993. *The Secret Medicine of the Pharaohs: Ancient Egyptian Healing.* Chicago (Edition Q) 1993.

Tyler, V. F.; Brady, L. R.; Robbers, J. E. *Pharmacognosy.* Philadelphia (Lea & Febiger) 1988.

Ubillas, R.; Jolad S. D.; Bruening R. C. et al. *SP-303, an antiviral oligomeric proanthocyanidin from the latex of Croton lechleri (Sangre de Drago).* In: *Phytomedicine* 1 (1995) S. 77–106.

Vogel, V. J. *American Indian Medicine.* Norman, OK (University of Oklahoma Press) 1970.

Wagner, H.; Farnsworth, N. R. (Hrsg.) *Plants and Traditional Medicine.* Economic & Medicinal Plant Research, Bd. 4. London (Academic Press) 1990.

Whistler, A. W. *Polynesian Herbal Medicine.* Lawai, HI (National Tropical Botanical Garden) 1992.

Kapitel 3: Vom Jagen und Sammeln zur Haute Cuisine

Bennett, P. H.; Bogardus, C.; Tuomilehto, I.; Zimmet, P. *Epidemiology and natural history of NIDDM: Non-obese and obese.* In: *International Textbook of Diabetes Mellitus* (1992) S.147–176.

Bisset, N. G.. *Arrow and dart poisons.* In: *Journal of Ethnopharmacology* 25 (1989) S. 1–41.

Crosby, A. W. *The Columbian Exchange: Biological and Cultural Consequences of 1492.* Westport, CT (Greenwood Press) 1972.

Crosby, A. W. *Ecological Imperialism: The Biological Expansion of Europe 900–1900.* Cambridge (Cambridge University Press) 1986.

Etkin, N. (Hrsg.) *Eating on the Wild Side.* Tucson (University of Arizona Press) 1994.

Etkin, N.; Ross, P. *Food as medicine and medicine as food: An adaptive framework for the interpretation of plant utilization among the Hausa of northern Nigeria.* In: *Social Science and Medicine* 16 (1982) S. 1559–1573.

Etkin, N.; Ross, P. *Should we set a place for diet in ethnopharmacology?* In: *Journal of Ethnopharmacology* 32 (1991) S. 25–36.

Ford, R. I. (Hrsg.) *Prehistoric Food Production in North America.* Ann Arbor (Museum of Anthropology, University of Michigan).

Fowler, C.; Mooney, P. *Shattering: Food, Politics, and the Loss of Genetic Diversity.* Tucson (University of Arizona Press) 1990.

Harlan, J. R. *Crops and Man.* Madison, WI (American Society of Agronomy) 1975.

Harris, D. R.; Hiliman, C. G. (Hrsg.) *Foraging and Farming: The Evolution of Plant Exploitation.* London (Unwin Hyman) 1989.

Heiser, C. B. Jr. *Seed to Civilization – The Story of Food.* Cambridge, MA (Harvard University Press) 1990.

Johns, T. *With Bitter Herbs They Shall Eat It: The Pharmacologic, Ecologic, and Social Implications of Using Noncultigens.* Tucson (University of Arizona Press) 1990.

Johns, T.; Mhoro, E. B.; Sanaya, R.; Kimanani, F. K. *Herbal remedies of the Batemi of Ngorongoro District, Tanzania: A quantitative appraisal.* In: *Economic Botany* 48 (1994) S. 90–95.

Kirch, P. V. *The Evolution of the Polynesian Chiefdoms.* Cambridge (Cambridge University Press) 1984.

Nabhan, G. P. *Enduring Seeds.* San Francisco (North Point Press) 1989.

Sauer, J. D. *Historical Geography of Crop Plants.* Boca Raton, FL (CRC Press) 1994.

Thorburn, A.W.; Brand, I. C.; Truswell, A. S. *Slowly digested and absorbed carbohydrates in traditional bushfoods: A protective factor against diabetes.* In: *American Journal of Clinical Nutrition* 45 (1987) S. 98–106.

Vioa, H. J.; Margolis, C. *Seeds of Change.* Washington, D.C. (Smithsonian Institution Press) 1991.

Walston, J.; Bogardus, C.; Silver, K. et al. *Time of onset of non-insulin-dependent diabetes mellitus and genetic variation in the β-adrenergic-receptor gene.* In: *New England Journal of Medicine* 333 (1995) S. 343–347.

Watson, D. *Indians of Mesa Verde.* Mesa Verde National Park, CO (Mesa Verde Museum Association) 1961.

Kapitel 4: Pflanzen als materielle Basis der Zivilisation

Balée, W. *Footprints of the Forest: Ka'apor Ethnobotany – the Historical Ecology of Plant Utilization by an Amazonian People.* New York (Columbia University Press) 1994.

Banack, S. A.; Cox, P. A. *Ethnobotany of ocean-going canoes in Lau, Fiji.* In: *Economic Botany* 41 (1987) S. 148–162.

Berlin, B.; Breedlove, D.E.; Raven, P. H. *General principles of classification and nomenclature in folk botany.* In: *American Anthropologist* 75(1973) S. 214–242.

Best, E. *Forest Lore of the Maori.* Wellington, New Zealand (Government Printer) 1977.

Bisset, N. G. *One man's poison, another man's medicine?* In: *Journal of Ethnopharmacology* 32 (1991) S. 71–81.

Brooker, S. G.; Cambie, R. C.; Cooper, R. C. *Economic Native Plants of New Zealand.* Christchurch, New Zealand (Division of Industrial and Scientific Research) 1988.

Brown, C. H. *Mode of subsistence and folk biological taxonomy.* In: *Current Anthropology* 26 (1985) S. 43–64.

Cannon, J.; Cannon, M. *Dye Plants and Dyeing.* Portland, OR (Timber Press) 1994.

Cox, P. A.; Banack, S. A. (Hrsg.) *Islands, Plants, and Polynesians.* Portland, OR (Dioscorides Press) 1991.

Densmore, F. *Uses of Plants by Chippewa Indians.* Washington, D.C. (Government Printing Office) 1928.

Finney, B. *Hokule'a: The Way to Tahiti.* New York (Dodd, Mead, and Co.) 1976.

Gils, C. G.; Cox, P. A. *Ethnobotany of nutmeg in the Spice Islands.* In: *Journal of Ethnopharmacology* 42 (1994) S. 117–124.

Greenberg, S.; Ortiz, E. L. *The Spice of Life.* New York (The Amaryllis Press).

Hanna, W. A. *Indonesian Banda.* Philadelphia (The Institute for the Study of Human Issues) 1978.

Hardy, D. E. *Tatoo Time: Art from the Heart.* Honolulu (Hardy Marks Publication) 1991.

Heyerdahl, T. *Easter Island – The Mystery Solved.* Toronto (Soddart Publishing) 1989.

Hiroa, T. R. (Sir Peter Buck). *The Coming of the Maori.* Wellington, New Zealand (Whitcoulls) 1982.

Jennings, J. D. (Hrsg.) *The Prehistory of Polynesia.* Cambridge, MA (Harvard University Press).

Kocher-Schmid, C. *Of People and Plants: A Botanical Ethnography of Nokop Village, Madang and Morobe Provinces, Papua New Guinea.* Ethnologisches Seminar der Universität und Museum für Völkerkunde. Basel (Wepf & Co. A.G) 1991.

Levinson, M.; Ward, R. G.; Webb, J. W. *The Settlement of Polynesia: A Computer Simulation.* Minneapolis, MN (University of Minnesota Press) 1973.

Lewis, D. *We, the Navigators.* Honolulu (University of Hawaii Press) 1972.

McClatchey, W.; Cox, P. A. *Use of the Sago palm Metroxylon warburgii in the Polynesian island Rotuma.* In: *Economic Botany* 46 (1992) S. 305–309.

Norman, J. *Das große Buch der Gewürze.* Aarau, Schweiz (AT-Verlag) 1991.

Purseglove, J. W.; Brown, V. G.; Green, C. L.; Robbins, S. R. J. *Spices,* Bde. I & II. London (Longman) 1981.

Sauer, J. D. *Plant Migration: The Dynamics of Geographical Patterning in Seed Plant Species.* Berkeley (University of California Press) 1988.

Sneider, C.; Kyselka, W. *The Wayfinding Art: Ocean Voyaging in Ancient Polynesia.* Berkeley (Regents of the University of California) 1986.

Yen, D. E. *The Sweet Potato and Oceania: An Essay in Ethnobotany.* Bernice P. Bishop Museum Bulletin 236. Honolulu (Bishop Museum Press) 1974.

Kapitel 5: Wege in eine andere Welt

Andrews, G.; Solomon, D. (Hrsg.) *The Coca Leaf and Cocaine Papers.* New York (Harcourt Brace Jovanovich) 1975.

Arvigo, R. *Mein Leben als Medizinfrau. Eine Frau entdeckt die magischen Kräfte einer uralten Heilkunst.* München (Scherz Verlag) 1995.

Carter, Steven. *The Culture of Disbelief: How American Law and Politics Trivialize Religious Devotion.* New York (Basic Books) 1993.

Davis, W. *Shadows in the Sun: Essays on the Spirit of Place.* Alberta, Canada (Lone Pine Publishing) 1992.

Drury, N. *The Elements of Shamanism.* Shaftsbury, England (Element) 1989.

Efron, D. H.; Holmstedt, B.; Kline, N. S. *Ethnopharmacologic Search for Psychoactive Drugs.* New York (Raven Press) 1979.

Emboden, W. 1979. *Narcotic Plants: Hallucinogens, Stimulants, Inebriants and Hypnotics, Their Origins and Uses.* New York (Collier Books) 1979.

Furst, P. T. (Hrsg.) *Flesh of the Gods: The Ritual Use of Hallucinogens.* New York (Praeger Publishers) 1972.

Golden, M. W. *History of Coca: The „Divine Plant" of the Incas.* Fitz Hugh Ludlow Memorial Library Edition. San Francisco (And/or Press) 1974.

Harner, M. J. (Hrsg.) *Hallucinogens and Shamanism.* London (Oxford University Press) 1973.

Herer, J. *The forgotten history of hemp.* In: *Earth Island Journal* (Fall 1990) S. 35–39.

Herer, J. *Die Wiederentdeckung der Nutzpflanze Hanf.* Frankfurt a. M. (Zweitausendeins) 1993.

Hoffman, A. *LSD – Mein Sorgenkind.* Stuttgart (Klett-Cotta) 1979.

Holmstedt, B. *The ordeal bean of old Calabar: The pagent of Physostigma venenosum in medicine.* In: T. Swain (Hrsg.) *Plants in the Development of Modern Medicine,* Cambridge, MA (Harvard University Press) 1972. S. 303–360.

Lebot, V.; Merlin, M.; Lindstrom, L. *Kava, the Pacific Drug.* New Haven, CT (Yale University Press) 1992.

Lebot, V.; Cabalion, P. *Les Kavas de Vanuatu.* Paris (Editions de l'ORSTROM) 1986.

Lewin, L. *Phantastica. Die betäubenden und erregenden Genußmittel.* Berlin (Verlag Georg Stilke) 1924.

Luna, L. E.; Amaringo, P. *Ayahuasca Visions: The Religious Iconography of a Peruvian Shaman.* Berkeley, CA (North Atlantic Books) 1991.

Plowman, T. *The origin, evolution, and diffusion of coca, Erythroxylum spp., in South and Central America.* In: Stone, D. (Hrsg.) *Pre-Columbian Plant Migration, Papers of the Peabody Museum of Archaeology and Ethnology* 76 (1984) S. 129–163.

Plowman, T. *Amazonian coca.* In: *Journal of Ethnopharmacology* 3 (1981) S. 195–225.

Plowman, T. *The ethnobotany of coca (Erythroxylum spp., Erythroxylaceae).* In: *Advances in Economic Botany* 1 (1984) S. 62–111.

Schultes, R. E.; Hofmann, A. *Pflanzen der Götter. Die magische Kräfte der Rausch- und Giftgewächse.* Bern (Hallwag) 1980.

Schultes, R. E.; Hofmann, A. *The Botany and Chemistry of Hallucinogens,* 2. Auflage. Springfield, IL (Charles C. Thomas) 1980.

Stone, T. W. *Neuropharmacology.* New York (W. H. Freeman) 1995.

Tullis, F. LaMond. *Unintended Consequences: Illegal Drugs and Drug Policies in Nine Countries.* Boulder, CO (Lynne Rienner Publishers) 1995.

Weil, A. *Letter from the Andes: The new politics of coca.* In: *The New Yorker* (May 15, 1995) S. 70–80.

Zethelius, M.; Balick, M. J. *Modern medicine and shamanistic ritual: A case of positive synergistic response in the treatment of a snakebite.* In: *Journal of Ethnopharmacology* 5/2 (1982) S. 181–185.

Zias, J.; Stark, H.; Seligman, J. et al. *Early medical use of cannabis.* In: *Nature* 363 (1993) S. 215.

Kapitel 6: Naturschutz und Ethnobotanik

Alcorn, J. B. *Huastec Mayan Ethnobotany.* Austin (University of Texas Press) 1984.

Anderson, A. B.; May, P. H.; Balick; M. J. *The Subsidy from Nature: Palm Forests, Peasantry and Development on an Amazonian Frontier.* New York (Columbia University Press) 1991.

Anderson, A. B.; Ioris, E. M. *Valuing the rain forest: Economic strategies by small-scale forest extractivists in the Amazon Estuary.* In: *Human Ecology* 20/3 (1992) S. 337–369.

Balick, M. J.; Mendelsohn, R. *Assessing the economic value of traditional medicines from tropical rain forests.* In: *Conservation Biology* 6/1 (1992) S. 128–130.

Berkes, F.; Feeny, D.; McCay, B. I.; Acheson, J. M. *The benefits of the commons.* In: *Nature* 340 (1989) S. 91–93.

Boom, B. M. *„Advocacy Botany" for the Neotropics.* In: *Garden* (Mai/Juni 1985) S. 24–32.

Bye, R. A. Jr. *Medicinal plants of the Sierra Madre: Comparative study of Tarahumara and Mexican market plants.* In: *Economic Botany* 40/1 (1989) S. 103–124.

Caballero, J. *Use and Management of Sabal Palms Among the Maya of Yucatan.* Ph.D. Dissertation, Department of Anthropology, University of California in Berkeley (1994).

Cox, P. A.; Elmqvist, T. *Indigenous control of tropical rainforest reserves: An alternative strategy for conservation.* In: *Ambio* 20/7 (1991) S. 317–321.

Cox, P. A.; Elmqvist, T. *Ecocolonialism and indigenous knowledge systems: Village controlled rainforest preserves in Samoa.* In: *Pacific Conservation Biology* 1 (1993) S. 11–25.

Greaves, T. (Hrsg.) *Intellectual Property Rights for Indigenous Peoples: A Source Book.* Oklahoma City (Society for Applied Anthropology) 1994.

Grimes, A.; Loomis, S.; Jahnige, P. et al. *Valuing the rain forest: The economic value of nontimber forest products in Ecuador.* In: *Ambio* 23/7 (1994) S. 405–410.

Hardin, G. *The tragedy of the commons.* In: *Science* 162 (1968) S. 1243–1248.

Kemf, F. *The Law of the Mother: Protecting People in Protected Areas.* San Francisco (Sierra Club Books) 1993.

King, S. R. *Establishing reciprocity: Biodiversity, conservation and new models for cooperation between forest-dwelling peoples and the pharmaceutical industry.* In: Greaves, T. (Hrsg.) *Intellectual Property Rights for Indigenous Peoples: A Sourcebook.* Oklahoma City (The Society for Applied Anthropology) 1994. S. 69—82.

MacKenzie, J. M. *Imperialism and the Natural World.* Manchester, England (Manchester University Press) 1990.

May, P. H.; Anderson, A. B.; Balick, M. J.; Frazao, J. M. F. *Babassu palm agroforestry systems in Brazil's Mid-North Region.* In: *Agroforestry Systems* 3 (1985) S. 275–295.

Peters, C. M.; Gentry, A. H.; Mendelsohn, R. O. *Valuation of an Amazonian rainforest.* In: *Nature* 339 (1989) S. 655–656.

Pinedo-Vasquez, M.; Zarin, D.; Jipp, P., Chota-Inuma, J. *Use-values of tree species in a communal forest reserve in Northeast Peru.* In: *Conservation Biology* 4/4 (1990) S. 405–416.

Plotkrin, M.; Famolare, L. (Hrsg.) *Sustainable Harvest and Marketing of Rain Forest Products.* Washington, D.C. (Island Press) 1992.

Prance, G. T.; Balée, W.; Boom, B. M.; Carneiro, R. L. *Quantitative ethnobotany and the case for conservation in Amazonia.* In: *Conservation Biology* 1 (Dezember 1987) S. 296–310.

Weitere Informationen über die von Einheimischen verwalteten Schutzgebiete in Samoa sind zu beziehen bei: Seacology Foundation, P.O. Box 400, Springyille, Utah 84663, USA, oder im Internet unter www.Seacology.org.

Bildnachweise

Emil Houston gestaltete die Abbildungen auf S. 14, 88, 170–171, 183 und 191. Dolores R. Santoliquido gestaltete die Abbildungen auf Seite 81 und 210. Die übrigen Zeichnungen sind von Fine Line Illustrations.

1.1	Detail aus dem Wandgemälde „Geschichte der Medizin". Diego Rivera. The Hospital de la Raza, Mexico City. Schalkwijk/Art Resource, NY
1.2	Michael Balick
1.4	University of Pennsylvania Archives
1.5	John Wang, NuSkin International, Inc.
1.6	Michael Balick
1.7	Mark Dell'Aquila
1.8	Michael Balick
1.9	Elysa Hammond
1.11	Photo von Mark Philbrick
1.12	The Linnean Society of London
1.13	„Portrait of William Withering" Carl F. von Breda. Nationalmuseum, SKM, Stockholm
1.15	Nationaal Natuurhistorisch Museum, Leiden, Niederlande
1.16	Sammlung Wade Davis
1.17	Albert Hofmann
1.18	Lynn Johnson/Black Star
2.1	Michael Balick
2.2	Photo von Michael Balick. The New York Botanical Garden
2.3	José Cuatrecasas
2.4	W. C. Steere, mit freundlicher Genehmigung von The New York Botanical Garden
2.5	Photo von Michael Balick. Aus: Sturm, J.; Lutz, K. G. *Flora von Deutschland*. Stuttgart (Verlag von K. G. Lutz) 1904. The New York Botanical Garden
2.6	Michael Balick
2.7	Steven King
2.8	Aus: Balick, M. *Ethnobotany and the Identification of Therapeutic Agents From the Rainforest*. In: Chadwick, D. J.; Marsh, J. (Hrsg.) *Bioactive Compounds From Plants*. Ciba Foundation Symposium 154. 1990. S. 24–26
2.9	Michael Balick

2.10	Mark Philbrick, Brigham Young University
2.11	Michael Balick
2.12	Aus: Balick, M. *Ethnobotany and the Identification of Therapeutic Agents From the Rainforest*. In: Chadwick, D. J.; Marsh, J. (Hrsg.) *Bioactive Compounds From Plants*. Ciba Foundation Symposium 154. Chichester, England (Wiley) 1990, S. 30
2.13 (links)	Michael Balick
2.13 (rechts)	Tori Butt
2.15	Paul Cox
2.17 und 2.18	verändert und berichtigt nach Cox, P. A. *The ethnobotanical approach to drug discovery: Strengths and limitations*. In: Prance, G.; Marsh, J. (Hrsg.) *Ethnobotany and the Search for New Drugs*. Ciba Foundation Symposium 185, Chichester (Wiley) 1994. S. 24–26.
2.19	Michael Balick
2.20	Jean-Paul Ferrero/AUSCAPE
Exkurs 2.1	The New York Botanical Garden
3.1	Michael Balick
3.2	Blaine Furniss
3.4	Timothy Johns
3.7	William H. Jackson, Museum of New Mexico
3.8	Tom Till
3.9	Zeichnungen nach Photos in: Lister, R. H.; Lister, F. C. *Anasazi Pottery*. Albuquerque (Maxwell Museum of Anthropology and the University of New Mexico Press) 1978.
3.10	Bishop Museum
3.11	Bishop Museum
3.12	Paul Cox
3.13	Aus: Cox, P. A. *Wild Plants as Food and Medicine in Polynesia*. In: Etkin, N. L. (Hrsg.) *Eating on the Wild Side*. Tucson (University of Arizona Press) 1994. S. 85–113.
3.14	Paul Cox
3.15	Steven King
3.16	Robert C. Clarke
3.17	Royal Botanic Gardens, Kew
4.1	„Tahiti, Bearing South East" William Hodges, 1773. National Maritime Museum

4.3	Sandra Banack
4.4	Sandra Banack
4.5	Verändert nach: Banack, S. A.; Cox, P. A. *Ethnobotany of oceangoing canoes in Lau, Fiji.* In: *Economic Botany* 41 (1987) S. 148–162.
4.6	Sandra Banack
4.7	LaMoyne Garside
4.8	Don Haddon/Ardea, London
4.9	Paul Cox
4.10	The Museum of New Zealand. Te Papa Tongarewa, Wellington, New Zealand
4.11	Verändert nach: Bisset, N. G. *Arrow and Dart Poisons.* In: *Journal of Ethnopharmacology* 25 (1989) S. 1–41
4.13	John Wright/Hutchison Library
4.14	Nach Daten aus: Bisset, N. G. *Arrow and Dart Poisons.* In: *Journal of Ethnopharmacology* 25 (1989) S. 1–41
4.15 (links)	Mark Dell'Aquila
4.15 (rechts)	Art Whistler
4.16 (links)	Bishop Museum
4.16 (rechts)	Mark Dell'Aquila
4.17	Anthony Anderson
4.18	Paul Cox
4.19	Paul Cox
4.20	Paul Cox
4.21	Photo von Paul Cox. Aus: Peale, T. R. *Mammalia and Ornithology in U. S. Exploring-Expedition 1838–1842.* Vol 8. Philadelphia (United States Government) 1848.
4.22	Paul Cox
4.23	Paul Cox
4.25	Paul Cox
4.26	Paul Cox
4.27	Marc Philbrick, Brigham Young University
5.1	„The Induction of Aya-huasca in the Brain" Pablo Amaringo, 1995. Artist Management International
5.3	Kohl, F. G. *Die officinellen Pflanzen der Pharmacopoea Germanica für Pharmaceuten und Mediciner.* Leipzig (J. A. Barth) 1895. Mit freundlicher Genehmigung von The New York Botanical Garden Library
5.5	Arnold Newman/Peter Arnold, Inc.
5.7	Michael Balick
5.8	Neu gezeichnet nach Karten in: Schultes, R. E.; Hoffman, A. *Plants of the Gods: Their Sacred, Healing, and Hallucinogenic Powers.* Rochester, VT (Healing Arts Press) 1992.
5.10	Jean-Paul Ferrero/AUSCAPE
5.12	Bishop Museum
5.13	Neu gezeichnet nach einer Zeichnung in: Artamonov, M. J. *Frozen Tombs of the Scythians.* In: Scientific American 212 (1965) S. 108
5.14	Steven King
5.15	Sammlung Wade Davis
5.16	Sammlung Wade Davis
5.17	Steven King
5.18	Zeichnung nach einem Photo in: Merlin, M. D. *On the Trail of the Ancient Opium Poppy.* Cranbury, N. J. (Associated University Presses) 1984. Abb. 83
5.19	Scott Carnazine/Photo Researchers
5.20	Aus: *Curtis' Botanical Magazine* III (1847) Tafel 4296. Mit freundlicher Genehmigung von The New York Botanical Garden Library
5.21	Tom Carlson
6.1	Michael Balick
6.2	Thomas Elmqvist
6.3	JohnWang, NuSkin International, Inc.
6.4	Michael Balick
6.5	Michael Balick
6.6	Macduff Everton
6.7	Aus: Anderson, A. B. *Use and Management of Native Forests Dominated by Açaí Palm (Euterpe oleracea Mart.) in the Amazon Estuary.* „The Palm-Tree of Life". In: *Advances in Economic Botany* 6 (1988) S. 149. Copyright 1988, The New York Botanical Garden.
6.8	Jaen-Paul Ferrero, AUSCAPE
6.9	Michael Blaick
6.10	Michael Balick
6.11	Michael Balick
6.12	Paul Cox

Index

Originaltitel: Plants, People, and Culture
Aus dem Englischen übersetzt von Sebastian Vogel

Amerikanische Originalausgabe bei The Scientific American Library, A Division of HPHLP, New York
(W. H. Freeman and Company, New York)
© 1996 Scientific American Library

Die Deutsche Bibliothek – CIP-Einheitsaufnahme

Balick, Michael J.:
Drogen, Kräuter und Kulturen : Pflanzen und die Geschichte des Menschen /
Michael J. Balick und Paul Alan Cox. Aus dem Engl. übers. von
Sebastian Vogel. – Heidelberg ; Berlin ; Oxford : Spektrum, Akad.
Verl., 1997
   Einheitssacht.: Plants, people, culture <dt.>
   ISBN 3-8274-0144-5

© 1997 Spektrum Akademischer Verlag GmbH Heidelberg · Berlin · Oxford

Lektorat: Ursula Loos, Sabine Loss (Ass.)
Redaktion: Susanne Warmuth
Produktion: Daniela Brandt
Einbandgestaltung: Kurt Bitsch, Birkenau
Gesamtherstellung: Graphischer Betrieb Konrad Triltsch, Würzburg